陕西师范大学中国语言文学一流学科建设成果

20世纪中国美学经典选读

杜学敏——编著

陕西师范大学出版总社

图书代号　SK23N1649

图书在版编目(CIP)数据

20世纪中国美学经典选读 / 杜学敏编著. —西安：陕西师范大学出版总社有限公司，2023.8
ISBN 978-7-5695-3645-4

Ⅰ.①2… Ⅱ.①杜… Ⅲ.①美学史—中国—20世纪　Ⅳ.①B83-092

中国国家版本馆CIP数据核字(2023)第090921号

20 世 纪 中 国 美 学 经 典 选 读
20 SHIJI ZHONGGUO MEIXUE JINGDIAN XUANDU

杜学敏　编著

出 版 人	刘东风
出版统筹	侯海英　曹联养
责任编辑	张爱林　段敏鸽
责任校对	刘宇龙
装帧设计	李　璐　钱东晋
出版发行	陕西师范大学出版总社
	(西安市长安南路199号　邮编710062)
网　　址	http://www.snupg.com
印　　刷	陕西隆昌印刷有限公司
开　　本	720 mm×1020 mm　1/16
印　　张	18.75
字　　数	260千
版　　次	2023年8月第1版
印　　次	2023年8月第1次印刷
书　　号	ISBN 978-7-5695-3645-4
定　　价	68.00元

读者购书、书店添货或发现印装质量问题，请与本公司营销部联系、调换。
电话：(029)85307864　85303629　传真：(029)85303879

序　言

　　20世纪中国美学首先归属于国别性的中国美学史范畴,是中国美学史的断代性分支学科。作为一个人文学术论域,它形成于中国学者从1990年代就开始的对本世纪之前百年中国美学历史性的知识总结、理性反思与价值评估的研究过程之中。经过相关学者三十余年持续不懈的努力,20世纪中国美学现已成为一门比较成熟的美学史分支学科[①]。

　　同美学的两种基本存在形态相对应,20世纪中国美学实际有审美意识和美学理论[②]两种基本存在形态。审美意识形态的20世纪中国美学是

---

① 能证明20世纪中国美学作为独立学术领域或学科存在的是笔者检索到的下列14种史论类学术专著:(1)邹华:《和谐与崇高的历史转换——二十世纪中国美学研究》,敦煌文艺出版社1992年版;(2)封孝伦:《二十世纪中国美学》,东北师范大学出版社1997年版;(3)张天曦:《20世纪中国美学四家论稿》,人众文艺出版社1999年版;(4)朱存明:《情感与启蒙——20世纪中国美学精神》,西苑出版社2000年版及文化艺术出版社2017年版;(5)汝信、王德胜主编:《美学的历史:20世纪中国美学学术进程》,安徽教育出版社2000年版;(6)陈望衡:《20世纪中国美学本体论问题》,湖南教育出版社2001年版及武汉大学出版社2007年版;(7)聂振斌等:《思辨的想象——20世纪中国美学主题史》,云南大学出版社2003年版,(8)王向峰主编:《中国百年美学分例研究》,辽宁大学出版社2004年版;(9)戴阿宝、李世涛:《问题与立场:20世纪中国美学论争辩》,首都师范大学出版社2006年版;(10)赵士林:《当代中国美学》,人民教育出版社2008年版;(11)吴志翔:《20世纪的中国美学》,武汉大学出版社2009年版;(12)尤西林:《心体与时间:二十世纪中国美学与现代性》,人民出版社2009年版;(13)王德胜等:《20世纪中国美学:问题与个案》,北京大学出版社2009年版;(14)祁志祥:《中国现当代美学史》,商务印书馆2018年版。

② 审美意识与美学理论当然并非完全两分、各不相干的,而是相互影响、密切相关的。诚如英国著名美学史家鲍桑葵(Bernard Bosanquet, 1848—1923)指出的,每一个时代的美学理论既渊源于过去的理论学说,也渊源于现实世界的审美意识,而美学理论则是对审美意识的"哲学分析"和"审美意识在学术上的表现"。参阅[英]鲍桑葵:《美学史》,张今译,商务印书馆1985年版,第5—6页。

指主要通过20世纪中国人的精神与物质文化生活(具体如艺术作品与器物产品)所呈现出来的感性形态的(审)美学。美学理论形态的20世纪中国美学则指主要通过20世纪中国理论家著述(一般认为以王国维1903年发表的《论教育之宗旨》等文献为开端)表达出来的关于美与审美的理性形态的(审)美学理论。本书关注的是后者,即20世纪中国的美学理论。一言以蔽之,20世纪中国美学或者说20世纪中国美学理论指的是整个20世纪中国形形色色的美学著述中表达出来的、关于以美为核心的审美活动及人与现实审美关系的(审)美学理论或思想。

中国的20世纪关涉近代、现代与当代的历史分期,历经风云变幻的帝国、民国、党国政治洪流,实乃一个处于新世纪(即现代、后现代、前现代思潮并存的21世纪)与旧世纪(即前现代的19世纪)之间的不无特殊的世纪。较之于此前绵延数千年的中国古典美学,百年为期的20世纪中国美学,同与其互动共存的20世纪中国文化一样,厕身于古今新旧激流交替和中西多元观念交锋融合、社会救亡图发展和思想启蒙从未休的尖锐剧烈而纷繁复杂的精神生活动荡变迁史之中。概言之,20世纪中国美学自始至终以鲜明的"审美主义"[①]思潮标志着自身的独立存在,而且与

[①] 本书所选文献及编者"导读"部分频繁使用的、作为词语后缀的"主义",大致可理解为以"主义"之前的东西为本位、本体或优先的一种思想观念与社会思潮。关于"主义"一词的产生及其近代思想史考察,可参阅王汎森著《思想是生活的一种方式:中国近代思想史的再思考》(北京大学出版社2018年版)第五章"'主义时代'的来临——中国近代思想史的一个关键发展"。王汎森指出:"近人的研究显示,近代中国常用'主义'一词来表达:思潮、思想、观念、体系、学说、作风、倾向、教派、流派、原则、阶段、方法、世界观、政策、主张、态度、表现形式、表现形态、形式、理论、看法、社会、国家、制度、精神、纲领、行为等。它们在转化成各种'主义'之后,不但带有标明一种方针并矢志实行的意涵,不少政治性的主张在'主义化'之后马上'刚性化',带有独断性、排他性,甚至是不容辩驳、你死我活的味道,其论述性质产生重大的转变。大体而言,从1890年代开始,'主义'在中国已经逐渐流行,而且使用者的身份是跨界的,士人、活动家与清朝的官僚都在使用。……坚确、独断、排他、不容辩驳的'主义'观是在1900—1917年间逐步形成的。"(同上书,第145—146页)关于本书涉及的"主义话语"与"中国审美主义",可参考刘小枫:《现代性社会理论绪论——现代性与现代中国》(上海三联书店1998年版)之"个体言说与'主义'话语"和"审美主义与现代性"中的相关论述。

民主主义、科学主义、马克思主义等形形色色的社会思潮和社会运动相互激荡，成就了20世纪中国人的精神思想史。

"美学所探讨的是一种伟大的人类的价值。这种价值与道德的、宗教的或科学的价值是相等的。"[①]20世纪中国的"审美主义"社会思潮，以对诞生于现代西方的美学学科的引介推广、理论建设，以及对"真""善""美"三大元价值观念的并重，对审美或美育巨大的个体与社会改造功能的高度推崇等，积极地回应了本世纪"救亡"与"启蒙"的双重主题，从而表现出一种总体性的"审美救国"论与"审美启蒙"论立场。研究20世纪中国美学思想固然不能脱离20世纪中国精神思想史背景，但研究20世纪中国精神思想史同样不能忽视20世纪中国美学思想资源。因为20世纪形形色色的美学观念——特别是两次美学大讨论——作为中国美学的一部分已汇入到整个中国学术思想发展的历史长河之中，成为中国学术思想的重要组成部分，而且因为美学学科本身及其倡导者的巨大社会影响力而塑造了中国教育实践与文化建设的肌理。20世纪中国美学研究正是对某些人类伟大精神的历史性探讨，而非出于"研究国故""保存国粹"之思古幽情。是为20世纪中国美学研究的学术史、思想史及教育与文化背景和价值。

研究20世纪中国美学毫无疑问还具有其美学学科的价值：首先，作为一种断代史，对20世纪中国美学的"知识考古学"研究，有助于研究总结20世纪中国美学自身的成败得失；其次，20世纪中国美学对源于西方的现代美学学科的历史性消化吸收、创新重构，也可作为一种美学方法论，有助于对20世纪以前中国古典美学的逆推式研究和对21世纪中国美学的未来性展望，进而彰显中国美学的现代性价值；最后，任何美学史研究都离不开一般美学学科或美学原理，而美学学科的建立更有赖于美学史研究，这个美学史自然包括20世纪中国美学史。简言之，作为一门历史性学科，20世纪中国美学在理解、建构作为人文学科的美学学科方面

[①] [英]李斯托威尔：《近代美学史评述》，蒋孔阳译，上海译文出版社1980年版，第65页。

可以发挥自己应有的作用,至少可作为研习美学的窗口之一。

本书书名中的"选读"贯穿着对20世纪中国美学的专人专题文献研究理念,试图遵循以"经典文献"为核心,以美学问题意识为导向,以思想史为背景和指归的研究模式。相比于同类研究,本书既不追求对整个20世纪中国百年美学进程的历时性系统关注,也不看重对相关美学家美学思想的全面概观,而强调对特别遴选的十位具有典型代表意义的著名美学家美学经典文献的直接接触、真切阅读,以及教学过程中对其主导性美学范畴[①]及其所折射出来的思想观念的深入分析、理解与阐发,以期引导研习者进入到所选具体文本及其问题情境之中,并深入体察、理解这些文献的美学精髓及其多维度价值[②],历时性地了解涉足美学论域的中国知识分子由古典士大夫向现代知识型人才转化过程中的学术旨趣变化与心路历程。

本书所谓"20世纪中国美学经典",即编者慎重拣选的梁启超、王国维、蔡元培、张竞生、宗白华、朱光潜、蔡仪、徐复观、李泽厚、高尔泰等十家围绕某一主题的代表性文献。编者特别拣选出这十家,并非有意凑个整数,也并非没有还能入选的其他人物,而是就笔者所涉猎的20世纪众多独具特色的代表性美学文献而言,这十位著名美学家基本代表了20世

[①] "范畴"是各门学科共同使用的基本概念,"审美范畴"即审美学或美学学科针对审美现象研究而共同使用的基本概念。诚如美学史家指出的:"每个时代的审美意识,总是集中表现在每个时代的一些思想家的美学思想中。而这些大思想家的美学思想,又往往凝聚、结晶为若干美学范畴和美学命题。美学范畴和美学命题是一个时代的审美意识的理论结晶。……一部美学史,主要就是美学范畴、美学命题的产生、发展、转化的历史。"(叶朗:《中国美学史大纲》,上海人民出版社1985年版,第4页。)

[②] 本文选书名中的"美学"一词及各章"导读"中的相关文字,有意凸显现代学术学科意义上的"美学"对所选文献的统领作用。但编者深知,此种美学视角下的关注与研读,尤其是对那些作者并不局限在美学学科框架内的文献的研读,既可带来美学学科研究上的方便性与方向性,也可能带来学术视角的限定性甚至狭隘性。

纪中国美学的主要思想成就,因而有其个案研究价值和值得在21世纪一再被关注的经典性地位。

为落实以上编写意图,本文选的编写体例大致如下:

(1)构成文选主体内容的是选自于权威版本的、十位美学家的相关经典篇章全文或专著节选,即"经典文献"。每章"经典文献"前均有"本章导读",通过尽可能概括而又有针对性的"作者简介""阅读提示""思考问题""扩展阅读"四个项目,为研读各家文献提供必要的背景知识、阅读提示、问题引导及进一步研读的相关参考书目。为突出研究的专题性,各章分别拟有一个尽可能概括各家美学特色的标题。

(2)十位美学家基本以其生年先后排列,所选各家文献则以发表日期编排。必要时也会考虑各家及其美学文献所处阶段特征。如第一章所选梁启超文献均发表于1920年代,明显晚于第二章所选王国维文献的问世时间,但考虑到梁氏美学具有中国美学从19世纪向20世纪过渡的特征,故将其整体置于王氏美学之前。

(3)文献底本首选著者权威全集或文集版,并尽可能选择原始定本;以篇或节为单元的文本原则上不做删节(若有,会出注予以说明),以维持其相对完整性,避免断章取义;文字除做繁体转简体处理外,一般不予改动,也不做校勘;标点尽可能保持原貌。

(4)所选诸文献均提供题注,以方便读者了解该文献相关信息,并用"【编注】"标示。文献原注均予保留:原注系脚注、夹注者,维持不变;原注系尾注者,统一改为脚注。故本书文选部分脚注,除标明"编注"者,其余均系原作者注。

(5)本书附录《"美学"概念的六种内涵与用法》系编者论文,可帮助读者了解"(审)美学"概念及其所代表学科的基本情况,借此或能获得进入20世纪中国美学的一个方便"入口"。

《20世纪中国美学经典选读》是应笔者开设的"20世纪中国美学"本科课程教学之需而编写,其编写宗旨是:为教师与学生一起研读20世纪中国美学代表人物的代表性思想提供基本文献材料和基本导引,以期最大限度地完成"20世纪中国美学"这一课程的教学与教育目标,即以经典导读(而非教师单一讲授)能力为培养与评估指标的人文学术教学暨研究。当然,此文选既可作为高等院校中对20世纪中国美学感兴趣的学生(本科生、研究生)和以之为教学内容的教师的教材或教学资料,也可作为美学爱好者的美学研读参考文本。

目 录

第一章　梁启超的趣味主义美学选读 / 001

本章导读 …………………………………………………… 002
孔子之人格 ………………………………………………… 007
趣味教育与教育趣味 ……………………………………… 011
学问之趣味 ………………………………………………… 016
美术与生活 ………………………………………………… 020
敬业与乐业 ………………………………………………… 024
学问的趣味与趣味的学问 ………………………………… 028

第二章　王国维的审美范畴美学选读 / 033

本章导读 …………………………………………………… 034
论教育之宗旨 ……………………………………………… 039
孔子之美育主义 …………………………………………… 041
《红楼梦》评论 …………………………………………… 045

第三章　蔡元培的美育主义美学选读 / 065

本章导读 …………………………………………………… 066
对于新教育之意见 ………………………………………… 071
以美育代宗教说 …………………………………………… 077
关于宗教问题的谈话 ……………………………………… 081
以美育代宗教 ……………………………………………… 083
以美育代宗教 ……………………………………………… 085
美育 ………………………………………………………… 087
美育代宗教 ………………………………………………… 091

第四章　张竞生的美的主义美学选读 / 097

本章导读 098
《美的人生观》导言 102
《美的人生观》第一章　总论 108
《美的人生观》第二章　总论 110
《美的人生观》结论 113

第五章　宗白华的艺境美学选读 / 117

本章导读 118
艺术生活——艺术生活与同情 123
论文艺的空灵与充实 126
美从何处寻？ 133
美学的散步·小言 140
错采镂金的美和芙蓉出水的美 141

第六章　朱光潜的人生艺术化美学选读 / 145

本章导读 146
开场话 150
一　我们对于一棵古松的三种态度——实用的、科学的、美感的 153
二　"当局者迷，旁观者清"——艺术和实际人生的距离 158
三　"子非鱼，安知鱼之乐？"——宇宙的人情化 164
十五　"慢慢走，欣赏啊！"——人生的艺术化 169

第七章　蔡仪的客观典型论美学选读 / 175

本章导读 …………………………………………… 176
美学方法论（节选）………………………………… 181
美的本质 …………………………………………… 188
美的种类论（节选）………………………………… 198

第八章　徐复观的中国艺术精神美学选读 / 205

本章导读 …………………………………………… 206
中国艺术精神主体之呈现——庄子的再发现（节选）…… 211

第九章　李泽厚的主体性实践美学选读 / 227

本章导读 …………………………………………… 228
美（节选）…………………………………………… 233

第十章　高尔泰的主体自由论人学美学选读 / 249

本章导读 …………………………………………… 250
论美 ………………………………………………… 255

附　录："美学"概念的六种内涵与用法 ……………………… 272
后　记 ………………………………………………………… 285

第一章

梁启超的趣味主义美学选读

本章导读

【作者简介】

梁启超(1873—1929),字卓如,号任公,别号饮冰室主人。中国近代著名政治活动家、启蒙思想家,涉猎广泛、学识渊博、著述宏富的学者。1873年2月23日生于广东新会茶坑村,1929年1月19日在北平协和医院逝世。"十年饮冰,难凉热血",梁启超56年的人生旅途,大致经历了青少年接受传统"旧学"(1889年中举前)、追随康有为参与维新变法运动并研习西学(1890—1898)、亡命海外从事思想启蒙宣传(1898—1912)、参与民国新政(1912—1917)、赴欧考察(1918—1919)后潜心著述讲学(1920—1929)等五个阶段,及岭南才子、变法英雄、启蒙领袖、民国官员(曾先后出任内阁司法总长、币制局总裁、财政总长和盐务总署督办等职务)、学术大师等一系列身份转换,马不停蹄地追逐着自己的"少年中国"与"新民"梦。

自称"新思想界之陈涉"的梁启超"以著作报国"30多年,其最著名而权威的著述结集是林志钧主编的《饮冰室合集》(全40册,其中文集16册,专集24册,中华书局1936年初版),另有接续林氏之编、补苴罅漏的夏晓虹编《〈饮冰室合集〉集外文》(全3册,北京大学出版社2005年版)。当代的梁启超著述全集,有张品兴主编《梁启超全集》(全21卷,北京出版社1999年版)和汤志钧、汤仁泽主编《梁启超全集》(全20集,中国人民大学出版社2018年版)。梁启超先后创办、主编、主持过《万国公报》(1895,后改名《中外纪闻》)、《时务报》(1896)、《清议报》(1898)、《新民丛报》(1902)、《新小说》(1902)、《时报》(1904)、《政论》(1907)、《大中华》(1915)、《解放与改造》(1919,后改名《改造》)等10多种报刊,且多为主要撰稿人,被誉为"中国近代办报最多、撰述最丰、影响最大的报人代表""言论界之骄子"和"全中国知识界的领袖"。梁启超未过花甲之年,却著作等身、成果卓著,与此不无密切关联。

梁启超一生遍经清末民初诸般历史事件,因多次置身、引发重大政治事件和思想多变而遭非议。他清末维新、民国从政,作为政治活动家并不算成功,但作为启蒙思想家与著名学者却成就斐然,堪称中国近代百科全书式的著作大家,就产生的深远影响而言,其著述价值已超越所涉猎的诸具体学科领域而有了更为广泛而深远的思想文化意义。

【阅读提示】

就笔者所见,梁启超似乎并未使用过"美学"或"审美学"术语,尽管他不止一次地使用过"审美"和"美感"概念。这表明本书关心的"(审)美学"并非梁启超主导性思想,梁启超无明确的美学学科意识,但这两点并不影响他在缺乏现代学科自觉的状态下依然进入到颇有现代意味的美学研究领域。进而言之,较之于本书第二、三章关注的王国维美学和蔡元培美学,梁启超美学明显具有中国古代美学向中国现代美学过渡的特征。所以,本文选将梁启超列为20世纪中国美学"第一人",是立足于其美学研究从古及今的过渡性,而非其美学文献发表的时间为最早(本书关注的梁启超所有文献其实比第二章关注的王国维、第三章关注的蔡元培前几篇文献的发表时间都要晚)。简言之,梁启超堪称20世纪中国美学史上不用"美学"术语的重要美学代表。

本章将梁启超美学称为"趣味主义美学",是基于他发表于1920年的一系列演讲,即本书选入的《孔子之人格》(1920)、《趣味教育与教育趣味》(1922)、《学问之趣味》(1922)、《美术与生活》(1922)、《敬业与乐业》(1922)、《学问的趣味与趣味的学问》(1927)等6篇文献对了"趣味"问题前所未有的直接论说,和对本人"趣味主义"的明确宣示。在上述论及"趣味"问题的文本中,梁启超不仅将"趣味"问题同狭义的艺术(即"美术",

亦即绘画、雕塑、建筑三种造型艺术)与广义的艺术相联系,同文学相联系,同游戏活动相联系,而且同科学、教育、学问等其他精神活动相联系,甚至同劳作或劳动等职业活动相联系,同一个人方方面面的社会生活相联系。这使得梁启超的趣味主义美学进入更为广阔的社会生活审美层面,从而成为一种生活美学或社会美学,而非囿于人们习以为常的狭窄艺术审美趣味层面的艺术美学。梁启超的人生社会或生活美学实际同其早年倡导的"新民"思想及其"广民智、振民气"的宗旨、同他在1920年代所认同的不同于科学人生观的人文理想人生观是一致的,表现出他作为启蒙思想家和宣传家,以"趣味主义"塑造现代新人的独特努力。

梁启超的"趣味主义"首先是一种人生观或生活哲学,自始就有一种明显的道德教化意味,也带有以自己的学术、教育活动及有成有败的人生经历现身说法的经验总结特征,但实际仍有中国儒释道思想和西方柏格森等思想资源做理论后盾。中国儒家创始人孔子就是"趣味主义"历史践行者的杰出代表。在梁启超看来,孔子的趣味生活不仅体现在他对弟子曾点之志的叹赏,其将人的"知情意"即"知仁勇"三方面同时实现得十分调和圆满的一生本身就是趣味主义的人生。

另外,就本章主旨而论,本书没选入的梁启超的另外三篇文献也值得关注。《晚清两大家诗钞·题辞》(1920)对趣味问题的论述较早:"文学是人生最高尚的嗜好,无论何时,总要积极提倡的。……还有一义,文学是要常常变化更新的,因为文学的本质和作用,最主要的就是'趣味'。趣味这件东西,是由内发的情感和外受的环境交媾发生出来。就社会全体论,各个时代趣味不同;就一个人而论,趣味亦刻刻变化。"(《饮冰室合集》第26册,中华书局2015年典藏版,第4218页。)《"知不可而为"主义与"为而不有"主义》(1921)将标题中的两种主义归并为"无所为而为"主义,并断言它是"生活的艺术化",这对理解梁启超趣味主义的哲学背景及精髓有着显而易见的参考价值。此文开始提到的"兴味"一词其实与梁氏的"趣味"概念相近。《为学与做人》(1922)的"趣味化艺术化"之表述,更鲜明地传达出梁启超趣味主义与其人生艺术化观念的同一性关系。

梁启超的美学除了本书凸显的以趣味主义为核心的人生美学之外,还有基于其文艺批评研究而展开的文艺美学值得关注。比如《译印政治小说》(1898)、《论小说与群治之关系》(1902)等强调小说重大社会功能的小说美学,《情圣杜甫》《屈原研究》《中国韵文里头所表现的情感》(以上均写于1922年)等凸显文学情感与个性特征的文学美学,《书法指导》(1927)等强调书法四美的书法美学,等等。

【思考问题】

1.《孔子之人格》是从"知情意"即"知仁勇"三方面来分析、观察孔子可做人类模范的调和圆满人格的。在你看来,是否只有直接论及"人生的趣味"和"趣味生活"的"孔子之情的生活"部分才体现了梁启超的"趣味主义"人生观?

2.《趣味教育与教育趣味》就"趣味"问题提出了哪些重要观点?为什么说"别的职业是一重趣味,教育家是两重趣味"?你赞同此观点吗?

3.《学问之趣味》和《学问的趣味与趣味的学问》就"趣味"问题提出了哪些重要观点?你赞同两文中提出的把"以趣味始以趣味终"作为"趣味主义的条件"吗?

4.《美术与生活》就"趣味"问题提出了哪些重要观点?如何理解梁启超的"美术"概念?此文将"美术"与"生活"放在一起讨论的思想基础是什么?

5.《敬业与乐业》为什么说"凡职业都是有趣味的"?你赞同此观点吗?在你看来,是否只有"乐业"才是"有趣味的"?

6.从本章所选6篇文献来看,梁启超的"趣味主义"主要是在什么具体语境下提出来的?其"趣味主义"有哪些主要内容?试根据所选文献的具体表述予以归纳总结。

7.梁启超"趣味主义"的哲学基础或思想资源是什么?他倡导"趣味主义"的宗旨何在?

8.梁启超的"趣味主义"与其"审美""美感""美"等概念有何关系?为什么说梁启超的"趣味主义"是一种美学思想?其美学特性与美学价值何在?

【扩展阅读】

金雅选编:《中国现代美学名家文丛·梁启超卷》,中国文联出版社,2017年。

金雅主编:《中国现代美学与文论的发动:"中国现代美学、文论与梁启超"全国学术研讨会论文选集》,天津人民出版社,2009年。

金雅:《梁启超美学思想研究》,商务印书馆,2012年。

丁文江、赵丰田编:《梁启超年谱长编》,上海人民出版社,2009年。

葛懋春、蒋俊编选:《梁启超哲学思想论文选》,北京大学出版社,1984年。

汤志钧、汤仁泽主编:《梁启超全集》(全20集),中国人民大学出版社,2018年。

孔子之人格①

我屡说孔学专在养成人格。凡讲人格教育的人,最要紧是以身作则,然后感化力才大。所以我们要研究孔子的人格。

孔子的人格,在平淡无奇中现出他的伟大,其不可及处在此,其可学处亦在此。前节曾讲过,孔子出身甚微。《史记》说"孔子贫且贱",他自己亦说"吾少也贱"。(孟子说孔子为委吏、乘田,皆为贫而仕。)以一个异国流寓之人,而且少孤,幼年的穷苦可想。所以孔子的境遇,狠像现今的苦学生,绝无倚靠,绝无师承,全恃自己锻炼自己,渐渐锻成这么伟大的人格。我们读释迦、基督、墨子诸圣哲的传记,固然敬仰他的为人,但总觉得有许多地方,是我们万万学不到的。惟有孔子,他一生所言所行,都是人类生活范围内极亲切有味的庸言庸行,只要努力学他,人人都学得到。孔子之所以伟大就在此。

近世心理学家说,人性分智(理智)、情(情感)、意(意志)三方面。伦理学家说,人类的良心,不外由这三方面发动,但各人各有所偏,三者调和极难。我说,孔子是把这三件调和得非常圆满,而且他的调和方法,确是可模可范。孔子说:"知仁勇三者,天下之达德。"又说:"知者不忧,仁者不忧,勇者不惧。"知就是理智的作用,仁就是情感的作用,勇就是意志的作用。我们试从这三方面分头观察孔子。

---

① 【编注】本文系梁启超《孔子》第六节"结论""(二)孔子之人格"之完整选录,选自梁启超:《饮冰室合集》(全四十册)第26册,中华书局2015年典藏版,第6928—6932页。梁启超《孔子》作于1920年,后收入《饮冰室专集》之三十六,中华书局1936年版,第1—64页。此文共六节,节目录如下:第一节"孔子事迹及时代",第二节"研究孔子学说所根据之资料",第三节"孔学揅纲",第四节"孔子之哲理论与《易》",第五节"孔子之政治论与《春秋》",第六节"结论"。

（甲）孔子之知的生活

孔子是个理智极发达的人。无待喋喋，观前文所胪列的学说，便知梗概。但他的理智，全是从下学上达得来。试读《论语》"吾十有五"一章，逐渐进步的阶段，历历可见。他说："我非生而知之者，好古敏以求之者也。"又说："十室之邑，必有忠信如丘者焉，不如丘之好学也。"可见孔子并不是有高不可攀的聪明智慧。他的资质，原只是和我们一样；他的学问，却全由勤苦积累得来。他又说："君子食无求饱，居无求安，敏于事而慎于言，就有道而正焉，可谓好学也已矣。"解释"好学"的意义，是不贪安逸少讲闲话多做实事，常常向先辈请教，这都是最结实的为学方法。他遇有可以增长学问的机会，从不肯放过。郯子来朝，便向他问官制。在齐国遇见师襄，便向他学琴。入到太庙，便每事问。那一种遇事留心的精神，可以想见。他说："学如不及，犹恐失之。"又说："学之不讲，是吾忧也。"可见他直是以学问为性命，终身不肯抛弃。他见老子时，大约五十岁了，各书记他们许多问答的话，虽不可尽信，但他虚受的热忱，真是少有了。他晚年读《易》韦编三绝，还恨不得多活几年好加功研究。他的《春秋》，就是临终那一两年才著成。这些事绩，随便举一两件，都可以鼓励后人向学的勇气。像我们在学堂毕业，就说我学问完成，比起孔子来，真要愧死了。他自己说"其为人也，发愤忘食，乐以忘忧，不知老之将至云尔"。可见他从十五岁到七十三岁，无时无刻不在学问之中。他在理智方面，能发达到这般圆满，全是为此。

（乙）孔子之情的生活

凡理智发达的人，头脑总是冷静的，往往对于世事，作一种冷酷无情的待遇，而且这一类人，生活都会单调性，凡事缺乏趣味。孔子却不然。他是个最富于同情心的人，而且情感狠易触动。"子食于有丧者之侧，未尝饱也。""（子）见齐衰者，虽狎必变。……凶服必式之。"可见他对于人之死亡，无论识与不识，皆起恻隐，有时还像神经过敏。"朋友死，无所归，(子)曰：'于我殡。'""孔子之卫，遇旧馆人之丧，入而哭之，……一哀而出涕。""颜渊死，子哭之恸。"这些地方，都可证明孔子是一位多血多泪的人。孔子既如此一往情深，所以哀民生之多艰，日日尽心，欲图救济。当时厌世主义盛行，《论语》所载避地避世的人狠不少。那长沮说："滔滔者，天下皆是也，而谁与易之？"孔子却说："鸟兽不可与同群，吾非斯人之徒与而谁与？天下有道，丘不与易也。"可见孔子栖栖皇皇，不但是为义务观念所驱，实从人类相互间情感发生出热力来。那晨门虽和孔子不同道，他说"是知其不可而为之者与"，实能传出孔子心事。像《论语》所记那一班隐者，理智方面都狠透亮，只是情感的发达，不及孔子(像屈原一流，情感又过度发达了)。

　　孔子对于美的情感极旺盛，他论韶武两种乐，就拿尽美和尽善对举。一部《易传》，说美的地方甚多(如乾之"以美利利天下"，如坤之"美在其中")。他是常常玩领自然之美，从这里头，得着人生的趣味。所以他说："天何言哉？四时行焉，百物生焉。天何言哉？"说："知者乐水，仁者乐山。"前节讲的孔子赞《易》全是效法自然，就是这个意思。曾点言志，说"浴乎沂，风乎舞雩，咏而归"。孔子"喟然叹曰：'吾与点也！'"为甚么叹美曾点，为他的美感能唤起人趣味生活。孔子这种趣味生活，看他笃嗜音乐，最能证明。在齐闻韶，闹到三月不知肉味，他老先生不是成了戏迷吗？"子于是日哭，则不歌。"可见他除了有特别哀痛时，每日总是曲子不离口了。"子与人歌而善，必使反之，而后和之。"可见他最爱与人同乐。孔子因为认趣味为人生要件，所以说"不亦说乎""不亦乐乎"，说"乐以忘忧"，说"知之者不如好之者，好之者不如乐之者"。一个"乐"字，就是他老先生自得的学问。我们从前以为他是一位干燥无味方严可惮的道学先生，谁知不然。他最喜欢带着学生游泰山游舞雩，有时还和学生开玩笑呢！("夫子莞尔而笑……前言戏之耳。")《论语》说"子温而厉，威而不猛，恭而安"，正是表现他的情操恰到好处。

（丙）孔子之意的生活

凡情感发达的人，意志最易为情感所牵，不能强立。孔子却不然，他是个意志最坚定强毅的人。齐鲁夹谷之会，齐人想用兵力劫制鲁侯，说孔丘知礼而无勇，以为必可以得志。谁知孔子拿出他那不畏强御的本事，把许多伏兵都吓退了。又如他反对贵族政治，实行堕三都的政策，非天下之大勇，安能如此？他的言论中，说志说刚说勇说强的最多。如"三军可夺帅也，匹夫不可夺志也"，这是教人抵抗力要强，主意一定，总不为外界所摇夺。如"君子和而不流，强哉矫！中立而不倚，强哉矫！国有道，不变塞焉，强哉矫！国无道，至死不变，强哉矫！"，都是表示这种精神。又说："志士仁人，无求生以害仁，有杀身以成仁。"又说："志士不忘在沟壑，勇士不忘丧其元。"教人以献身的观念，为一种主义或一种义务，常须存以身殉之之心。所以他说"仁者必有勇"，又说"见义不为，无勇也"，可见讲仁讲义，都须有勇才成就了。孔子在短期的政治生活中，已经十分表示他的勇气，他晚年讲学著书，越发表现这种精神。他自己说："学而不厌，诲人不倦。"这两句语看似寻常，其实不厌不倦，是极难的事。意志力稍为薄弱一点的人，一时鼓起兴味做一件事，过些时便厌倦了。孔子既已认定学问教育是他的责任，一直到临死那一天，丝毫不肯松劲。"不厌不倦"这两句话，真当之无愧了。他赞《易》，在第一个乾卦，说"天行健，君子以自强不息"。"自强"是表意志力，"不息"是表这力的继续性。

以上从知情意即知仁勇三方面分析合综，观察孔子。试把中外古人别的伟人哲人来比较，觉得别人或者一方面发达的程度过于孔子，至于三方面同时发达到如此调和圆满，直是未有其比。尤为难得的，是他发达的径路，狠平易近人，无论甚么人，都可以学步。所以孔子的人格，无论在何时何地，都可以做人类的模范。我们和他同国，做他后学，若不能受他这点精神的感化，真是自己辜负自己了。

趣味教育与教育趣味

——四月十日在直隶教育联合研究会讲演[1]

一

假如有人问我:"你信仰的甚么主义?"我便答道:"我信仰的是趣味主义。"有人问我:"你的人生观拿什么做根柢?"我便答道:"拿趣味做根柢。"我生平对于自己所做的事,总是做得津津有味,而且兴会淋漓。什么悲观咧厌世咧这种字面,我所用的字典里头,可以说完全没有。我所做的事,常常失败——严格的可以说没有一件不失败——然而我总是一面失败一面做。因为我不但在成功里头感觉趣味,就在失败里头也感觉趣味。我每天除了睡觉外,没有一分钟一秒钟不是积极的活动。然而我绝不觉得疲倦,而且很少生病。因为我每天的活动有趣得很,精神上的快乐,补得过物质上的消耗而有余。

趣味的反面,是干瘪,是萧索。晋朝有位殷仲文,晚年常郁郁不乐,指着院子里头的大槐树叹气,说道:"此树婆娑,生意尽矣。"一棵新栽的树,欣欣向荣,何等可爱!到老了之后,表面上虽然很婆娑,骨子里生意已尽,算是这一期的生活完结了。殷仲文这两句话,是用很好的文学技能,表出那种颓唐落寞的情绪。我以为这种情绪,是再坏没有的了。无论一个人或一个社会,倘若被这种情绪侵入弥漫,这个人或这个社会算是完了,再不

---

[1]【编注】本文系梁启超于1922年4月10日在直隶教育联合研究会上的讲演稿,收入《梁任公学术讲演集》第一辑,商务印书馆1922年版,第147—158页;后收入《饮冰室文集》之三十八,中华书局1936年版,第12—17页。本文选自梁启超:《饮冰室合集》(全四十册)第13册,中华书局2015年典藏版,第3662—3667页。

会有长进。何止没长进,什么坏事,都要从此产育出来。总而言之,趣味是活动的源泉,趣味干竭,活动便跟着停止。好像机器房里没有燃料,发不出蒸汽来,任凭你多大的机器,总要停摆。停摆过后,机器还要生锈,产生许多毒害的物质哩!人类若到把趣味丧失掉的时候,老实说,便是生活得不耐烦,那人虽然勉强留在世间,也不过行尸走肉。倘若全个社会如此,那社会便是痨病的社会,早已被医生宣告死刑。

二

"趣味教育"这个名词,并不是我所创造,近代欧美教育界早已通行了。但他们还是拿趣味当手段,我想进一步,拿趣味当目的。请简单说一说我的意见。

第一,趣味是生活的原动力,趣味丧掉,生活便成了无意义。这是不错。但趣味的性质,不见得都是好的。譬如好嫖好赌,何尝不是趣味?但从教育的眼光看来,这种趣味的性质,当然是不好。所谓好不好,并不必拿严酷的道德论做标准。既已主张趣味,便要求趣味的贯彻。倘若以有趣始以没趣终,那么趣味主义的精神,算完全崩落了。《世说新语》记一段故事:"祖约性好钱,阮孚性好屐,世未判其得失。有诣约,见正料量财物,客至屏当不尽,余两小簏,以著背后,倾身障之,意未能平。诣孚,正见自蜡屐,因叹曰:'未知一生当着几纳屐。'意甚闲畅。于是优劣始分。"这段话,很可以作为选择趣味的标准。凡一种趣味事项,倘或是要瞒人的,或是拿别人的苦痛换自己的快乐,或是快乐和烦恼相间相续的,这等统名为下等趣味。严格说起来,他就根本不能做趣味的主体。因为认这类事当趣味的人,常常遇着败兴,而且结果必至于俗语说的"没兴一齐来"而后已,所以我们讲趣味主义的人,绝不承认此等为趣味。人生在幼年青年期,趣味是最浓的,成天价乱碰乱进;若不引他到高等趣味的路上,他们便非流入下等趣味不可。没有受过教育的人,固然容易如此。教育教得不如法,学生在学校里头找不出趣味,然而他们的趣味是压不住的,自然会从校课以外乃至校课反对的方向去找他的下等趣味。结果，他们的趣味是不能贯彻的，整个变成没趣的人生完事。我们主张趣味教育的人，是要趁儿童或青年趣味正浓而方向未决定的时候，给他们一种可以终身受用的趣味。这种教育办得圆满，能够令全社会整个永久是有趣的。

第二，既然如此，那么教育的方法，自然也跟着解决了。教育家无论多大能力，总不能把某种学问教通了学生，只能令受教的学生当着某种学问的趣味，或者学生对于某种学问原有趣味，教育家把他加深加厚。所以教育事业，从积极方面说，全在唤起趣味；从消极方面说，要十分注意，不可以摧残趣味。摧残趣味有几条路。头一件是注射式的教育。教师把课本里头东西叫学生强记，好像嚼饭给小孩子吃。那饭已经是一点儿滋味没有了，还要叫他照样的嚼几口，仍旧吐出来看。那么，假令我是个小孩子，当然会认吃饭是一件苦不可言的事了。这种教育法，从前教八股完全是如此，现在学校里形式虽变，精神却还是大同小异。这样教下去，只怕永远教不出人才来。第二件是课目太多。为培养常识起见，学堂课目固然不能太少。为恢复疲劳起见，每日的课目固然不能不参错掉换。但这种理论，只能为程度的适用，若用得过分，毛病便会发生。趣味的性质，是越引越深。想引得深，总要时间和精力比较的集中才可。若在一个时期内，同时做十来种的功课，走马看花，应接不暇，初时或者惹起多方面的趣味，结果任何方面的趣味都不能养成。那么，教育效率，可以等于零。为什么呢？因为受教育受了好些时，件件都是在大门口一望便了，完全和自己的生活不发生关系，这教育不是白费吗？第三件是拿教育的事项当手段。从前我们学八股，大家有句通行话说他是敲门砖，门敲开了自然把砖也抛却，再不会有人和那块砖头发生起恋爱来。我们若是拿学问当作敲门砖看待，断乎不能有深入而且持久的趣味。我们为什么学数学？因为数学有趣所以学数学；为什么学历史？因为历史有趣所以学历史；为什么学画画、学打球？因为画画有趣、打球有趣所以学画画、学打球。人生的状态，本来是如此，教育的最大效能，也只是如此。各人选择他趣味最浓的事项做职业，自然一切劳作，都是目的，不是手段，越劳作越发有趣。反过来，若是学法政用来作做官的手段,官做不成怎么样呢?学经济用来做发财的手段,财发不成怎么样呢?结果必至于把趣味完全送掉。所以教育家最要紧教学生知道是为学问而学问,为活动而活动。所有学问,所有活动,都是目的,不是手段。学生能领会得这个见解,他的趣味,自然终身不衰了。

三

以上所说,是我主张趣味教育的要旨。既然如此,那么在教育界立身的人,应该以教育为唯一的趣味,更不消说了。一个人若是在教育上不感觉有趣味,我劝他立刻改行,何必在此受苦?既已打算拿教育做职业,便要认真享乐,不辜负了这里头的妙味。

孟子说:"君子有三乐,而王天下不与存焉。"那第三种就是:"得天下英才而教育之。"他的意思是说教育家比皇帝还要快乐。他这话绝不是替教育家吹空气,实际情形,确是如此。我常想,我们对于自然界的趣味,莫过于种花。自然界的美,像山水风月等等,虽然能移我情,但我和他没有特殊密切的关系,他的美妙处,我有时便领略不出。我自己手种的花,他的生命和我的生命简直并合为一,所以我对着他,有说不出来的无上妙味。凡人工所做的事,那失败和成功的程度都不能预料。独有种花,你只要用一分心力,自然有一分效果还你,而且效果是日日不同,一日比一日进步。教育事业正和种花一样:教育者与被教育者的生命是并合为一的。教育者所用的心力,真是俗语说的"一分钱一分货",丝毫不会枉费。所以我们要选择趣味最真而最长的职业,再没有别样比得上教育。

现在的中国,政治方面,经济方面,没有那件说起来不令人头痛。但回到我们教育的本行,便有一条光明大路,摆在我们前面。从前国家托命,靠一个皇帝,皇帝不行,就望太子,所以许多政论家——像贾长沙一流都最注重太子的教育。如今国家托命是在人民,现在的人民不行,就望将来的人民。现在学校里的儿童青年,个个都是"太子",教育家便是"太子太傅"。据我看,我们这一代的"太子",真是"富于春秋典学光明",这些当"太傅"的,只要"鞠躬尽瘁",好生把他培养出来,不愁不眼见中兴大业。所以别方面的趣味,或者难得保持,因为到处挂着"此路不通"的牌子,容易把人的兴头打断。教育家却全然不受这种限制。

教育家还有一种特别便宜的事,因为"教学相长"的关系,教人和自己研究学问是分离不开的。自己对于自己所好的学问,能有机会终身研究,是人生最快乐的事。这种快乐,也是绝对自由,一点不受恶社会的限制。做别的职业的人,虽然未尝不可以研究学问,但学问总成了副业了。从事教育职业的人,一面教育,一面学问,两件事完全打成一片。所以别的职业是一重趣味,教育家是两重趣味。

孔子屡屡说:"学而不厌,诲人不倦。"他的门生赞美他说:"正唯弟子不能及也。"一个人谁也不学,谁也不诲人,所难者确在不厌不倦。问他为什么能不厌不倦呢,只是领略得个中趣味,当然不能自已。你想:一面学,一面诲人,人也教得进步了,自己所好的学问也进步了,天下还有比他再快活的事吗?人生在世数十年,终不能一刻不活动。别的活动,都不免常常陷在烦恼里头,独有好学和好诲人,真是可以无入而不自得,若真能在这里得了趣味,还会厌吗?还会倦吗?孔子又说:"知之者不如好之者,好之者不如乐之者。"诸君都是在教育界立身的人,我希望更从教育的可好可乐之点,切实体验,那么,不惟诸君本身得无限受用,我们全教育界也增加许多活气了。

学问之趣味

——八月六日在东南大学为暑期学校学员讲演[1]

我是个主张趣味主义的人:倘若用化学化分"梁启超"这件东西,把里头所含一种原素名叫"趣味"的抽出来,只怕所剩下仅有个0了。我以为:凡人必常常生活于趣味之中,生活才有价值。若哭丧着脸挨过几十年,那么,生命便成沙漠,要来何用?中国人见面最喜欢用的一句话:"近来作何消遣?"这句话我听着便讨厌。话里的意思,好像生活得不耐烦了,几十年日子没有法子过,勉强找些事情来消他遣他。一个人若生活于这种状态之下,我劝他不如早日投海!我觉得天下万事万物都有趣味,我只嫌二十四点钟不能扩充到四十八点,不彀我享用。我一年到头不肯歇息,问我忙什么?忙的是我的趣味。我以为这便是人生最合理的生活,我常常想运动别人也学我这样生活。

凡属趣味,我一概都承认他是好的,但怎么样才算"趣味",不能不下一个注脚。我说:"凡一件事做下去不会生出和趣味相反的结果的,这件事便可以为趣味的主体。"赌钱趣味吗?输了怎么样?吃酒趣味吗?病了怎么样?做官趣味吗?没有官做的时候怎么样?……诸如此类,虽然在短时间内像有趣味,结果会闹到俗语说的"没趣一齐来",所以我们不能承认他是趣味。凡趣味的性质,总要以趣味始以趣味终。所以能为趣味之主体者,莫如下列的几项:一、劳作;二、游戏;三、艺术;四、学问。诸君听我这

---

[1] 【编注】本文系梁启超于1922年8月6日在东南大学为暑期学校学员所做的讲演,刊发于1922年8月12日《时事新报·学灯》,收入《梁任公学术讲演集》第二辑,商务印书馆1922年版,第121—128页;后收入《饮冰室文集》之三十九,中华书局1936年版,第15—18页。全文选自梁启超:《饮冰室合集》(全四十册)第14册,中华书局2015年典藏版,第3749—3752页。

段话,切勿误会,以为我用道德观念来选择趣味。我不问德不德,只问趣不趣。我并不是因为赌钱不道德才排斥赌钱,因为赌钱的本质会闹到没趣,闹到没趣便破坏了我的趣味主义,所以排斥赌钱;我并不是因为学问是道德才提倡学问,因为学问的本质能觳以趣味始以趣味终,最合于我的趣味主义条件,所以提倡学问。

学问的趣味,是怎么一回事呢?这句话我不能回答。凡趣味总要自己领略,自己未曾领略得到时,旁人没有法子告诉你。佛典说的:"如人饮水,冷暖自知。"你问我这水怎样的冷,我便把所有形容词说尽,也形容不出给你听,除非你亲自嗑一口。我这题目——学问之趣味,并不是要说学问如何如何的有趣味,只要如何如何便会尝得着学问的趣味。

诸君要尝学问的趣味吗?据我所经历过的有下列几条路应走:

第一,"无所为"("为"读去声)。趣味主义最重要的条件是"无所为而为"。凡有所为而为的事,都是以别一件事为目的而以这件事为手段;为达目的起见勉强用手段,目的达到时,手段便抛却。例如学生为毕业证书而做学问,著作家为版权而做学问,这种做法,便是以学问为手段,便是有所为。有所为虽然有时也可以为引起趣味的一种方便,但到趣味真发生时,必定要和"所为者"脱离关系。你问我"为什么做学问",我便答道:"不为什么。"再问,我便答道:"为学问而学问。"或者答道:"为我的趣味。"诸君切勿以为我这些话掉弄虚机;人类合理的生活本来如此。小孩子为什么游戏?为游戏而游戏。人为什么生活?为生活而生活。为游戏而游戏,游戏便有趣;为体操分数而游戏,游戏便无趣。

第二,不息。"鸦片烟怎样会上瘾?""天天吃。""上瘾"这两个字,和"天天"这两个字是离不开的。凡人类的本能,只要那部分阁久了不用,他便会麻木会生锈。十年不跑路,两条腿一定会废了;每天跑一点钟,跑上几个月,一天不得跑时,腿便发痒。人类为理性的动物,"学问欲"原是固有本能之一种;只怕你出了学校便和学问告辞,把所有经管学问的器官一齐打落冷宫,把学问的胃弄坏了,便山珍海味摆在面前,也不愿意动筷子。诸君啊！诸君倘若现在从事教育事业或将来想从事教育事业，自然没有问题，很多机会来培养你学问胃口。若是做别的职业呢，我劝你每日除本业正当劳作之外，最少总要腾出一点钟，研究你所嗜好的学问。一点钟那里不消耗了？千万别要错过，闹成"学问胃弱"的证候，白白自己剥夺了一种人类应享之特权啊！

第三，深入的研究。趣味总是慢慢的来，越引越多；像那吃甘蔗，越往下才越得好处。假如你虽然每天定有一点钟做学问，但不过拿来消遣消遣，不带有研究精神，趣味便引不起来。或者今天研究这样明天研究那样，趣味还是引不起来。趣味总是藏在深处，你想得着，便要入去。这个门穿一穿，那个窗户张一张，再不会看见"宗庙之美，百官之富"，如何能有趣味？我方才说："研究你所嗜好的学问。""嗜好"两个字很要紧。一个人受过相当的教育之后，无论如何，总有一两门学问和自己脾胃相合，而已经懂得大概可以作加工研究之预备的。请你就选定一门作为终身正业（指从事学者生活的人说），或作为本业劳作以外的副业（指从事其他职业的人说）。不怕范围窄，越窄越便于聚精神；不怕问题难，越难越便于鼓勇气。你只要肯一层一层的往里面追，我保你一定被他引到"欲罢不能"的地步。

第四，找朋友。趣味比方电，越摩擦越出。前两段所说，是靠我本身和学问本身相磨擦；但仍恐怕我本身有时会停摆，发电力便弱了。所以常常要仰赖别人帮助。一个人总要有几位共事的朋友，同时还要有几位共学的朋友。共事的朋友，用来扶持我的职业；共学的朋友和共顽的朋友同一性质，都是用来磨擦我的趣味。这类朋友，能彀和我同嗜好一种学问的自然最好，我便和他打伙研究。即或不然——他有他的嗜好，我有我的嗜好，只要彼此都有研究精神，我和他常常在一块或常常通信，便不知不觉把彼此趣味都磨擦出来了。得着一两位这种朋友，便算人生大幸福之一。我想只要你肯找，断不会找不出来。

我说的这四件事，虽然像是老生常谈，但恐怕大多数人都不曾会这样做。唉！世上人多么可怜啊！有这种不假外求不会蚀本不会出毛病的趣味世界,竟自没有几个人肯来享受!古书说的故事"野人献曝",我是尝冬天晒太阳的滋味尝得舒服透了,不忍一人独享,特地恭恭敬敬的来告诉诸君。诸君或者会欣然采纳吧。但我还有一句话:太阳虽好,总要诸君亲自去晒,旁人却替你晒不来。

美术与生活

——八月十三日在上海美术专门学校讲演[1]

诸君！我是不懂美术的人，本来不配在此讲演。但我虽然不懂美术，却十分感觉美术之必要。好在今日在座诸君，和我同一样的门外汉谅也不少。我并不是和懂美术的人讲美术，我是专要和不懂美术的人讲美术。因为人类固然不能个个都做供给美术的"美术家"，然而不可不个个都做享用美术的"美术人"。

"美术人"这三个字是我杜撰的，谅来诸君听着很不顺耳。但我确信"美"是人类生活一要素——或者还是各种要素中之最要者，倘若在生活全内容中把"美"的成分抽出，恐怕便活得不自在甚至活不成！中国向来非不讲美术——而且还有很好的美术，但据多数人见解，总以为美术是一种奢侈品，从不肯和布帛菽粟一样看待，认为生活必需品之一。我觉得中国人生活之不能向上，大半由此。所以今日要标"美术与生活"这题，特和诸君商榷一回。

问人类生活于什么，我便一点不迟疑答道："生活于趣味。"这句话虽然不敢说把生活全内容包举无遗，最少也算把生活根芽道出。人若活得无趣，恐怕不活着还好些，而且勉强活也活不下去。人怎样会活得无趣呢？第一种，我叫他做石缝的生活。挤得紧紧的没有丝毫开拓余地。又好像披枷带锁，永远走不出监牢一步。第二种，我叫他做沙漠的生活。干透了没有一毫润泽，板死了没有一毫变化。又好像蜡人一般，没有一点血

---

[1]【编注】本文系梁启超于1922年8月13日在上海美术专门学校的讲演稿，收入《梁任公学术讲演集》第三辑，商务印书馆1923年版，第1—9页；后收入《饮冰室文集》之三十九，中华书局1936年版，第21—25页。全文选自梁启超：《饮冰室合集》（全四十册）第14册，中华书局2015年典藏版，第3755—3759页。

色;又好像一株枯树,庾子山说的"此树婆娑,生意尽矣"。这种生活是否还能叫做生活,实属一个问题。所以我虽不敢说趣味便是生活,然而敢说没趣便不成生活。

趣味之必要既已如此,然则趣味之源泉在那里呢?依我看有三种。

第一,对境之赏会与复现。人类任操何种卑下职业,任处何种烦劳境界,要之总有机会和自然之美相接触——所谓水流花放,云卷月明,美景良辰,赏心乐事。只要你在一刹那间领略出来,可以把一天的疲劳忽然恢复,把多少时的烦恼丢在九霄云外。倘若能把这些影像印在脑里头令他不时复现,每复现一回,亦可以发生与初次领略时同等或仅较差的效用。人类想在这种尘劳世界中得有趣味,这便是一条路。

第二,心态之抽出与印契。人类心理,凡遇着快乐的事,把快乐状态归拢一想,越想便越有味;或别人替我指点出来,我的快乐程度也增加。凡遇着苦痛的事,把苦痛倾筐倒箧吐露出来,或别人能够看出我苦痛替我说出,我的苦痛程度反会减少。不惟如此,看出说出别人的快乐,也增加我的快乐;替别人看出说出苦痛,也减少我的苦痛。这种道理,因为各人的心都有个微妙的所在,只要搔着痒处,便把微妙之门打开了。那种愉快,真是得未曾有,所以俗话叫做"开心"。我们要求趣味,这又是一条路。

第三,他界之冥构与驀进。对于现在环境不满,是人类普通心理,其所以能进化者亦在此。就令没有什么不满,然而在同一环境之下生活久了,自然也会生厌。不满尽管不满,生厌尽管生厌,然而脱离不掉他,这便是苦恼根源。然则怎样救济法呢?肉体上的生活,虽然被现实的环境捆死了,精神上的生活,却常常对于环境宣告独立,或想到将来希望如何如何,或想到别个世界,例如文学家的桃源、哲学家的乌托邦、宗教家的天堂净土如何如何。忽然间超越现实界,闯入理想界去,便是那人的自由天地。我们欲求趣味,这又是一条路。

第三种趣味,无论何人都会发劲的。但因各人感觉机关用得熟与不熟,以及外界帮助引起的机会有无多少,于是趣味享用之程度,生出无量差别。感觉器官敏则趣味增,感觉器官钝则趣味减;诱发机缘多则趣味强，诱发机缘少则趣味弱。专从事诱发以刺激各人器官不使钝的有三种利器：一是文学，二是音乐，三是美术。

今专从美术讲。美术中最主要的一派，是描写自然之美，常常把我们所曾经赏会或像是曾经赏会的都复现出来。我们过去赏会的影子印在脑中，因时间之经过渐渐淡下去，终必有不能复现之一日，趣味也跟着消灭了。一幅名画在此，看一回便复现一回，这画存在，我的趣味便永远存在。不惟如此，还有许多我们从前不注意赏会不出的，他都写出来指导我们赏会的路，我们多看几次，便懂得赏会方法，往后碰着种种美境，我们也增加许多赏会资料了。这是美术给我们趣味的第一件。

美术中有刻画心态的一派，把人的心理看穿了，喜怒哀乐，都活跳在纸上。本来是日常习见的事，但因他写得惟妙惟肖，便不知不觉间把我们的心弦拨动，我快乐时看他便增加快乐，我苦痛时看他便减少苦痛。这是美术给我们趣味的第二件。

美术中有不写实境实态而纯凭理想构造成的。有时我们想构一境，自觉模糊断续不能构成，被他都替我表现了，而且他所构的境界种种色色有许多为我们所万想不到；而且他所构的境界优美高尚，能把我们卑下平凡的境界压下去。他有魔力，能引我们跟着他走，闯进他所到之地。我们看他的作品时，便和他同住一个超越的自由天地。这是美术给我们趣味的第三件。

要而论之，审美本能，是我们人人都有的。但感觉器官不常用或不会用，久而久之麻木了。一个人麻木，那人便成了没趣的人。一民族麻木，那民族便成了没趣的民族。美术的功用，在把这种麻木状态恢复过来，令没趣变为有趣。换句话说，是把那渐渐坏掉了的爱美胃口，替他复原，令他常常吸收趣味的营养，以维持增进自己的生活康健。明白这种道理，便知美术这样东西在人类文化系统上该占何等位置了。

以上是专就一般人说。若就美术家自身说，他们的趣味生活，自然更与众不同了。他们的美感，比我们锐敏若干倍，正如《牡丹亭》说的"我常一生儿爱好是天然"。我们领略不着的趣味，他们都能领略。领略够了，终把些唾余分赠我们。分赠了我们,他们自己并没有一毫破费,正如老子说的"既以为人己愈有,既以与人己愈多"。假使"人生生活于趣味"这句话不错,他们的生活真是理想生活了。

今日的中国,一方面要多出些供给美术的美术家,一方面要普及养成享用美术的美术人。这两件事都是美术专门学校的责任。然而该怎样的督促赞助美术专门学校叫他完成这责任,又是教育界乃至一般市民的责任。我希望海内美术大家和我们不懂美术的门外汉各尽责任做去。

敬业与乐业

——八月十四日在上海中华职业学校讲演[①]

我这题目,是把《礼记》里头"敬业乐群"和《老子》里头"安其居,乐其业"那两句话断章取义造出来的。我所说是否与《礼记》《老子》原意相合,不必深求,但我确信"敬业乐业"四个字,是人类生活不二法门。

本题主眼,自然是在"敬"字、"乐"字。但必先有业,才有可敬、可乐的主体,理至易明。所以在讲演正文以前,先要说说有业之必要。

孔子说:"饱食终日,无所用心,难矣哉!"又说:"群居终日,言不及义,好行小慧,难矣哉!"孔子是一位教育大家,他心目中没有什么人不可教诲,独独对于这两种人便摇头叹气说道:"难!难!"可见人生一切毛病都有药可医,惟有无业游民,虽大圣人碰着他,也没有办法。

唐朝有一位名僧百丈禅师,他常常用两句格言教训弟子,说道:"一日不做事,一日不吃饭。"他每日除上堂说法之外,还要自己扫地、擦桌子、洗衣服,直到八十岁,日日如此。有一回,他的门生想替他服劳,把他本日应做的工悄悄地都做了,这位言行相顾的老禅师,老实不客气,那一天便绝对的不肯吃饭。

我征引儒门、佛门这两段话,不外证明人人都要正当职业,人人都要不断的劳作。倘若有人问我:"百行什么为先?万恶什么为首?"我便一点不迟疑答道:"百行业为先,万恶懒为首。"没有职业的懒人,简直是社会上蛀米虫,简直是"掠夺别人勤劳结果"的盗贼。我们对于这种人,是要彻

[①]【编注】本文系梁启超于1922年8月14日在上海中华职业学校所做的讲演,收入《梁任公学术讲演集》第三辑,商务印书馆1923年版,第11—20页;后收入《饮冰室文集》之三十九,中华书局1936年版,第25—29页。全文选自梁启超:《饮冰室合集》(全四十册)第14册,中华书局2015年典藏版,第3759—3763页。

底讨伐,万不能容赦的。有人说:"我并不是不想找职业,无奈找不出来。"我说,职业难找,原是现代全世界普通现象,我也承认。这种现象应该如何救济,别是一个问题,今日不必讨论。但以中国现在情形论,找职业的机会,依然比别国多得多。一个精力充满的壮年人,倘若不是安心躲懒,我敢信他一定能得相当职业。今日所讲,专为现在有职业及现在正做职业上预备的人——学生——说法,告诉他们对于自己现有的职业应采何种态度。

第一要敬业。敬字为古圣贤教人做人最简易直捷的法门,可惜被后来有些人说得太精微,倒变了不适实用了。惟有朱子解得最好,他说:"主一无适便是敬。"用现在的话讲,凡做一件事,便忠于一件事,将全副精力集中到这事上头,一点不旁骛,便是敬。业有什么可敬呢?为什么该敬呢?人类一面为生活而劳动,一面也是为劳动而生活。人类既不是上帝特地制来充当消化面包的机器,自然该各人因自己的地位和才力,认定一件事去做。凡可以名为一件事的,其性质都是可敬。当大总统是一件事,拉黄包车也是一件事。事的名称,从俗人眼里看来有高下;事的性质,从学理上解剖起来并没有高下。只要当大总统的人信得过我可以当大总统才去当,实实在在把总统当作一件正经事来做;拉黄包车的人信得过我可以拉黄包车才去拉,实实在在把拉车当作一件正经事来做,便是人生合理的生活。这叫做职业的神圣。凡职业没有不是神圣的,所以凡职业没有不是可敬的。惟其如此,所以我们对于各种职业,没有什么分别拣择。总之,人生在世是要天天劳作的。劳作便是功德,不劳作便是罪恶。至于我该做那一种劳作呢,全看我的才能何如、境地何如。因自己的才能、境地,做一种劳作做到圆满,便是天地间第一等人。

怎样才能把一种劳作做到圆满呢?唯一的秘诀就是忠实,忠实从心理上发出来的便是敬。《庄子》记痀瘘丈人承蜩的故事,说道:"虽天地之大,万物之多,而惟吾蜩翼之知。"凡做一件事,便把这件事看作我的生命,无论别的什么好处,到底不肯牺牲我现做的事来和他交换。我信得过我当木匠的做成一张好桌子,和你们当政治家的建设成一个共和国家同一价值；我信得过我当挑粪的把马桶收拾得干净，和你们当军人的打胜一支压境的敌军同一价值。大家同是替社会做事，你不必羡慕我，我不必羡慕你。怕的是我这件事做得不妥当，便对不起这一天里头所吃的饭。所以我做事的时候，丝毫不肯分心到事外。曾文正说："坐这山，望那山，一事无成。"我从前看见一位法国学者著的书，比较英法两国国民性，他说："到英国人公事房里头，只看见他们埋头执笔做他的事；到法国人公事房里头，只看见他们衔着烟卷像在那里出神。英国人走路，眼注地上，像用全副精神注在走路上；法国人走路，总是东张西望，像不把走路当一回事。"这些话比较得是否确切，姑且不论，但很可以为"敬业"两个字下注脚。若果如他们所说，英国人便是敬，法国人便是不敬。一个人对于自己的职业不敬，从学理方面说，便亵渎职业之神圣；从事实方面说，一定把事情做糟了，结果自己害自己。所以敬业主义，于人生最为必要，又于人生最为有利。庄子说："用志不分，乃凝于神。"孔子说："素其位而行，不愿乎其外。"我说的敬业，不外这些道理。

第二要乐业。"做工好苦呀！"这种叹气的声音，无论何人都会常在口边流露出来。但我要问他："做工苦，难道不做工就不苦吗？"今日大热天气，我在这里喊破喉咙来讲，诸君扯直耳朵来听，有些人看着我们好苦；翻过来，倘若我们去赌钱去吃酒，还不是一样的淘神费力？难道又不苦？须知苦乐全在主观的心，不在客观的事。人生从出胎的那一秒钟起到咽气的那一秒钟止，除了睡觉以外，总不能把四肢五官都阁起不用。只要一用，不是淘神，便是费力，劳苦总是免不掉的。会打算盘的人只有从劳苦中找出快乐来。我想天下第一等苦人，莫过于无业游民，终日闲游浪荡，不知把自己的身子和心子摆在那里才好，他们的日子真难过。第二等苦人，便是厌恶自己本业的人，这件事分明不能不做，却满肚子里不愿意做。不愿意做逃得了吗？到底不能。结果还是皱着眉头哭丧着脸做去。这不是专门自己替自己开玩笑吗？我老实告诉你一句话："凡职业都是有趣味的，只要你肯继续做下去，趣味自然会发生。"为什么呢？第一，因为凡一件职业，总有许多层累曲折，倘能身入其中，看他变化进展的状态，最为亲切有味。第二，因为每一职业之成就，离不了奋斗。一步一步的奋斗前去，从刻苦中得快乐，快乐的分量加增。第三，职业的性质常常要和同业的人比较骈进，好像赛球一般，因竞胜而得快乐。第四，专心做一职业时，把许多游思妄想杜绝了，省却无限闲烦恼。孔子说："知之者不如好之者，好之者不如乐之者。"人生能从自己职业中领略出趣味，生活才有价值。孔子自述生平，说道："其为人也，发愤忘食，乐以忘忧，不知老之将至云尔。"这种生活，真算得人类理想的生活了。

我生平最受用的有两句话：一是"责任心"，二是"趣味"。我自己常常力求这两句话之实现与调和，又常常把这两句话向我的朋友强聒不舍。今天所讲，敬业即是责任心，乐业即是趣味。我深信人类合理的生活总该如此，我盼望诸君和我同一受用！

学问的趣味与趣味的学问

——三月五日在司法储才馆讲演[1]

今天的讲题,是"学问的趣味与趣味的学问",说来有趣味得很!有许多熟朋友说:"若把梁任公这个人解剖或者用化学化分一下,把里头所含一种原素名叫'趣味'的抽出来,只怕所剩下仅有零了。"这话虽有点滑稽,我承认我是一个趣味主义者!我以为:凡人必常常生活于趣味之中,生活才有价值。

孔子表白他自己的生活,并没有特别过人之处,不过是"学而时习之,不亦悦乎!有朋自远方来,不亦乐乎!人不知而不愠,不亦君子乎!"什么"悦"啦,"乐"啦,"不愠"啦,可以说是孔子全生活的总量。我们看他对于自己的工作,镇日的"发愤忘食,乐以忘忧","学而不厌,诲人不倦"。他教人亦复如此:"子路问政……请益。子曰:'毋倦。'""子张问政,子曰:居之无倦;行之以忠。"处处都是教人对于自己的职业忠实做去不要厌倦。孔子所以成就如此伟大,就是因为他"不厌不倦"。他为什么能"不厌不倦"?就是因为对于自己所活动的环境感觉趣味:一个人若哭丧着脸挨过几十年,那么生命便成沙漠,要来何用?倒不如早日投海的好!所以我们无论为自己求受用,为社会求幸福,为全世界求进化,都有提倡趣味生活的必要!我是一个最饶趣味的人,我教人——也是要把趣味印到大家身上去,乃至讲政治经济,也把他认为一种有趣味的科学。像那简单的马克

---

[1] 【编注】本文系梁启超于1927年3月5日在司法储才馆所做的讲演,初刊于1927年1—3月《司法储才馆季刊》第1期。全文选自夏晓虹编:《〈饮冰室合集〉集外文》中册,北京大学出版社2005年版,第1025—1029页。文中提到的余学长即余绍宋(1882—1949),字越园,浙江龙游人,近现代法学家、书画家,梁启超好友,时任司法储才馆学长(相当于后来的教务长)。

思唯物史观的物质生活,是我所反对的。

一

怎样才算着趣味?就广义方面观之:爱饮酒的有酒的趣味,爱赌博的有赌博的趣味;不过这种趣味,与我的趣味,不能完全相印。我的趣味,是有条件的:(一)凡趣味总要自己去领略,佛典上说:"如人饮水,冷暖自知。"人家可以给你的趣味,不能算作趣味的目的;(二)趣味要能永久存在,凡一件事作下去生出和趣味相反的结果,这也不能作趣味的目的。赌钱有趣味吗?输了怎么样?吃酒有趣味吗?醉了病了怎么样?升官发财有趣味吗?遇着外面的障碍,不能贯彻自己做官发财主张怎么样?……诸如此类,虽然在短时间像有趣味,结果会闹到俗语说的"没趣一齐来",所以我们不能承认他是趣味。凡趣味的性质,总要不受外面的反动阻夺,永远可以存在,好比"江上清风,山间明月"一样。同学们听我这几句话,切勿误会我以为:我用道德观念来选择趣味。我不问德不德,只问趣不趣,我并不是因为吃酒、赌钱不合道德排斥他,是因为他易受反动障碍,所以反对他;不是以学问合于道德来提倡他,是因他能以趣味始以趣味终,合于我趣味主义的条件,所以就来提倡学问,——愿意把他作我生活主要的部分。

物质生活的人们,至少要寻得一二件精神生活,然后他的生活才不致干燥无味!且从事工作时,精神兴奋,兴会淋漓,其效率必加倍增多!人人如此,必能组成一个兴趣丰富快乐的社会。但这种精神的对象是什么?广义说起来:"文艺美术,就可说是学问。"简单说一句:"学问就是趣味最好的目的物。"我们怎样能在学问上领着趣味,理论虽这样说,实际上能得到趣味的很少。我看好些学生,在学校里,未尝不腐精摇神,从事学问;一入社会,便把学问抛在一边。这是什么缘故?都是由于没有在学问上找到丰富的趣味!同学们要尝学问的兴趣吗?据我所经历的,有下两条路可走:

第一，深入的研究。趣味总是慢慢的来，越引越多，好像吃甘蔗一样，越嚼他的滋味便越长。假如作学问，每天只有一二点钟，随便来消遣，浅尝中辍，没有丝毫研究性质，那当然不会发生兴趣。或者今天这样，明天那样，这当然也不会引起兴趣来。以我而论，见人家下围棋便要走，因为我不懂他，无法对他发生兴趣；那些对围棋有研究的人，纵然走一着，他都以为关系甚大，所以能终日坐围不厌。学问亦然，我们欲得到他的趣味，须选择一二种与自己脾味相合的，作毕生研究的主脑，或者提纲概括的观察，或者从事解剖分析的观察。不怕范围窄，越窄越便于聚精神！不怕问题难，越难越便于鼓勇气。务使我身心与学问融化为一体，然后才能得到无穷的乐趣！我国人对于学问兴趣，平均统计起来，比任何国人都赶不上，一去了学校，便不会继续研究。推其病根：一因为学校里科目太繁，一因为钟点过多，教师又不能设法使学生深造自得！考试又是分数平均，只要各科略窥门径，便不至于失败！酿成一种浅尝敷衍的风气。学生于各科，都只知道他的当然，而不知道他的所以然，这个门穿一穿，那个门张一张，再不会看见"宗庙之美，百官之富"，叫他如何能发生趣味？我们要想领略趣味，便须专精一种或二种，为极深刻的研究，听讲看书，访问师长，实地观察，握管撰箸，都是关于此种，便易嚼出他的滋味来！那么，以后纵入社会，凡关于此类资料，方将从事搜集，互相印证，那至于抛弃不学呢？这样窄而深的研究，也许变成显微镜的生活；其实不然，万有学问，都是相通的，最怕对任何学问，没有趣味！只要对一二种发生浓厚趣味，以后移到旁的学问上，便可事半功倍。犹之书家临碑一样——初临欧时，需要三个月才好！后再临颜，只要一月便好。这是我个人经验之谈。所以我们只要对任何一门学问，发生最浓厚趣味，那便容易豁然贯通了。这是深入的研究方法。

第二，交替的研究。交替的方法，似乎与深入是反相的。其实要想从学问中得趣味，亦须有主辅的关系，最好以科学的研究为主，以文艺艺术为辅。同学们专学法律，以法律为主要科目，镇日在法律中讨生活，精神最易感受疲劳。为恢复疲劳起见，至少要在文艺美术方面找一种，轮流的参错掉换才好。就以本馆余学长说,他是专门研究行政法的,但同时他又是书画大家:一种是科学的学问,一种是美术的学问,两种都有相当涵养,常常互相交替,所以就把学问趣味越引越长,觉得日子有趣得很!我个人也是一年到头忙的不肯歇息。问我忙什么?不是那一般人的酒食征逐,忙的是我的趣味。我以为这是人生最合理的生活,精神舒服得很。若专从物质上讨生活,最容易受客观的限制和反动,也可以说:"是非趣味的。"这种非趣味的生活,好比打电报一样,专打回头电报,就容易令人们精神上感受无限痛苦,兴会颓唐,元气斫丧了。我并不是绝对排斥物质的人,因为我经验的结果,觉得物质生活中,更要找到其他的一两样,作我们精神的寄托。这种精神生活主要的条件,是"无所为而为"。好比同学们希望收回法权,为学问而学问的人,法权收回固乐,就是一时不能达到目的,甚至无法律事务可办,也未尝不乐。你问我"为什么作学问",我便答道:"不为什么。"再问,我便答道:"为学问而学问。"或者答道:"为我的趣味。"结果就是学问绝对无用,只要对于真理有所创获,我个人便觉得其味无穷——无入而不自得了。

二

以上讲的是"学问的趣味",以下再讲"趣味的学问",更觉有趣。我们无论遇着什么事,都当作客观有趣味的资料。孟子说"有人于此,其待我以横逆,则君子必自反也……"云云,人以无理加到我身,普通人必采取报复主义;孟子偏偏要自反,是我的错误吗?是我的不仁不忠吗?这是何等涵养的态度!人能以这种态度接物,每遇横逆之来,便借此机会,研究到我自己的过处,究竟他为什么这样?甚至把客观所有的事,都当作我自己研究的资料,这样,便易得增进自己的阅历经验。普通一般人,遇到一事困难,便颓丧消极;在趣味主义者观之,以为研究的机会到了,仔细思量这回失败的原因——在我本身么?在社会环境么?方将研究之不暇,那有失意阻丧的暇晷呢?我个人遇着事总是这样,就是本馆成立,零零碎碎的琐事，非常麻烦；我总把他当作趣味，好容易给我一个机会，从容研究，决不肯轻易放过。譬如自己是个爱嫖、爱赌的人，当嫖时、赌时，就要思量，人家都不爱，我为什么要这样？本身生理上变态吗？客观环境促成的吗？能常常这样的反观内照，切己体察，那么，无论人家的、自己的生理上、心理上一切关系，都可作为我自己研究的资料了！事愈多，学问就可以越发更多；越困难，趣味就可以随之发生。我国从前伟大学者——陆象山、王阳明二先生的学问，就是依这种方法作成的。陆子常说：他的学问，全从人情事变上作工夫。又说：他二十几岁时，他那大家族的麻烦账务，经着他经管了一年，这一年是他毕生学问成就最重要的关键。阳明先生呢，他在江西讲学，一日某县吏往听，觉得很好，便说："我们镇日兵刑钱谷，不暇学问。"阳明听着，便指示他说："谁叫你离开事务作学问？"从这一点，就可以想到阳明作学问的方法了。他是主张"知行合一"的人，他以为："致良知"，就是把良知推致到事事物物之上，良知离了事物，便是空虚的。所以研究学问，须将良知与事物打成一片才好。阳明很后悔——在龙场失了许多机会，晚年到江西，在军事旁午的时候，就是他学问进步最猛烈的时候。他遇着事情棘手的时候，困难自困难，怄气自怄气，他总是研究为什么困难，为什么怄气，抱着"廓然大公，物来顺应"的态度。这样作学问，所以能不劳苦，不费力，就会得着一种内圣外王伟大的学问。如一定要闭门静坐，说我如何存养，如何慎独，那么，反不能鞭辟入里，清切有味。而且不懂得趣味的人，闭起门来作学问；一旦出而应物，稍遇困难，便形颓丧，他的学问事业，一定不会永远继续下去的。惟能像陆王派的学问家，把客观的事实，都当作趣味资料，优游涵泳，怡然自得，保全自己的生活元气，庶可以老而弥健，自强不息呢！

以上我说的两件事，虽然像是老生常谈，恐怕大多数人都不曾会这样做？唉！我们自己有这种不假外求、不会蚀本、不会出毛病的趣味世界，竟没有几个人肯来享受，这是很可惜的！我今天效"野人献曝"的故事，特地把自己所经历的告诉同学，希望同学们都起来尝尝这个趣味吧。

第二章

王国维的审美范畴美学选读

本章导读

【作者简介】

王国维(1877—1927),字静安(或作静庵)、伯隅,号观堂、永观。中国近代杰出学者和教育学家,有深远影响的学界巨擘。1877年12月3日生于浙江海宁双仁巷,1927年6月2日在北京颐和园昆明湖投水自尽,遗书有句云:"五十之年,只欠一死,经此世变,义无再辱。"王国维早年接受旧式教育,性喜文史和古文辞;甲午战后,始向慕新学。1898年2月到上海,先在梁启超主持的《时务报》任职,后获罗振玉(1866—1940)赏识和资助,在罗氏组建的东文学社一边工作一边攻读英文和数理化课程。1900年赴日学习外语和哲学等数月,回国主编《农学报》《教育世界》杂志,曾先后在通州、苏州、北京等地执教、任事,同时从事翻译和学术研究。辛亥革命后再次东渡日本,转治经史之学。4年后回国受雇于洋商编《学术杂志》并任教于大学,继续从事国学研究。1923年赴京出任逊帝溥仪的"南书房行走",1925年4月受聘为清华国学研究院导师。

王国维的一生是学者的一生。其学术旨趣多变,从旧学到新学,从趋新到保守,大致经历了译介、阐发西洋哲学、美学、教育学等(1901—1907),研究文学兼文学创作(1905—1907),研究戏曲(1908—1912),治古史和古文字及训诂音韵(1911—1924),课余兼治西北地理及辽金元史(1925—1927)五个阶段。王国维学贯中西,其思想博大精深,在短短20多年的学术生涯中,冶文史哲于一炉,在众多学术领域都做出了卓越贡献。他既是近代中国最早运用西方哲学、美学、文学观念和批评方法剖析中国古典文学的开风气之先者,又是中国史学史上将历史学与考古学相结合的开创者。总体而论,政治思想趋于保守和学术学识敏于前沿相互交织是王国维为人治学的特点。

王国维一生著述颇丰,他曾手订《观堂集林》共24卷(前20卷由乌程蒋氏于1921—1922年印行,余4卷生前未及印行)。他编著名的有:罗振玉编《海宁王忠悫公遗书》(又名《观堂遗书》,全43种分4集,天津罗氏怡安堂1927—1928年印行),赵万里编《海宁王静安先生遗书》(又名《王国维遗书》,全43种104卷48册,商务印书馆1940年印于长沙),台湾《王观堂先生全集》(据赵本影印并有增益,全16册,文华出版公司1968年版)、《王国维先生全集》(据赵本影印并有增益,全25册,其中初编12册,续编12册,附录纪念文字1册,大通书局1976年版),谢维扬、房鑫亮主编《王国维全集》(全20卷,浙江教育出版社、广东教育出版社2009年版)。此外,还有选集本《王国维文集》(全4卷,中国文史出版社1997年版)和《王国维集》(全4册,周锡山编校,中国社会科学出版社2008年版)等。同美学关系最为密切的是王国维自编文集《静庵文集》(商务印书馆1905年排印)。

【阅读提示】

比梁启超小4岁的王国维是名副其实的美学家,尽管其学术贡献绝不囿于美学。王国维在《论新学语之输入》(1905)中说:"夫言语者,代表国民之思想者也。思想之精粗广狭,视言语之精粗广狭以为准,观其言语,而其国民之思想可知矣。""故新思想之输入,即新言语输入之意味也。"无论是从其1900年代对美学及其相关"学语"即概念的频繁使用,对作为学科的美学及其各方面内容的一见倾心、大力引进和阐发,还是从其研究的方法论而言,王国维都堪称开创中国现代审美主义思潮的第一人,从而当仁不让地成为中国20世纪美学的鼻祖。

王国维自述于1901与1902年之交开始研究哲学,最终契出钻研西方哲学尤其是叔本华的哲学美学而正式进入未曾引起中国学人重视的"美学"研究之路。但王国维感兴趣的并非叔本华标志性的唯意志论哲学本身,而是叔氏及西方其他美学家如亚里士多德、康德、席勒等等关于文学(诗)、艺术,关于优美、壮美(崇高)、悲剧、喜剧等审美范畴,关于审美、美和美学本身,关于美育本质及其功能的学说。本章将王国维的美学称为审美范畴论美学,是基于其作为中国现代美学的真正创立者,对美育、优美、壮美(崇高)、悲剧及他首创的古雅等重要审美范畴(从审美活动言)和美学范畴(从美学学科言)具有哲学思辨意味的高度关注。

王国维美学文献中,《〈红楼梦〉评论》(1904)最为重要,值得读者高度重视和研习,虽然自问世以来人们对其观点与研究方法见仁见智。《〈红楼梦〉评论》总体是从现代西方哲学、美学视角对《红楼梦》进行多维度原创性比较文学批评研究,除本章"思考问题"所提示的要点之外,其重要性至少有两点:第一,它不仅以现代哲学眼光评论了中国经典小说《红楼梦》,给"红学"研究注入了新的活力,还前所未有较为系统地引介、阐发了现代西方美学的基本观念,比如由"美术"(艺术)所代表的审美与美的无功利性性质,以及优美、壮美、悲剧、喜剧、眩惑等审美范畴,从而成就了王国维中国现代美学创立者的地位;第二,它不仅石破天惊地挖掘了天才之作《红楼梦》的壮美和悲剧特征,而且在慧眼独具地深入探究此伟大艺术作品的"精神""美学价值"和"伦理学价值"的过程中,兼具红学、文学批评、比较文学、文学史、文艺学、审美学、伦理学和哲学等多学科和跨学科的重要价值和深远影响。

从论文发表时间看,王国维念兹在兹、最先推重的美学概念是"美育",通过本书所选《论教育之宗旨》(1903)、《孔子之美育主义》(1904)两篇论文,即可窥见作为教育学家的王国维对美育造就"真善美"合一的全面发展之人的重大功能的高度重视。如果说前述文献更多地体现了王国维对西方美学的引介之功,那么本书未选入的《古雅之在美学上之位置》(1907)中多方阐述的涉及形式美问题的"古雅"范畴,则最能代表他对美学范畴家族的重要贡献。王国维美学相关重要文献还有《叔本华之哲学及其教育学说》(1904)、《论哲学家与美术家之天职》(1905)、《教育家之希尔列尔》(1906)、《霍恩氏之美育说》(1907)等等。此外,王国维的美学还有

《文学小言》(1906)、《屈子文学之精神》(1906)、《宋元戏曲考》(1912),尤其是《人间词话》(1908)所代表的倍受学人瞩目的意境/境界论(文艺)美学,虽然其研究形式有明显的"倒退"倾向。

【思考问题】

1.《论教育之宗旨》是如何阐述"美育"及其对于"教育之宗旨"的价值的?你怎么看其主要观点?

2.《孔子之美育主义》是如何阐述"美育"及"孔子之美育主义"的?你怎么看其主要观点?

3.关于《〈红楼梦〉评论》:

(1)在本文中,王国维明确介绍、阐述了哪些重要的美学观点?这些美学观点整体上同第一章开始部分对"人生"的"概观"有何联系?

(2)第二章"《红楼梦》之精神"究竟是什么精神?此精神同第一章"人生及美学之概观"及第三章"《红楼梦》之美学上之价值"有何联系?

(3)第三章"《红楼梦》之美学上之价值"究竟是什么?此章在《〈红楼梦〉评论》全文中处于什么地位?王国维为什么说《红楼梦》是"第三种之悲剧",而且是"彻头彻尾的悲剧"?如何理解王国维《〈红楼梦〉评论》中的"悲剧"概念?

(4)总体而论,《〈红楼梦〉评论》结合相关美学范畴或概念如"美术""艺术""美""审美""美学""优美""宏壮"等主要阐述了哪些美学观点?如何理解王国维反复使用的上述概念?如何评价王国维阐述的美学观念的美学价值?

4.关于王国维的治学方法,陈寅恪有"取外来之观念,与固有之材料相互参证"(《王静安先生遗书序》)之说,李长之则有"关于作批评,我尤其不赞成王国维的硬扣的态度。……把作品未迁就自己,是难有是处的"(《王国维文艺批评著作批判》)之说。结合你对本章所选相关文献的阅读,谈谈你对王国维美学研究方法的认识。

【扩展阅读】

周锡山评校:《王国维文学美学论著集》,上海三联书店,2018年。

聂振斌选编:《中国现代美学名家文丛·王国维卷》,中国文联出版社,2017年。

王国维:《静庵文集》,辽宁教育出版社,1997年。

洪国樑:《王国维著述编年提要》,大安出版社,1989年。

袁英光、刘寅生编著:《王国维年谱长编:1877—1927》,天津人民出版社,1996年。

吕启祥、林东海主编:《红楼梦研究稀见资料汇编》(全2册),人民文学出版社,2006年。

论教育之宗旨[①]

教育之宗旨何在?在使人为完全之人物而已。何谓完全之人物?谓使人之能力无不发达且调和是也。人之能力分为内外二者:一曰身体之能力,一曰精神之能力。发达其身体而萎缩其精神,或发达其精神而罢敝其身体,皆非所谓完全者也。完全之人物,精神与身体必不可不为调和之发达。而精神之中,又分为三部:知力、感情及意志是也。对此三者,而有真、美、善之理想。真者,知力之理想;美者,感情之理想;善者,意志之理想也。完全之人物,不可不备真、美、善之三德。欲达此理想,于是教育之事起。教育之事亦分为三部:知育、德育(即意志)、美育(即情育)是也。如佛教之一派,及希腊、罗马之斯多噶派,抑压人之感情,而使其能力专发达于意志之方面;又如近世斯宾塞尔之专重知育,虽非不切中一时之利弊,皆非完全之教育也。完全之教育不可不备此三者,今试言其大略。

一、知育。人苟欲为完全之人物,不可无内界及外界之智识。而智识之程度之广狭,应时地而不同。古代之智识,至近代而觉其不足;闭关自守时之智识,至万国交通时而觉其不足。故居今之世者,不可无今世之知识。知识又分为理论与实际二种,溯其发达之次序,则实际之知识常先于理论之知识,然理论之知识发达后,又为实际之知识之根本也。一科学,如数学、物理学、化学、博物学等,皆所谓理论之知识。至应用物理、化学于农、工学,应用生理学于医学,应用数学于测绘等,谓之实际之知识。理论之知识,乃人之天性上所要求者;实际之知识,则所以供社会之要求而维持一生之生活。故智识之教育,实必不可缺者也。

[①]【编注】本文初刊于1903年8月《教育世界》第56号。全文选自谢维扬、房鑫亮主编:《王国维全集》第14卷,浙江教育出版社、广东教育出版社2009年版,第9—12页。

二、道德。然有智识而无道德,则无以得一生之福祉而保社会之安宁,未得为完全之人物也。夫人之生也,为动作也,非为智识也。古今东西之哲人,无不以道德为重于智识者,故古今东西之教育,无不以道德为中心点。盖人之至高之要求,在于福祉。而道德与福祉实有不可离之关系。爱人者,人恒爱之;敬人者,人恒敬之。不爱敬人者反是。如影之随形,响之随声,其效不可得而诬也。《书》云:"惠迪吉,从逆凶。"希腊古贤所唱福德合一论,固无古今中外之公理也。而道德之本原又由内界出,而非由外铄我者,张皇而发挥之,此又教育之任也。

三、美育。德育与智育之必要,人人知之,至于美育,有不得不一言者。盖人心之动,无不束缚于一己之利害,独美之为物,使人忘一己之利害,而入高尚纯洁之域,此最纯粹之快乐也。孔子言志,独与曾点,又谓"兴于诗,成于乐"。希腊古代之以音乐为普遍学之一科,及近世希痕林、歇尔列尔等之重美育学,实非偶然也。要之,美育者,一面使人之感情发达以达完美之域,一面又为德育与智育之手段,此又教育者所不可不留意也。

然人心之智、情、意三者,非各自独立,而互相交错者。如人为一事时,知其当为者,知也;欲为之者,意也。而当其为之前后,又有苦乐之情伴之。此三者,不可分离而论之也。故教育之时,亦不能加以区别,有一科而兼德育、智育者,有一科而兼德育、美育者,又有一科而兼此三者。三者并行,而得渐达真、善、美之理想,又加以身体之训练,斯得为完全之人物,而教育之能事毕矣。

教育之宗旨 { 体育 / 心育 { 知育 / 德育 / 美育 } 完全之人物

孔子之美育主义[①]

诗云:"世短意常多,斯人乐久生。"岂不悲哉!人之所以朝夕营营者,安归乎?归于一己之利害而已。人有生矣,则不能无欲;有欲矣,则不能无求;有求矣,不能无生得失。得则淫,失则戚,此人人之所同也。世之所谓道德者,有不为此嗜欲之羽翼者乎?所谓聪明者,有不为嗜欲之耳目者乎?避苦而就乐,喜得而恶丧,怯让而勇争,此又人人之所同也。于是内之发于人心也,则为苦痛;外之见于社会也,则为罪恶。然世终无可以除此利害之念,而泯人己之别者欤?将社会之罪恶,固不可以稍减,而人心之苦痛,遂长此终古欤?曰:有,所谓美者是已。

美之为物,不关于吾人之利害者也,吾人观美时,亦不知有一己之利害。德意志之大哲人汗德以美之快乐为不关利害之快乐(Disinterested Pleasure)。至叔本华而分析观美之状态为二原质:一、被观之对象非特别之物,而此物之种类之形式;二、观者之意识非特别之我,而纯粹无欲之我也。(《意志及观念之世界》第一册二百五十三页)何则?由叔氏之说,人之根本在生活之欲,而欲常起于空乏。既偿此欲,则此欲以终,然欲之被偿者一,而不偿者什佰,一欲既终,他欲随之,故究竟之慰藉终不可得。苟吾人之意识而充以嗜欲乎,吾人而为嗜欲之我乎,则亦长此辗转于空乏、希望与恐怖之中而已,欲求福祉与宁静,岂可得哉?然吾人一旦因他故而脱此嗜欲之网,则吾人之知识已不为嗜欲之奴隶,于是得所谓无欲之我。无欲,故无空乏,无希望,无恐怖,其视外物也,不以为与我有利害之关系,而但视为纯粹之外物。此境界唯观美时有之,苏子瞻所谓"寓意于物"

[①]【编注】本文初刊于1904年2月《教育世界》第69号,未署名。全文选自谢维扬、房鑫亮主编:《王国维全集》第14卷,浙江教育出版社、广东教育出版社2009年版,第13—18页。

(《宝绘堂记》)。

邵子曰：

圣人所以能一万物之情者，谓其能反观也。所以谓之反观者，不以我观物也。不以我观物者，以物观物之谓也。既能以物观物，又安有我于其间哉！(《皇极经世·观物内篇》七)

此之谓也。其咏之于诗者，则如陶渊明云：

采菊东篱下，悠然见南山。
山气日夕佳，飞鸟相与还。
此中有真意，欲辨已忘言。

谢灵运云：

昏旦变气候，山水含清晖。
清晖能娱人，游子憺忘归。

或如白伊龙云：

I live not in myself, but l become
Portion of that around me; and to me
High mountains are a feeling.

皆善咏此者也。

夫岂独天然之美而已，人工之美亦有之。宫观之瑰杰，雕刻之优美雄丽，图画之简淡冲远，诗歌、音乐之直诉人之肺腑，皆使人达于无欲之境界。故泰西自雅里大德勒以后，皆以美育为德育之助。至近世，谑夫志培利、赫启孙等皆从之。及德意志之大诗人希尔列尔出,而大成其说,谓:"人日与美相接,则其感情日益高,而暴慢鄙倍之心自益远,故美术者,科学与道德之生产地也。"又谓:"审美之境界,乃不关利害之境界,故气质之欲灭,而道德之欲得由之以生,故审美之境界,乃物质之境界与道德之境界之津梁也。于物质之境界中,人受制于天然之势力;于审美之境界,则远离之;于道德之境界,则统御之。"(希氏《论人类美育之书简》)由上所说,则审美之位置,犹居于道德之次。然希氏后日更进而说美之无上之价值,曰:"如人必以道德之欲克制气质之欲,则人性之两部犹未能调和也。于物质之境界及道德之境界中,人性之一部必克制之,以扩充其他部。然人之所以为人,在息此内界之争斗,而使卑劣之感跻于高尚之感觉,如汗德之《严肃论》中,气质与义务对立,犹非道德上最高之理想也。最高之理想存于美丽之心(Beautiful Soul),其为性质也,高尚纯洁,不知有内界之争斗,而唯乐于守道德之法则。此性质唯可由美育得之。"(芬特尔朋《哲学史》第六百页)此希氏最后之说也。顾无论美之与善其位置孰为高下,而美育与德育之不可离,昭昭然矣。

今转而观我孔子之学说,其审美学上之理论虽不可得而知,然其教人也,则始于美育,终于美育。《论语》曰:

> 小子何莫学夫《诗》?《诗》可以兴,可以观,可以群,可以怨。迩之事父,远之事君,多识于鸟兽草木之名。

又曰:

> 兴于诗,立于礼,成于乐。

其在古昔,则胄子之教典于后夔,大学之事董于乐正。然则以音乐为教育之一科,不自孔子始矣。荀子说其效曰:

> 乐者,圣人之所乐也,而可以善民心,其感人深,其移风易俗。……故乐行而志清,礼修而行成,耳目聪明,血气和平,移风易俗,天下皆宁。"(《乐论》)

此之谓也。故子在齐闻《韶》,则三月不知肉味。而《韶》乐之作,虽挈壶之童子,其视精,其行端,音乐之感人,其效有如此者。且孔子之教人,于《诗》、乐外,尤使人玩天然之美,故习礼于树下,言志于农山,游于舞雩,叹于川上,使门弟子言志,独与曾点。点之言曰:

> 莫春者,春服既成,冠者五六人,童子六七人,浴乎沂,风乎舞雩,咏而归。

由此观之,则平日所以涵养其审美之情者可知矣。之人也,之境也,固将磅礴万物以为一,我即宇宙,宇宙即我也。光风霁月不足以喻其明,泰山华岳不足以语其高,南溟渤澥不足以比其大。邵子所谓"反观"者非欤?叔本华所谓"无欲之我"、希尔列尔所谓"美丽之心"者非欤?此时之境界,无希望,无恐怖,无内界之争斗,无利无害,无人无我,不随绳墨,而自合于道德之法则。一人如此,则优入圣域;社会如此,则成华胥之国。孔子所谓"安而行之",与希尔列尔所谓"乐于守道德之法则"者,舍美育无由矣。

呜呼!我中国非美术之国也,一切学业,以利用之大宗旨贯注之,治一学,必质其有用与否;为一事,必问其有益与否。美之为物,为世人所不顾久矣。故我国建筑、雕刻之术无可言者。至图画一技,宋元以后,生面特开,其淡远幽雅,实有非西人所能梦见者。诗词亦代有作者。而世之贱儒辄援"玩物丧志"之说相诋,故一切美术皆不能达完全之域。美之为物,为世人所不顾久矣。庸讵知无用之用,有胜于有用之用者乎?以我国人审美之趣味之缺乏如此,则其朝夕营营,逐一己之利害而不知返者,安足怪哉!安足怪哉!庸讵知吾国所尊为大圣者,其教育固异于彼贱儒之所为乎?故备举孔子美育之说,且诠其所以然之理。世之言教育者,可以观焉。

《红楼梦》评论[1]

第一章 人生及美术之概观

老子曰:"人之大患,在我有身。"庄子曰:"大块载我以形,劳我以生。"忧患与劳苦之与生相对待也久矣。夫生者,人人之所欲;忧患与劳苦者,人人之所恶也。然则讵不人人欲其所恶,而恶其所欲欤?将其所恶者固不能不欲,而其所欲者终非可欲之物欤?人有生矣,则思所以奉其生。饥而欲食,渴而欲饮,寒而欲衣,露处而欲宫室,此皆所以维持一人之生活者也。然一人之生,少则数十年,多则百年而止耳。而吾人欲生之心,必以是为不足。于是于数十年百年之生活外,更进而图永远之生活,时则有牝牡之欲,家室之累;进而育子女矣,则有保抱扶持饮食教诲之责,婚嫁之务。百年之间,早作而夕思,穷老而不知所终。问有出于此保存自己及种姓之生活之外者乎?无有也。百年之后,观吾人之成绩,其有逾于此保存自己及种姓之生活之外者乎?无有也。又人人知侵害自己及种姓之生活者之非一端也,于是相集而成一群,相约束而立一国,择其贤且智者以为之君,为之立法律以治之,建学校以教之,为之警察以防内奸,为之陆海军以御外患,使人人各遂其生活之欲而不相侵害,凡此皆欲生之心之所为也。夫人之于生活也,欲之如此其切也,用力如此其勤也,设计如此其周且至也,固亦有其真可欲者存欤?吾人之忧患劳苦,固亦有所以偿之者欤?则吾人不得不就生活之本质,熟思而审考之也。

---

[1]【编注】本文初刊于1904年《教育世界》第8、9、10、12、13号,后收入王国维自编诗文集《静庵文集》,1905年出版于上海。全文选自谢维扬、房鑫亮主编:《王国维全集》第1卷,浙江教育出版社、广东教育出版社2009年版,第54—80页。

生活之本质何？欲而已矣。欲之为性无厌，而其原生于不足。不足之状态，苦痛是也。既偿一欲，则此欲以终。然欲之被偿者一，而不偿者什佰。一欲既终，他欲随之。故究竟之慰藉，终不可得也。即使吾人之欲悉偿，而更无所欲之对象，倦厌之情即起而乘之。于是吾人自己之生活，若负之而不胜其重。故人生者，如钟表之摆，实往复于苦痛与倦厌之间者也。夫倦厌固可视为苦痛之一种。有能除去此二者，吾人谓之曰快乐。然当其求快乐也，吾人于固有之苦痛外，又不得不加以努力，而努力亦苦痛之一也。且快乐之后，其感苦痛也弥深。故苦痛而无回复之快乐者有之矣，未有快乐而不先之或继之以苦痛者也。又此苦痛与世界之文化俱增，而不由之而减。何则？文化愈进，其知识弥广，其所欲弥多，又其感苦痛亦弥甚故也。然则人生之所欲，既无以逾于生活，而生活之性质，又不外乎苦痛，故欲与生活与苦痛，三者一而已矣。

吾人生活之性质既如斯矣，故吾人之知识遂无往而不与生活之欲相关系，即与吾人之利害相关系。就其实而言之，则知识者，固生于此欲，而示此欲以我与外界之关系，使之趋利而避害者也。常人之知识，止知我与物之关系，易言以明之，止知物之与我相关系者，而于此物中，又不过知其与我相关系之部分而已。及人知渐进，于是始知欲知此物与我之关系，不可不研究此物与彼物之关系。知愈大者，其研究逾远焉，自是而生各种之科学。如欲知空间之一部之与我相关系者，不可不知空间全体之关系，于是几何学兴焉。（按：西洋几何学 Geometry 之本义，系量地之意，可知古代视为应用之科学，而不视为纯粹之科学也。）欲知力之一部之与我相关系者，不可不知力之全体之关系，于是力学兴焉。吾人既知一物之全体之关系，又知此物与彼物之全体之关系，而立一法则焉以应用之，于是物之现于吾前者，其与我之关系及其与他物之关系粲然陈于目前而无所遁。夫然后吾人得以利用此物，有其利而无其害，以使吾人生活之欲增进于无穷。此科学之功效也。故科学上之成功，虽若层楼杰观，高严巨丽，然其基址则筑乎生活之欲之上，与政治上之系统立于生活之欲之上无以异。然则吾人理论与实际之二方面，皆此生活之欲之结果也。

由是观之,吾人之知识与实践之二方面,无往而不与生活之欲相关系,即与苦痛相关系。兹有一物焉,使吾人超然于利害之外,而忘物与我之关系。此时也,吾人之心无希望,无恐怖,非复欲之我,而但知之我也。此犹积阴弥月,而旭日杲杲也;犹覆舟大海之中,浮沉上下,而飘著于故乡之海岸也;犹阵云惨淡,而插翅之天使,赍平和之福音而来者也;犹鱼之脱于罾网,鸟之自樊笼出,而游于山林江海也。然物之能使吾人超然于利害之外者,必其物之于吾人无利害之关系而后可,易言以明之,必其物非实物而后可。然则非美术何足以当之乎?夫自然界之物,无不与吾人有利害之关系,纵非直接,亦必间接相关系者也。苟吾人而能忘物与我之关系而观物,则夫自然界之山明水媚,鸟飞花落,固无往而非华胥之国,极乐之土也。岂独自然界而已,人类之言语动作,悲欢啼笑,孰非美之对象乎?然此物既与吾人有利害之关系,而吾人欲强离其关系而观之,自非大才,岂易及此?于是天才者出,以其所观于自然人生中者复现之于美术中,而使中智以下之人,亦因其物之与己无关系而超然于利害之外。是故观物无方,因人而变:濠上之鱼,庄、惠之所乐也,而渔父袭之以网罟;舞雩之木,孔、曾之所憩也,而樵者继之以斤斧。若物非有形,心无所住,则虽殉财之夫,贵私之子,宁有对曹霸、韩干之马而计驰骋之乐,见毕宏、韦偃之松而思栋梁之用,求好逑于雅典之偶,思税驾于金字之塔者哉?故美术之为物,欲者不观,观者不欲。而艺术之美所以优于自然之美者,全存于使人易忘物我之关系也。

而美之为物有二种:一曰优美,一曰壮美。苟一物焉,与吾人无利害之关系,而吾人之观之也,不观其关系而但观其物,或吾人之心中无丝毫生活之欲存,而其观物也,不视为与我有关系之物,而但视为外物,则今之所观者,非昔之所观者也。此时吾心宁静之状态,名之曰优美之情,而谓此物曰优美;若此物大不利于吾人,而吾人生活之意志为之破裂,因之意志遁去,而知力得为独立之作用,以深观其物,吾人谓此物曰壮美,而谓其感情曰壮美之情。普通之美,皆属前种。至于地狱变相之图,决斗垂死之像,庐江小吏之诗,雁门尚书之曲,其人故氓庶之所共怜,其遇虽戾夫为之流涕,讵有子颓乐祸之心,宁无尼父反袂之戚,而吾人观之,不厌千复。格代之诗曰:

What in life doth only grieve us,
That in art we gladly see.
凡人生中足以使人悲者,
于美术中则吾人乐而观之。

此之谓也。此即所谓壮美之情。而其快乐存于使人忘物我之关系,则固与优美无以异也。

至美术中之与二者相反者,名之曰眩惑。夫优美与壮美,皆使吾人离生活之欲,而入于纯粹之知识者。若美术中而有眩惑之原质乎,则又使吾人自纯粹之知识出,而复归于生活之欲。如粔籹蜜饵,《招魂》《启》《发》之所陈;玉体横陈,周昉、仇英之所绘;《西厢记》之《酬简》,《牡丹亭》之《惊梦》,伶元之传飞燕,杨慎之赝《秘辛》,徒讽一而劝百,欲止沸而益薪。所以子云有"靡靡"之诮,法秀有"绮语"之诃。虽则梦幻泡影,可作如是观,而拔舌地狱,专为斯人设者矣。故眩惑之于美,如甘之于辛、火之于水,不相并立者也。吾人欲以眩惑之快乐,医人世之苦痛,是犹欲航断港而至海,入幽谷而求明,岂徒无益,而又增之。则岂不以其不能使人忘生活之欲,及此欲与物之关系,而反鼓舞之也哉!眩惑之与优美及壮美相反对,其故实存于此。

今既述人生与美术之概略如上,吾人且持此标准,以观我国之美术。而美术中以诗歌、戏曲、小说为其顶点,以其目的在描写人生故。吾人于是得一绝大著作,曰《红楼梦》。

第二章 《红楼梦》之精神

裒伽尔之诗曰：

Ye wise men, highly, deeply learned,
Who think it out and know,
How, when and where do all things pair?
Why do they kiss and love?
Ye men of lofty wisdom, say
What happened to me then,
Search out and tell me where, how, when,
And why it happened thus.

嗟汝哲人，靡所不知，靡所不学，既深且跻。粲粲生物，罔不匹俦。各啮厥唇，而相厥攸。匪汝哲人，孰知其故？自何时始，来自何处？嗟汝哲人，渊渊其知。相彼百昌，奚而熙熙？愿言哲人，诏余其故。自何时始，来自何处？（译文）

　　裒伽尔之问题，人人所有之问题，而人人未解决之大问题也。人有恒言，曰：饮食男女，人之大欲存焉。然人七日不食则死，一日不再食则饥。若男女之欲，则于一人之生活上，宁有害无利者也，而吾人之欲之也如此，何哉？吾人自少壮以后，其过半之光阴，过半之事业，所计画、所勤动者为何事？汉之成、哀，曷为而丧其生？殷辛、周幽，曷为而亡其国？励精如唐玄宗，英武如后唐庄宗，曷为而不善其终？且人生苟为数十年之生活计，则其维持此生活，亦易易耳，曷为而其忧劳之度，倍蓰而未有已？《记》曰："人不婚宦，情欲失半。"人苟能解此问题，则于人生之知识，思过半矣。而蚩蚩者乃日用而不知，岂不可哀也欤！其自哲学上解此问题者，则二千年间，仅有叔本华之《男女之爱之形而上学》耳。诗歌、小说之描写此事者，通古今东西，殆不能悉数，然能解决之者鲜矣。《红楼梦》一书，非徒

提出此问题,又解决之者也。彼于开卷即下男女之爱之神话的解释,其叙此书之主人公贾宝玉之来历曰:

> 却说女娲氏炼石补天之时,于大荒山无稽崖,炼成高十二丈、见方二十四丈大的顽石三万六千五百零一块。那娲皇只用了三万六千五百块,单单剩下一块未用,弃在青埂峰下。谁知此石自经锻炼之后,灵性已通,自去自来,可大可小。因见众石俱得补天,独自己无才,不得入选,遂自怨自艾,日夜悲哀。(第一回)

此可知生活之欲之先人生而存在,而人生不过此欲之发现也。此可知吾人之堕落,由吾人之所欲而意志自由之罪恶也。夫顽钝者既不幸而为此石矣,又幸而不见用,则何不游于广莫之野,无何有之乡,以自适其适,而必欲入此忧患劳苦之世界,不可谓非此石之大误也。由此一念之误,而遂造出十九年之历史,与百二十回之事实,与茫茫大士、渺渺真人何与?又于第百十七回中,述宝玉与和尚之谈论曰:

> "弟子请问师父,可是从太虚幻境而来?"那和尚道:"什么幻境!不过是来处来,去处去罢了。我是送还你的玉来的。我且问你,那玉是从那里来的?"宝玉一时对答不来。那和尚笑道:"你的来路还不知,便来问我!"宝玉本来颖悟,又经点化,早把红尘看破,只是自己的底里未知,一闻那僧问起玉来,好像当头一棒,便说:"你也不用银子了,我把那玉还你罢。"那僧笑道:"早该还我了!"

所谓"自己的底里未知"者,未知其生活乃自己之一念之误,而此念之所自造也。及一闻和尚之言,始知此不幸之生活,由自己之所欲,而其拒绝之也,亦不得由自己,是以有还玉之言。所谓玉者,不过生活之欲之代表而已矣。故携入红尘者,非彼二人之所为,顽石自己而已;引登彼岸者,亦非二人之力,顽石自己而已。此岂独宝玉一人然哉?人类之堕落与解脱,亦视其意志而已。而此生活之意志,其于永远之生活,比个人之生活为尤切。易言以明之,则男女之欲,尤强于饮食之欲。何则?前者无尽的,后者有限的也;前者形而上的,后者形而下的也。又如上章所说,生活之于苦痛,二者一而非二,而苦痛之度,与主张生活之欲之度为比例。是故前者之苦痛,尤倍蓰于后者之苦痛。而《红楼梦》一书,实示此生活此苦痛之由于自造,又示其解脱之道不可不由自己求之者也。

而解脱之道,存于出世而不存于自杀。出世者,拒绝一切生活之欲者也。彼知生活之无所逃于苦痛,而求入于无生之域。当其终也,恒干虽存,固已形如槁木而心如死灰矣。若生活之欲如故,但不满于现在之生活,而求主张之于异日,则死于此者固不得不复生于彼,而苦海之流,又将与生活之欲而无穷。故金钏之堕井也,司棋之触墙也,尤三姐、潘又安之自刎也,非解脱也,求偿其欲而不得者也。彼等之所不欲者,其特别之生活,而对生活之为物,则固欲之而不疑也。故此书中真正之解脱,仅贾宝玉、惜春、紫鹃二人耳。而柳湘莲之入道,有似潘又安;芳官之出家,略同于金钏。故苟有生活之欲存乎,则虽出世而无与于解脱;苟无此欲,则自杀亦未始非解脱之一者也。如鸳鸯之死,彼固有不得已之境遇在。不然,则惜春、紫鹃之事,固亦其所优为者也。

而解脱之中,又自有二种之别:一存于观他人之苦痛,一存于觉自己之苦痛。然前者之解脱,唯非常之人为能,其高百倍于后者,而其难亦百倍。但由其成功观之,则二者一也。通常之人,其解脱由于苦痛之阅历,而不由于苦痛之知识。唯非常之人,由非常之知力,而洞观宇宙人生之本质,始知生活与苦痛之不能相离,由是求绝其生活之欲,而得解脱之道。然于解脱之途中,彼之生活之欲,犹时时起而与之相抗,而生种种之幻影。所谓恶魔者,不过此等幻影之人物化而已矣。故通常之解脱,存于自己之苦痛。彼之生活之欲,因不得其满足而愈烈,又因愈烈而愈不得其满足,如此循环而陷于失望之境遇,遂悟宇宙人生之真相,遽而求其息肩之所。彼全变其气质,而超出乎苦乐之外,举昔之所执著者,一旦而舍之。彼以生活为炉,苦痛为炭,而铸其解脱之鼎。彼以疲于生活之欲故,故其生活之欲，不能复起而为之幻影。此通常之人解脱之状态也。前者之解脱，如惜春、紫鹃；后者之解脱，如宝玉。前者之解脱，超自然的也，神明的也；后者之解脱，自然的也，人类的也。前者之解脱，宗教的；后者美术的也。前者平和的也；后者悲感的也，壮美的也，故文学的也，诗歌的也，小说的也。此《红楼梦》之主人公所以非惜春、紫鹃，而为贾宝玉者也。

呜呼！宇宙一生活之欲而已。而此生活之欲之罪过，即以生活之苦痛罚之，此即宇宙之永远的正义也。自犯罪，自加罚，自忏悔，自解脱。美术之务，在描写人生之苦痛与其解脱之道，而使吾侪冯生之徒，于此桎梏之世界中，离此生活之欲之争斗，而得其暂时之平和。此一切美术之目的也。夫欧洲近世之文学中，所以推格代之《法斯德》为第一者，以其描写博士法斯德之苦痛及其解脱之途径最为精切故也。若《红楼梦》之写宝玉，又岂有以异于彼乎？彼于缠陷最深之中，而已伏解脱之种子。故听《寄生草》之曲，而悟立足之境；读《胠箧》之篇，而作焚花散麝之想。所以未能者，则以黛玉尚在耳。至黛玉死而其志渐决，然尚屡失于宝钗，几败于五儿。屡蹶屡振，而终获最后之胜利。读者观自九十八回以至百二十回之事实，其解脱之行程，精进之历史，明了精切何如哉！且法斯德之苦痛，天才之苦痛；宝玉之苦痛，人人所有之苦痛也。其存于人之根柢者为独深，而其希救济也为尤切。作者一一掇拾而发挥之。我辈之读此书者，宜如何表满足感谢之意哉！而吾人于作者之姓名，尚有未确实之知识，岂徒吾侪寡学之羞，亦足以见二百余年来吾人之祖先，对此宇宙之大著述，如何冷淡遇之也！谁使此大著述之作者不敢自署其名？此可知此书之精神，大背于吾国人之性质，及吾人之沉溺于生活之欲，而乏美术之知识，有如此也。然则予之为此论，亦自知有罪也矣。

第三章 《红楼梦》之美学上之价值

如上章之说，吾国人之精神，世间的也，乐天的也，故代表其精神之戏曲小说，无往而不著此乐天之色彩。始于悲者终于欢，始于离者终于合,始于困者终于亨,非是而欲餍阅者之心难矣!若《牡丹亭》之返魂,《长生殿》之重圆,其最著之一例也。《西厢记》之以《惊梦》终也,未成之作也;此书若成,吾乌知其不为《续西厢》之浅陋也?有《水浒传》矣,曷为而又有《荡寇志》?有《桃花扇》矣,曷为而又有《南桃花扇》?有《红楼梦》矣,彼《红楼复梦》《补红楼梦》《续红楼梦》者,曷为而作也?又曷为而有反对《红楼梦》之《儿女英雄传》?故吾国之文学中,其具厌世解脱之精神者,仅有《桃花扇》与《红楼梦》耳。而《桃花扇》之解脱,非真解脱也。沧桑之变,目击之而身历之,不能自悟而悟于张道士之一言;且以历数千里、冒不测之险、投缧绁之中所索之女子,才得一面,而以道士之言,一朝而舍之,自非三尺童子,其谁信之哉!故《桃花扇》之解脱,他律的也;而《红楼梦》之解脱,自律的也。且《桃花扇》之作者,但借侯、李之事以写故国之戚,而非以描写人生为事。故《桃花扇》,政治的也,国民的也,历史的也;《红楼梦》,哲学的也,宇宙的也,文学的也。此《红楼梦》之所以大背于吾国人之精神,而其价值亦即存乎此。彼《南桃花扇》《红楼复梦》等,正代表吾国人乐天之精神者也。

《红楼梦》一书,与一切喜剧相反,彻头彻尾之悲剧也。其大宗旨如上章之所述,读者既知之矣。除主人公不计外,凡此书中之人,有与生活之欲相关系者,无不与苦痛相终始。以视宝琴、岫烟、李纹、李绮等,若藐姑射神人,复乎不可及矣。夫此数人者,曷尝无生活之欲,曷尝无苦痛?而书中既不及写其生活之欲,则其苦痛自不得而写之,足以见二者如骖之靳,而永远的正义,无往不逞其权力也。又吾国之文学,以挟乐天的精神故,故往往说诗歌的正义,善人必令其终,而恶人必罹其罚,此亦吾国戏曲小说之特质也。《红楼梦》则不然。赵姨、凤姊之死,非鬼神之罚,彼良心自己之苦痛也。若李纨之受封,彼于《红楼梦》十四曲中,固已明说之曰:

〔晚韶华〕镜里恩情,更那堪梦里功名!那韶华去之何迅,再休题绣帐鸳衾。只这戴珠冠、披凤袄,也抵不了无常性命。虽说是人生莫受老来贫,也须要阴骘积儿孙。气昂昂头戴簪缨,光灿灿胸悬金印,威赫赫爵禄高登,昏惨惨黄泉路近。问古来将相可还存?也只是虚名儿,与后人钦敬。(第五回)

此足以知其非诗歌的正义,而既有世界人生以上,无非永远的正义之所统辖也。故曰《红楼梦》一书,彻头彻尾的悲剧也。

由叔本华之说,悲剧之中,又有三种之别:第一种之悲剧由极恶之人极其所有之能力以交构之者;第二种由于盲目的运命者;第三种之悲剧由于剧中之人物之位置及关系,而不得不然者,非必有蛇蝎之性质与意外之变故也,但由普通之人物、普通之境遇,逼之不得不如是。彼等明知其害,交施之而交受之,各加以力而各不任其咎。此种悲剧,其感人贤于前二者远甚。何则?彼示人生最大之不幸,非例外之事,而人生之所固有故也。若前二种之悲剧,吾人对蛇蝎之人物与盲目之命运,未尝不悚然战栗,然以其罕见之故,犹幸吾生之可以免,而不必求息肩之地也。但在第三种,则见此非常之势力足以破坏人生之福祉者,无时而不可坠于吾前。且此等惨酷之行,不但时时可受诸己,而或可以加诸人,躬丁其酷,而无不平之可鸣,此可谓天下之至惨也。若《红楼梦》,则正第三种之悲剧也。兹就宝玉、黛玉之事言之。贾母爱宝钗之婉嫕,而惩黛玉之孤僻,又信金玉之邪说,而思压宝玉之病;王夫人固亲于薛氏;凤姐以持家之故,忌黛玉之才,而虞其不便于己也;袭人惩尤二姐、香菱之事,闻黛玉"不是东风压西风,就是西风压东风"之语(第八十二回),惧祸之及,而自同于凤姐,亦自然之势也。宝玉之于黛玉,信誓旦旦,而不能言之于最爱之之祖母,则普通之道德使然,况黛玉一女子哉!由此种种原因,而金玉以之合,木石以之离,又岂有蛇蝎之人物、非常之变故行于其间哉?不过通常之道德,通常之人情,通常之境遇为之而已。由此观之,《红楼梦》者,可谓悲剧中之悲剧也。

由此之故,此书中壮美之部分,较多于优美之部分,而眩惑之原质殆绝焉。作者于开卷即申明之曰:

更有一种风月笔墨,其淫秽污臭,最易坏人子弟。至于才子佳人等书,则又开口文君,满篇子建,千部一腔,千人一面,且终不能不涉淫滥。在作者不过欲写出自己两首情诗艳赋来,故假捏出男女二人名姓,又必旁添一小人拨乱其间,如戏中小丑一般。(此又上节所言之一证)

兹举其最壮美者之一例,即宝玉与黛玉最后之相见一节曰:

那黛玉听著傻大姐说宝玉娶宝钗的话,此时心里竟是油儿酱儿糖儿醋儿倒在一处的一般,甜苦酸咸,竟说不上什么味儿来了……。自己转身要回潇湘馆去,那身子竟有千百斤重的,两只脚却像踏著棉花一般,早已软了。只得一步一步,慢慢的走将下来。走了半天,还没到沁芳桥畔,脚下愈加软了。走的慢,且又迷迷痴痴,信著脚从那边绕过来,更添了两箭地路。这时刚到沁芳桥畔,却又不知不觉的顺著堤往回里走起来。紫鹃取了绢子来,却不见黛玉。正在那里看时,只见黛玉颜色雪白,身子恍恍荡荡的,眼睛也直直的,在那里东转西转……只得赶过来轻轻的问道:"姑娘怎么又回去?是要往那里去?"黛玉也只模糊听见,随口答道:"我问问宝玉去。"……紫鹃只得搀他进去。那黛玉却又奇怪了,这时不似先前那样软了,也不用紫鹃打帘子,自己掀起帘子进来。……见宝玉在那里坐著,也不起来让坐,只瞧著嘻嘻的呆笑。黛玉自己坐下,却也瞧著宝玉笑。两个也不问好,也不说话,也无推让,只管对著脸呆笑起来。忽然听著黛玉说道:"宝玉,你为什么病了?"宝玉笑道:"我为林姑娘病了。"袭人、紫鹃两个,吓得面目改色,连忙用言语来岔。两个却又不答言,仍旧呆笑起来。……紫鹃搀起黛玉,那黛玉也就站起来,瞧著宝玉,只管笑,只管点头儿。紫鹃又催道:"姑娘回家去歇歇罢。"黛玉道:"可不是,我这就是回去的时候儿了。"说著,便回身笑著出来了,仍旧不用丫头们搀扶,自己却走得比往常飞快。(第九十六回)

如此之文,此书中随处有之,其动吾人之感情何如!凡稍有审美的嗜好者,无人不经验之也。

《红楼梦》之为悲剧也如此。昔雅里大德勒于《诗论》中谓:悲剧者,所以感发人之情绪而高上之,殊如恐惧与悲悯之二者,为悲剧中固有之物。由此感发,而人之精神于焉洗涤。故其目的,伦理学上之目的也。叔本华置诗歌于美术之顶点,又置悲剧于诗歌之顶点;而于悲剧之中,又特重第三种,以其示人生之真相,又示解脱之不可已故。故美学上最终之目的,与伦理学上最终之目的合。由是《红楼梦》之美学上之价值,亦与其伦理学上之价值相联络也。

第四章　《红楼梦》之伦理学上之价值

自上章观之,《红楼梦》者,悲剧中之悲剧也。其美学上之价值,即存乎此。然使无伦理学上之价值以继之,则其于美术上之价值尚未可知也。今使为宝玉者,于黛玉既死之后,或感愤而自杀,或放废以终其身,则虽谓此书一无价值可也。何则?欲达解脱之域者,固不可不尝人世之忧患;然所贵乎忧患者,以其为解脱之手段故,非重忧患自身之价值也。今使人日日居忧患言忧患,而无希求解脱之勇气,则天国与地狱,彼两失之;其所领之境界,除阴云蔽天、沮洳弥望外,固无所获焉。黄仲则《绮怀》诗曰:

如此星辰非昨夜,为谁风露立中宵。

又其卒章曰:

结束铅华归少作,屏除丝竹入中年。
茫茫来日愁如海,寄语羲和快著鞭。

其一例也。《红楼梦》则不然,其精神之存于解脱,如前二章所说,兹固不俟喋喋也。

然则解脱者,果足为伦理学上最高之理想否乎?自通常之道德观之,夫人知其不可也。夫宝玉者,固世俗所谓绝父子、弃人伦、不忠不孝之罪人也。然自太虚中有今日之世界,自世界中有今日之人类,乃不得不有普通之道德,以为人类之法则。顺之者安,逆之者危;顺之者存,逆之者亡。于今日之人类中,吾固不能不认普通之道德之价值也。然所以有世界人生者,果有合理的根据欤,抑出于盲目的动作,而别无意义存乎其间欤?使世界人生之存在,而有合理的根据,则人生中所有普通之道德,谓之绝对的道德可也。然吾人从各方面观之,则世界人生之所以存在,实由吾人类之祖先一时之误谬。诗人之所悲歌,哲学者之所瞑想,与夫古代诸国民之传说,若出一揆。若第二章所引《红楼梦》第一回之神话的解释,亦于无意识中暗示此理,较之《创世记》所述人类犯罪之历史,尤为有味者也。夫人之有生,既为鼻祖之误谬矣,则夫吾人之同胞,凡为此鼻祖之子孙者,苟有一人焉未入解脱之域,则鼻祖之罪,终无时而赎,而一时之误谬,反覆至数千万年而未有已也。则夫绝弃人伦如宝玉其人者,自普通之道德言之,固无所辞其不忠不孝之罪;若开天眼而观之,则彼固可谓干父之蛊者也。知祖父之误谬,而不忍反覆之以重其罪,顾得谓之不孝哉?然则宝玉"一子出家,七祖升天"之说,诚有见乎所谓孝者在此不在彼,非徒自辩护而已。

然则举世界之人类,而尽入于解脱之域,则所谓宇宙者,不诚无物也欤?然有无之说,盖难言之矣。夫以人生之无常,而知识之不可恃,安知吾人之所谓有,非所谓真有者乎?则自其反而言之,又安知吾人之所谓无,非所谓真无者乎?即真无矣,而使吾人自空乏与满足、希望与恐怖之中出,而获永远息肩之所,不犹愈于世之所谓有者乎?然则吾人之畏无也,与小儿之畏暗黑何以异?且已解脱者观之,安知解脱之后,山川之美,日月之华,不有过于今日之世界者乎?读《飞鸟各投林》之曲,所谓"一片白汪汪大地真干净"者,有欤无欤,吾人且勿问,但立乎今日之人生而观之,彼诚有味乎其言之也。

难者又曰：人苟无生，则宇宙间最可宝贵之美术，不亦废欤？曰：美术之价值，对现在之世界人生而起者，非有绝对的价值也。其材料取诸人生，其理想亦视人生之缺陷逼仄，而趋于其反对之方面。如此之美术，唯于如此之世界、如此之人生中，始有价值耳。今设有人焉，自无始以来，无生死，无苦乐，无人世之罣碍，而唯有永远之知识，则吾人所宝为无上之美术，自彼视之，不过蛙鸣蝉噪而已。何则？美术上之理想，固彼之所自有，而其材料，又彼之所未尝经验故也。又设有人焉，备尝人世之苦痛，而已入于解脱之域，则美术之于彼也，亦无价值。何则？美术之价值，存于使人离生活之欲，而入于纯粹之知识。彼既无生活之欲矣，而复进之以美术，是犹馈壮夫以药石，多见其不知量而已矣。然而超今日之世界人生以外者，于美术之存亡，固自可不必问也。

夫然，故世界之大宗教，如印度之婆罗门教及佛教，希伯来之基督教，皆以解脱为唯一之宗旨。哲学家如古代希腊之柏拉图，近世德意志之叔本华，其最高之理想，亦存于解脱。殊如叔本华之说，由其深邃之知识论、伟大之形而上学出，一扫宗教之神话的面具，而易以名学之论法，其真挚之感情与巧妙之文字，又足以济之，故其说精密确实，非如古代之宗教及哲学说，徒属想象而已。然事不厌其求详，姑以生平所疑者商榷焉。夫由叔氏之哲学说，则一切人类及万物之根本一也。故充叔氏拒绝意志之说，非一切人类及万物各拒绝其生活之意志，则一人之意志亦不可得而拒绝。何则？生活之意志之存于我者，不过其一最小部分，而其大部分之存于一切人类及万物者，皆与我之意志同。而此物我之差别，仅由于吾人知力之形式故。离此知力之形式，而反其根本而观之，则一切人类及万物之意志，皆我之意志也。然则拒绝吾一人之意志，而姝姝自悦曰解脱，是何异决蹄涔之水而注之沟壑，而曰天下皆得平土而居之哉！佛之言曰："若不尽度众生，誓不成佛。"其言犹若有能之而不欲之意。然自吾人观之，此岂徒能之而不欲哉？将毋欲之而不能也。故如叔本华之言一人之解脱，而未言世界之解脱，实与其意志同一之说不能两立者也。叔氏于无意

识中亦触此疑问,故于其《意志及观念之世界》之第四编之末,力护其说曰:

  人之意志,于男女之欲,其发现也为最著。故完全之贞操,乃拒绝意志,即解脱之第一步也。夫自然中之法则,固自最确实者。使人人而行此格言,则人类之灭绝,自可立而待。至人类以降之动物,其解脱与堕落,亦当视人类以为准。《吠陀》之经典曰:"一切众生之待圣人,如饥儿之望慈父母也。"基督教中亦有此思想。珊列休斯于其《人持一切物归于上帝》之小诗中曰:"嗟汝万物灵,有生皆爱汝。总总环汝旁,如儿索母乳。携之适天国,惟汝力是怙。"德意志之神秘学者马斯太·哀克赫德亦云:"《约翰福音》云:余之离世界也,将引万物而与我俱,基督岂欺我哉?夫善人固将持万物而归之于上帝,即其所从出之本者也。今夫一切生物,皆为人而造,又各自相为用,牛羊之于水草,鱼之于水,鸟之于空气,野兽之于林莽皆是也。一切生物皆上帝所造,以供善人之用,而善人携之以归上帝。"彼意盖谓人之所以有用动物之权利者,实以能救济之之故也。

  于佛教之经典中,亦说明此真理。方佛之尚为菩提萨埵也,自王宫逸出而入深林时,彼策其马而歌曰:"汝久疲于生死兮,今将息此任载。负余躬以遐举兮,继今日而无再。苟彼岸其尓达兮,余将徘徊以汝待。"(《佛国记》)此之谓也。(英译《意志及观念之世界》第一册第四百九十二页)

然叔氏之说,徒引据经典,非有理论的根据也。试问释迦示寂以后,基督尸十字架以来,人类及万物之欲生奚若?其痛苦又奚若?吾知其不异于昔也。然则所谓持万物而归之上帝者,其尚有所待欤,抑徒沾沾自喜之说,而不能见诸实事者欤?果如后说,则释迦、基督自身之解脱与否,亦尚在不可知之数也。往者作一律曰:

生平颇忆挈卢敖,东过蓬莱浴海涛。何处云中闻犬吠,至今湖畔尚乌号。人间地狱真无间,死后泥洹枉自豪。终古众生无度日,世尊只合老尘嚣。

何则?小宇宙之解脱,视大宇宙之解脱以为准故也。赫尔德曼人类涅槃之说,所以起而补叔氏之缺点者以此。要之,解脱之足以为伦理学上最高之理想与否,实存于解脱之可能与否。若夫普通之论难,则固如楚楚蜉蝣,不足以撼十围之大树也。

今使解脱之事,终不可能,然一切伦理学上之理想,果皆可能也欤?今夫与此无生主义相反者,生生主义也。夫世界有限,而生人无穷。以无穷之人,生有限之世界,必有不得遂其生者矣。世界之内,有一人不得遂其生者,固生生主义之理想之所不许也。故由生生主义之理想,则欲使世界生活之量达于极大限,则人人生活之度不得不达于极小限。盖度与量二者,实为一精密之反比例,所谓"最大多数之最大福祉"者,亦仅归于伦理学者之梦想而已。夫以极大之生活量,而居于极小之生活度,则生活之意志之拒绝也奚若?此生生主义与无生主义相同之点也。苟无此理想,则世界之内,弱之肉,强之食,一任诸天然之法则耳,奚以伦理为哉?然世人日言生生主义,而此理想之达于何时,则尚在不可知之数。要之,理想者,可近而不可即,亦终古不过一理想而已矣。人知无生主义之理想之不可能,而自忘其主义之理想之何若,此则大不可解脱者也。

夫如是,则《红楼梦》之以解脱为理想者,果可菲薄也欤?夫以人生忧患之如彼,而劳苦之如此,苟有血气者,未有不渴慕救济者也;不求之于实行,犹将求之于美术。独《红楼梦》者,同时与吾人以二者之救济。人而自绝于救济则已耳;不然,则对此宇宙之大著述,宜如何企踵而欢迎之也!

第五章　余论

自我朝考证之学盛行,而读小说者,亦以考证之眼读之。于是评《红楼梦》者,纷然索此书之主人公之为谁,此又甚不可解者也。夫美术之所写者,非个人之性质,而人类全体之性质也。惟美术之特质,贵具体而不贵抽象,于是举人类全体之性质,置诸个人之名字之下。譬诸副墨之子、洛诵之孙,亦随吾人之所好名之而已。善于观物者能就个人之事实,而发见人类全体之性质。今对人类之全体,而必规规焉求个人以实之,人之知力相越,岂不远哉!故《红楼梦》之主人公,谓之贾宝玉可,谓之子虚乌有先生可,即谓之纳兰容若,谓之曹雪芹,亦无不可也。

综观评此书者之说,约有二种:一谓述他人之事,一谓作者自写其生平也。第一说中,大抵以贾宝玉为即纳兰性德,其说要非无所本。案性德《饮水诗集·别意》六首之三曰:

独拥余香冷不胜,残更数尽思腾腾。
今宵便有随风梦,知在红楼第几层?

又《饮水词》中《于中好》一阕云:

别绪如丝睡不成,那堪孤枕梦边城。
因听紫塞三更雨,却忆红楼半夜灯。

又《减字木兰花》一阕咏新月云:

莫教星替,守取团圆终必遂。
此夜红楼,天上人间一样愁。

"红楼"之字凡三见,而云"梦红楼"者一。又其亡妇忌日,作《金缕曲》

一阕,其首三句云:

> 此恨何时已,滴空阶、寒更雨歇,葬花天气。

"葬花"二字,始出于此。然则《饮水集》与《红楼梦》之间,稍有文字之关系。世人以宝玉为即纳兰侍卫者,殆由于此。然诗人与小说家之用语,其偶合者固不少。苟执此例以求《红楼梦》之主人公,吾恐其可以傅合者,断不止容若一人而已。若夫作者之姓名(遍考各书,未见曹雪芹何名)与作书之年月,其为读此书者所当知,似更比主人公之姓名为尤要,顾无一人为之考证者,此则大不可解者也。

至谓《红楼梦》一书,为作者自道其生平者,其说本于此书第一回"竟不如我亲见亲闻的几个女子"一语。信如此说,则唐旦之《天国喜剧》,可谓无独有偶者矣。然所谓"亲见亲闻"者,亦可自旁观者之口言之,未必躬为剧中之人物。如谓书中种种境界,种种人物,非局中人不能道,则是《水浒传》之作者必为大盗,《三国演义》之作者必为兵家,此又大不然之说也。且此问题,实与美术之渊源之问题相关系。如谓美术上之事,非局中人不能道,则其渊源必全存于经验而后可。夫美术之源出于先天,抑由于经验,此西洋美学上至大之问题也。叔本华之论此问题也,最为透辟。兹援其说,以结此论。其言(此论本为绘画及雕刻发,然可通之于诗歌小说)曰:

> 人类之美之产于自然中者,必由下文解释之,即意志于其客观化之最高级(人类)中,由自己之力与种种之情况,而打胜下级(自然力)之抵抗,以占领其物质。且意志之发现于高等之阶级也,其形式必复杂。即以一树言之,乃无数之细胞合而成一系统者也。其阶级愈高,其结合愈复。人类之身体,乃最复杂之系统也。各部分各有一特别之生活,其对全体也则为隶属,其互相对也则为同僚,互相调和以为其全体之说明,不能增也,不能减也。能如此者,则谓之美。此自然

中不得多见者也。顾美之于自然中如此，于美术中则何如？或有以美术家为模仿自然者。然彼苟无美之预想存于经验之前，则安从取自然中完全之物而模仿之，又以之与不完全者相区别哉？且自然亦安得时时生一人焉，于其各部分皆完全无缺哉？或又谓美术家必先于人之肢体中，观美丽之各部分，而由之以构成美丽之全体。此又大愚不灵之说也。即令如此，彼又何自知美丽之在此部分而非彼部分哉？故美之知识，断非自经验的得之，即非后天的而常为先天的；即不然，亦必其一部分常为先天的也。吾人于观人类之美后，始认其美；但在真正之美术家，其认识之也极其明速之度，而其表出之也胜乎自然之为。此由吾人之自身即意志，而于此所判断及发见者，乃意志于最高级之完全之客观化也。唯如是，吾人斯得有美之预想。而在真正之天才，于美之预想外，更伴以非常之巧力。彼于特别之物中认全体之理念，遂解自然之嗫嚅之言语而代言之，即以自然所百计而不能产出之美现之于绘画及雕刻中，而若语自然曰：此即汝之所欲言而不得者也。苟有判断之能力者，必将应之曰是。唯如是，故希腊之天才，能发见人类之美之形式，而永为万世雕刻家之模范。唯如是，故吾人对自然于特别之境遇中所偶然成功者，而得认其美。此美之预想，乃自先天中所知者，即理想的也。比其现于美术也，则为实际的。何则？此与后天中所与之自然物相合故也。如此，美术家先天中有美之预想，而批评家于后天中认识之，此由美术家及批评家乃自然之自身之一部，而意志于此客观化者也。哀姆攀独克尔曰："同者唯同者知之。"故唯自然能知自然，唯自然能言自然，则美术家有自然之美之预想，固自不足怪也。

芝诺芬述苏格拉底之言曰："希腊人之发见人类之美之理想也，由于经验，即集合种种美丽之部分，而十此发见一膝，于彼发见一臂。"此大谬之说也。不幸而此说又冀期于诗歌中，即以狄斯匹尔言之，谓其戏曲中所描写之种种之人物，乃其一生之经验中所观察者，而极其全力以模写之者也。然诗人由人性之预想而作戏曲小说，与美术家之由美之预想而作绘画及雕刻无以异。唯两者于其创造之途中,必须有经验以为之补助。夫然,故其先天中所已知者,得唤起而入于明晰之意识,而后表出之事,乃可得而能也。(叔氏《意志及观念之世界》第一册第二百八十五页至二百八十九页)

由此观之,则谓《红楼梦》中所有种种之人物,种种之境遇,必本于作者之经验,则雕刻与绘画家之写人之美也,必此取一膝、彼取一臂而后可,其是与非,不待知者而决矣。读者苟玩前数章之说,而知《红楼梦》之精神与其美学、伦理学上之价值,则此种议论,自可不生。苟知美术之大有造于人生,而《红楼梦》自足为我国美术上之唯一大著述,则其作者之姓名与其著书之年月,固当为唯一考证之题目。而我国人之所聚讼者,乃不在此而在彼;此足以见吾国人之对此书之兴味之所在,自在彼而不在此也,故为破其惑如此。

第三章

蔡元培的美育主义美学选读

本章导读

【作者简介】

蔡元培(1868—1940),字鹤卿,号子民。新文化运动发起者,近现代著名教育家、革命家和社会活动家。1868年1月11日出生于浙江绍兴府山阴县一个商人家庭,1940年3月5日病逝于香港。幼年之后,大致经历了获功名于清朝(1883—1898)、初事教育和革命(1898—1907)、留学德国(1907—1911)、辛亥革命后任职教育总长(1911—1913)、法国学术访问(1913—1916)、就任北大校长(1917—1926)、主持中央研究院(1927—1940)几个阶段。1894年官至翰林院编修,始接触西学;戊戌变法失败,弃官携家南下,曾先后在浙江、上海从事教育活动,提倡新学,并创办爱国学社、爱国女学、中国教育会、光复会等组织,参加反清反帝革命活动。留德时广泛涉猎多个学科,对哲学、美学特别感兴趣。任南京临时政府教育总长时,倡导新教育,并将美育确立为国家教育方针之一。出长北京大学期间,锐意改革,广揽人才,兼容并包,力主思想自由,使北大面貌焕然一新,并积极扶助五四运动与新文化运动。值得一提的是,1920年代是美学学科在中国大学的推广时期,不少大学都开设了美学课,因此产生了不少美学概论教材。这与蔡元培的大力倡导美育密不可分。蔡元培自述1921年他在北大就亲自讲授过10多次美学课。

从仕途得意的清季翰林到真诚的革命民主主义者,在其丰富的人生实践过程中,蔡元培一方面旧学深厚,深刻理解中国传统文化遗产,继承其圣贤修养;一方面有明确的开放意识,持文化世界主义主张,接纳现代民主自由新思想,并积极付诸实施,做到了知行合一,被誉为"学界泰斗,人世楷模"。蔡元培一生致力于教育救国,在文化教育方面贡献巨大,成为近代最著名的民主教育家和杰出的教育改革先驱。

有关蔡元培的著述,民国初年新潮社编辑的《蔡孑民先生言行录》(上下册,北京大学新潮社1920年初版)流传甚广。其全集先后有孙常炜编《蔡元培先生全集》(全一册,台湾商务印书馆股份有限公司1968年版)、高平叔编《蔡元培全集》(全7卷,中华书局1984—1989年版)、高平叔编《蔡元培文集》(全14卷,锦绣出版事业股份有限公司1995年版)和中国蔡元培研究会编《蔡元培全集》(全18卷,浙江教育出版社1997—1998年版)数种。其美学代表作以《蔡元培美学文选》(北京大学出版社1983年版)为最早且有一定权威性。

【阅读提示】

"美育"是20世纪中国美学及其审美主义思潮的主旋律。王国维将西方美学思想正式引入中国时最先推重的正是"美育主义"观念,但将"美育主义"思想推到举国瞩目的地位、孜孜不倦于美育事业的人则非蔡元培莫属。"蔡先生思想的中心还是在他的'美感教育'"(宗白华《〈美育〉等编辑后语》,《宗白华全集》第2卷,第261页),蔡元培的美育思想大致包括对美育的积极倡导、"美育代宗教"说和美育的实施方法,其中"美育代宗教"说是其美育思想的核心,也是20世纪中国美学史上第一个具有原创意味的重要命题。

蔡元培《二十五年来中国之美育》(1931)中说:"美育的名词,是民国元年我从德文 Ästhetische Erziehung 译出,为从前所未有。"实际早在1901年发表的《哲学总论》(原载《普通学报》第1、2期)中,蔡元培就在"审美学"学科框架内,在与智育、德育相并列的意义上明确使用了"美育"术语,并指出"美育者教情感之应用"的观点。民国初年,蔡元培《对于新教育之意见》(1912)以"新教育"理念将"美育主义"同军国民主义、实利主义、德育主义和世界观教育相提并论,在中国教育史上第一次把"美育"确立为国家教育方针之一,强调"教育家欲由现象世界而引以到达于实体世界之观念,不可不用美感之教育"。1917年4月,时任北大校长的蔡元培发表著名的《以美育代宗教》演说,在与"宗教"对比甚至"对立"的语境关系中,旗帜鲜明地提出了其著名的"美育代宗教"命题,并阐述了"纯粹之美育""陶养吾人之感情,使有高尚纯洁之习惯,而使人我之见、利己损人之思念,以渐消沮者也"的独特本质与重大功能。此后从1920年代到1930年代,蔡元培继续不遗余力地反复倡导其以"美育代宗教"为核心的美育观。其中,篇名直接含有"美育代宗教"命题的三篇文献,即《以美育代宗教》(1930)、《以美育代宗教》(1930)和《美育代宗教》(1932),或继续重申首篇文章观点,或从不同角度予以扩充阐发,可谓蔡元培核心美学命题的重要见证。蔡元培还有大量论及美育思想的文献。如本章未选入的《文化运动不要忘了美育》(1919)强调了"美育"与新文化运动的密切联系,《美育与人生》(1931)突现"美育"对于个体人生的陶养功能,《美育实施的方法》(1922)则明确将美育的实施范围和方法申述为学校美育、家庭美育和社会美育三大领域。本章选入的作为教育学工具书条目之一的《美育》(1930)一文较为全面地阐述了美育的概念、宗旨、中外发展简史及其在学校、家庭、社会三方面的具体实施;所选《关于宗教问题的谈话》(1921)可供直接了解蔡元培的宗教观。

蔡元培基于教育救国理念的"美育代宗教"一经提出,即产生了强烈的反响。在此过程中,乘着五四新文化运动的东风,美育问题得到了当时学术思想界的积极回应,在20世纪20—30年代,既有中华美育会等美育学术团体的成立,也有两种《美育》杂志问世,大量美育论文发表,美育观念逐渐深入人心。蔡元培在20世纪中国的美育主义思潮的兴起与推进方面,发挥了决定性的引领作用。

蔡元培美学其实还包括美学原理论和西方美学思想论,而这同他出长北大时曾亲自教授过美学史、美的表现、美的赏鉴、美的文化等美学课程密不可分。本章所选文献突出的是蔡元培以"美育代宗教"命题为核心的美育主义思想。

【思考问题】

1. 试结合(但不限于)本章所选文献梳理蔡元培著名的"美育代宗教"命题产生的历史背景、言说历程与主要内容。

2. 杨鸿烈(1903—1977)在《驳以美育代宗教说》(初载《哲学》1923年第8期)中说:"第一步就在确定美育的含义、宗教的含义,然后才讨论美育能不能代替宗教。"从本章所选文献分析,蔡元培是如何理解"美育"和"宗教"的?你赞同蔡元培的"美育"观、"宗教"观及"美育代宗教"观吗?为什么?

3. 蔡元培反复强调他主张的是"美育代宗教"而非"美术代宗教",在他看来"美育"与"美术"的区别究竟在哪里?另外,你觉得蔡元培的"美育代宗教"能否说成"审美代宗教"?

4. 蔡元培的"美育代宗教"命题一经提出,赞同阐发其意义者有之,坚决反对批判者也有之。你如何看待正、反两方面的反响?在你看来,"美育代宗教"命题的理论基础和精神实质究竟是什么?

5. 王国维《去毒篇》中说:"美术者,上流社会之宗教也。"有人认为王国维其实是"美育代宗教"的首创者,你如何看待这个问题?试比较蔡元培与王国维"美育主义"之异同。在蔡元培看来,美育在教育、文化和人生等领域有何重大功能?

6. 蔡元培的"美育代宗教"只是中国美学家关注的一个命题吗?此命题有无世界性的当代价值?

【扩展阅读】

中国蔡元培研究会编:《蔡元培全集》18卷,浙江教育出版社,1997—1998年。

高平叔撰著:《蔡元培年谱长编》(第1—4卷),人民教育出版社,1998年。

聂振斌选编:《中国现代美学名家文丛·蔡元培卷》,浙江大学出版社,2009年;中国文联出版社,2017年。

李清聚:《蔡元培"以美育代宗教"思想研究》,中央编译出版社,2017年。

姚全兴:《中国现代美育思想述评》,湖北教育出版社,1989年。

谭好哲、刘彦顺等:《美育的意义:中国现代美育思想发展史论》,首都师范大学出版社,2006年。

俞玉姿、张援编:《中国近现代美育论文选(1840—1949)》,上海教育出版社,2011年。

对于新教育之意见[1]

近日在教育部与诸同人新草学校法令，以为征集高等教育会议之预备，颇承同志饷以谠论。顾关于教育方针者殊寡，辄先述鄙见以为嚆引，幸海内教育家是正之。

教育有二大别：曰隶属于政治者，曰超轶乎政治者。专制时代（兼立宪而含专制性质者言之），教育家循政府之方针以标准教育，常为纯粹之隶属政治者。共和时代，教育家得立于人民之地位以定标准，乃得有超轶政治之教育。清之季世，隶属政治之教育，腾于教育家之口者，曰军国民教育。夫军国民教育者，与社会主义僻驰，在他国已有道消之兆。然在我国，则强邻交逼，亟图自卫，而历年丧失之国权，非凭借武力，势难恢复。且军人革命以后，难保无军人执政之一时期，非行举国皆兵之制，将使军人社会，永为全国中特别之阶级，而无以平均其势力。则如所谓军国民教育者，诚今日所不能不采者也。

虽然，今之世界，所恃以竞争者，不仅在武力，而尤在财力。且武力之半，亦由财力而孳乳。于是有第二之隶属政治者，曰实利主义之教育，以人民生计为普通教育之中坚。其主张最力者，至以普通学术，悉寓于树艺、烹饪、裁缝及金、木、土工之中。此其说创于美洲，而近亦盛行于欧陆。我国地宝不发，实业界之组织尚幼稚，人民失业者至多，而国甚贫。实利主义之教育，固亦当务之急者也。

是二者，所谓强兵富国之主义也。顾兵可强也，然或溢而为私斗，为

---

[1]【编注】本文系蔡元培在南京临时政府教育总长时所作，初刊于《民立报》1912年2月8、9、10日，又刊于《教育杂志》第3卷第11号（1912年2月10日版）、《临时政府公报》第13号（1912年2月11日版）。全文选自中国蔡元培研究会编：《蔡元培全集》第2卷，浙江教育出版社1997年版，第9—16页。

侵略，则奈何？国可富也，然或不免知欺愚，强欺弱，而演贫富悬绝，资本家与劳动家血战之惨剧，则奈何？曰教之以公民道德。何谓公民道德？曰法兰西之革命也，所标揭者，曰自由、平等、亲爱。道德之要旨，尽于是矣。孔子曰：匹夫不可夺志。孟子曰：大丈夫者，富贵不能淫，贫贱不能移，威武不能屈。自由之谓也。古者盖谓之义。孔子曰：己所不欲，勿施于人。子贡曰：我不欲人之加诸我也，吾亦欲毋加诸人。《礼记·大学》曰：所恶于前，毋以先后；所恶于后，毋以从前；所恶于右，毋以交于左；所恶于左，毋以交于右。平等之谓也。古者盖谓之恕。自由者，就主观而言之也。然我欲自由，则亦当尊人之自由，故通于客观。平等者，就客观而言之也。然我不以不平等遇人，则亦不容人之以不平等遇我，故通于主观。二者相对而实相成，要皆由消极一方面言之。苟不进之以积极之道德，则夫吾同胞中，固有因生禀之不齐，境遇之所迫，企自由而不遂，求与人平等而不能者。将一切恝置之，而所谓自由若平等之量，仍不能无缺陷。孟子曰：鳏寡孤独，天下之穷民而无告者也。张子曰：凡天下疲癃残疾惸独鳏寡，皆吾兄弟之颠连而无告者也。禹思天下有溺者，由己溺之。稷思天下有饥者，由己饥之。伊尹思天下之人，匹夫匹妇有不与被尧舜之泽者，若己推而纳之沟中。孔子曰：己欲立而立人，己欲达而达人。亲爱之谓也。古者盖谓之仁。三者诚一切道德之根源，而公民道德教育之所有事者也。

教育而至于公民道德，宜若可为最终之鹄的矣。曰未也。公民道德之教育，犹未能超轶乎政治者也。世所谓最良政治者，不外乎以最大多数之最大幸福为鹄的。最大多数者，积最少数之一人而成者也。一人之幸福，丰衣足食也，无灾无害也，不外乎现世之幸福。积一人幸福而为最大多数，其鹄的犹是。立法部之所评议，行政部之所执行，司法部之所保护，如是而已矣。即进而达《礼运》之所谓大道为公，社会主义家所谓未来之黄金时代，人各尽所能，而各得其所需要，要亦不外乎现世之幸福。盖政治之鹄的，如是而已矣。一切隶属政治之教育，充其量亦如是而已矣。

虽然，人不能有生而无死。现世之幸福，临死而消灭。人而仅仅以临死消灭之幸福为鹄的，则所谓人生者有何等价值乎？国不能有存而无亡，世界不能有成而无毁,全国之民,全世界之人类,世世相传,以此不能不消灭之幸福为鹄的,则所谓国民若人类者,有何等价值乎?且如是,则就一人而言之,杀身成仁也,舍生取义也,舍己而为群也,有何等意义乎?就一社会而言之,与我以自由乎,否则与我以死,争一民族之自由,不至沥全民族最后之一滴血不已,不至全国为一大冢不已,有何等意义乎?且人既无一死生破利害之观念,则必无冒险之精神,无远大之计划,见小利,急近功,则又能保其不为失节堕行身败名裂之人乎?谚曰:"当局者迷,旁观者清。"非有出世间之思想者,不能善处世间事,吾人即仅仅以现世幸福为鹄的,犹不可无超轶现世之观念,况鹄的不止于此者乎?

以现世幸福为鹄的者,政治家也;教育家则否。盖世界有二方面,如一纸之有表里:一为现象,一为实体。现象世界之事为政治,故以造成现世幸福为鹄的;实体世界之事为宗教,故以摆脱现世幸福为作用。而教育者,则立于现象世界,而有事于实体世界者也。故以实体世界之观念为其究竟之大目的,而以现象世界之幸福为其达于实体观念之作用。

然则现象世界与实体世界之区别何在耶?曰:前者相对,而后者绝对;前者范围于因果律,而后者超轶乎因果律;前者与空间时间有不可离之关系,而后者无空间时间之可言;前者可以经验,而后者全恃直观。故实体世界者,不可名言者也。然而既以是为观念之一种矣,则不得不强为之名,是以或谓之道,或谓之太极,或谓之神,或谓之黑暗之意识,或谓之无识之意志。其名可以万殊,而观念则一。虽哲学之流派不同,宗教家之仪式不同,而其所到达之最高观念皆如是。(最浅薄之唯物论哲学,及最幼稚之宗教祈长生求福利者,不在此例。)

然则,教育家何以不结合于宗教,而必以现象世界之幸福为作用?曰:世固有厌世派之宗教若哲学,以提撕实体世界观念之故,而排斥现象世界。因以现象世界之文明为罪恶之源,而一切排斥之者。吾以为不然。现象实体,仅一世界之内方面,非截然为互相冲突之两世界。吾人之感觉,既托于现象世界,则所谓实体者,即在现象之中,而非必灭乙而后生甲。其现象世界间所以为实体世界之障碍者,不外二种意识:一、人我之差别,二、幸福之营求是也。人以自卫力不平等而生强弱,人以自存力不平等而生贫富。有强弱贫富,而彼我差别之意识起。弱者贫者,苦于幸福之不足,而营求之意识起。有人我,则于现象中有种种之界画,而与实体违。有营求则当其未遂,为无已之苦痛。及其既遂,为过量之要索。循环于现象之中,而与实体隔。能剂其平,则肉体之享受,纯任自然,而意识界之营求泯,人我之见亦化。合现象世界各别之意识为浑同,而得与实体吻合焉。故现世幸福,为不幸福之人类到达于实体世界之一种作用,盖无可疑者。军国民、实利两主义,所以补自卫自存之力之不足。道德教育,则所以使之互相卫互相存,皆所以泯营求而忘人我者也。由是而进以提撕实体观念之教育。

提撕实体观念之方法如何?曰:消极方面,使对于现象世界,无厌弃而亦无执著;积极方面,使对于实体世界,非常渴慕而渐进于领悟。循思想自由言论自由之公例,不以一流派之哲学一宗门之教义梏其心,而惟时时悬一无方体无始终之世界观以为鹄。如是之教育,吾无以名之,名之曰世界观教育。

虽然,世界观教育,非可以旦旦而聒之也。且其与现象世界之关系,又非可以枯槁单简之言说袭而取之也。然则何道之由?曰美感之教育。美感者,合美丽与尊严而言之,介乎现象世界与实体世界之间,而为津梁。此为康德所创造,而嗣后哲学家未有反对之者也。在现象世界,凡人皆有爱恶惊惧喜怒悲乐之情,随离合生死祸福利害之现象而流转。至美术则即以此等现象为资料,而能使对之者,自美感以外,一无杂念。例如采莲煮豆,饮食之事也,而一入诗歌,则别成兴趣。火山赤舌,大风破舟,可骇可怖之景也,而一入图画,则转堪展玩。是则对于现象世界,无厌弃而亦无执著也。人既脱离一切现象世界相对之感情,而为浑然之美感,则即所谓与造物为友,而已接触于实体世界之观念矣。故教育家欲由现象世界而引以到达于实体世界之观念,不可不用美感之教育。

五者,皆今日之教育所不可偏废者也。军国民主义,实利主义,德育主义三者,为隶属于政治之教育。(吾国古代之道德教育,则间有兼涉世界观者，当分别论之。）世界观、美育主义二者，为超轶政治之教育。

以中国古代之教育证之，虞之时，夔典乐而教胄子以九德，德育与美育之教育也。周官以卿三物教万民，六德六行，德育也。六艺之射御，军国民主义也。书数，实利主义也。礼为德育，而乐为美育。以西洋之教育证之，希腊人之教育为体操与美术，即军国民主义与美育也。欧洲近世教育家，如海尔巴脱氏纯持美育主义。今日美洲之杜威派，则纯持实利主义者也。

以心理学各方面衡之，军国民主义毗于意志；实利主义毗于知识；德育兼意志情感二方面；美育毗于情感；而世界观则统三者而一之。

以教育界之分言三育者衡之，军国民主义为体育；实利主义为智育；公民道德及美育皆毗于德育；而世界观则统三者而一之。

以教育家之方法衡之，军国民主义，世界观，美育，皆为形式主义；实利主义为实质主义；德育则二者兼之。

譬之人身：军国民主义者，筋骨也，用以自卫；实利主义者，胃肠也，用以营养；公民道德者，呼吸机循环机也，周贯全体；美育者，神经系也，所以传导；世界观者，心理作用也，附丽于神经系，而无迹象之可求。此即五者不可偏废之理也。

本此五主义而分配于各教科，则视各教科性质之不同，而各主义所占之分数，亦随之而异。国语国文之形式，其依准文法者属于实利，而依准美词学者，属于美感。其内容则军国民主义当占百分之十，实利主义当占其四十，德育当占其二十，美育当占其二十五，而世界观则占其五。

修身，德育也，而以美育及世界观参之。

历史、地理，实利主义也。其所叙述，得并存各主义。历史之英雄，地理之险要及战绩，军国民主义也；记美术家及美术沿革，写各地风景及所出美术品，美育也；记圣贤，述风俗，德育也；因历史之有时期，而推之于无终始，因地理之有涯涘，而推之于无方体，及夫烈士、哲人、宗教家之故事及遗迹，皆可以为世界观之导线也。

算学，实利主义也，而数为纯然抽象者。希腊哲人毕达哥拉士以数为万物之原,是亦世界观之一方面;而几何学各种线体,可以资美育。

物理化学,实利主义也。原子电子,小莫能破,爱耐而几(Energy),范围万有,而莫知其所由来,莫穷其所究竟,皆世界观之导线也;视官听官之所触,可以资美感者尤多。

博物学,在应用一方面,为实利主义;而在观感一方面,多为美感。研究进化之阶段,可以养道德,体验造物之万能,可以导世界观。

图画,美育也,而其内容得包含各种主义:如实物画之于实利主义,历史画之于德育是也。其至美丽至尊严之对象,则可以得世界观。

唱歌,美育也,而其内容,亦可以包含种种主义。

手工,实利主义也,亦可以兴美感。

游戏,美育也;兵式体操,军国民主义也;普通体操,则兼美育与军国民主义二者。

上之所著,仅具辜较,神而明之,在心知其意者。

满清时代,有所谓钦定教育宗旨者,曰忠君,曰尊孔,曰尚公,曰尚武,曰尚实。忠君与共和政体不合,尊孔与信教自由相违(孔子之学术,与后世所谓儒教、孔教当分别论之。嗣后教育界何以处孔子,及何以处孔教,当特别讨论之,兹不赘),可以不论。尚武,即军国民主义也。尚实,即实利主义也。尚公,与吾所谓公民道德,其范围或不免有广狭之异,而要为同意。惟世界观及美育,则为彼所不道,而鄙人尤所注重,故特疏通而证明之,以质于当代教育家,幸教育家平心而讨论焉。

以美育代宗教说
——在北京神州学会演说词[①]

兄弟于学问界未曾为系统的研究,在学会中本无可以表示之意见。惟既承学会诸君子责以讲演,则以无可如何中,择一于我国有研究价值之问题为到会诸君一言,即"以美育代宗教"之说是也。

夫宗教之为物,在彼欧西各国,已为过去问题。盖宗教之内容,现皆经学者以科学的研究解决之矣。吾人游历欧洲,虽见教堂棋布,一般人民亦多入堂礼拜,此则一种历史上之习惯。譬如前清时代之袍褂,在民国本不适用,然因其存积甚多,毁之可惜,则定为乙种礼服而沿用之,未尝不可。又如祝寿、会葬之仪,在学理上了无价值,然戚友中既以请帖、讣闻相招,势不能不循例参加,借通情愫。欧人之沿习宗教仪式,亦犹是耳。所可怪者,我中国既无欧人此种特别之习惯,乃以彼邦过去之事实作为新知,竟有多人提出讨论。此则由于留学外国之学生,见彼国社会之进化,而误听教士之言,一切归功于宗教,遂欲以基督教劝导国人。而一部分之沿习旧思想者,则承前说而稍变之,以孔子为我国之基督,遂欲组织孔教,奔走呼号,视为今日重要问题。

自兄弟观之,宗教之原始,不外因吾人精神作用而构成。吾人精神上之作用,普通分为三种:一曰知识;二曰意志;三曰感情。最早之宗教,常兼此三作用而有之。盖以吾人当未开化时代,脑力简单,视吾人一身与世界万物,均为一种不可思议之事。生自何来?死将何往?创造之者何人?管

[①]【编注】本文系蔡元培于1917年4月8日在北京神州学会演说词,初刊于《新青年》第3卷第6号(1917年8月1日版),辑入北京大学新潮社编《蔡孑民先生言行录》(1920年版)时曾做修订。全文选自中国蔡元培研究会编:《蔡元培全集》第3卷,浙江教育出版社1997年版,第57—62页。

理之者何术？凡此种种，皆当时之人所提出之问题，以求解答者也。于是有宗教家勉强解答之。如基督教推本于上帝，印度旧教则归之梵天，我国神话则归之盘古。其他各种现象，亦皆以神道为惟一之理由。此知识作用之附丽于宗教者也。且吾人生而有生存之欲望，由此欲望而发生一种利己之心。其初以为非损人不能利己，故恃强凌弱，掠夺攘取之事，所在多有。其后经验稍多，知利人之不可少，于是有宗教家提倡利他主义。此意志作用之附丽于宗教者也。又如跳舞、唱歌，虽野蛮人亦皆乐此不疲。而对于居室、雕刻、图画等事，虽石器时代之遗迹，皆足以考见其爱美之思想。此皆人情之常，而宗教家利用之以为诱人信仰之方法。于是未开化人之美术，无一不与宗教相关联。此又情感作用之附丽于宗教者也。天演之例，由浑而昼。当时精神作用至为浑沌，遂结合而为宗教。又并无他种学术与之对，故宗教在社会上遂具有特别之势力焉。

迨后社会文化日渐进步，科学发达，学者遂举古人所谓不可思议者，皆一一解释之以科学。日星之现象，地球之缘起，动植物之分布，人种之差别，皆得以理化、博物、人种、古物诸科学证明之。而宗教家所谓吾人为上帝所创造者，从生物进化论观之，吾人最初之始祖，实为一种极小之动物，后始日渐进化为人耳。此知识作用离宗教而独立之证也。宗教家对于人群之规则，以为神之所定，可以永远不变。然希腊诡辩家，因巡游各地之故，知各民族之所谓道德，往往互相抵触，已怀疑于一成不变之原则。近世学者据生理学、心理学、社会学之公例，以应用于伦理，则知具体之道德不能不随时随地而变迁；而道德之原理则可由种种不同之具体者而归纳以得之；而宗教家之演绎法，全不适用。此意志作用离宗教而独立之证也。

知识、意志两作用，既皆脱离宗教以外，于是宗教所最有密切关系者，惟有情感作用，即所谓美感。凡宗教之建筑，多择山水最胜之处，吾国人所谓天下名山僧占多，即其例也。其间恒有古木名花，传播于诗人之笔，是皆利用自然之美以感人者。其建筑也，恒有峻秀之塔，崇闳幽邃之殿堂，饰以精致之造像，瑰丽之壁画，构成黯淡之光线，佐以微妙之音乐。

赞美者必有著名之歌词，演说者必有雄辩之素养，凡此种种，皆为美术作用，故能引人入胜。苟举以上种种设施而屏弃之，恐无能为役矣。然而美术之进化史，实亦有脱离宗教之趋势。例如吾国南北朝著名之建筑则伽蓝耳，其雕刻则造像耳，图画则佛像及地狱变相之属为多；文学之一部分，亦与佛教为缘。而唐以后诗文，遂多以风景人情世事为对象；宋元以后之图画，多写山水花鸟等自然之美。周以前之鼎彝，皆用诸祭祀。汉唐之吉金，宋元以来之名瓷，则专供把玩。野蛮时代之跳舞，专以娱神，而今则以之自娱。欧洲中古时代留遗之建筑，其最著者率为教堂，其雕刻图画之资料，多取诸新旧约；其音乐，则附丽于赞美歌；其演剧，亦排演耶稣故事，与我国旧剧《目连救母》相类。及文艺复兴以后，各种美术，渐离宗教而尚人文。至于今日，宏丽之建筑，多为学校、剧院、博物院。而新设之教堂，有美学上价值者，几无可指数。其他美术，亦多取资于自然现象及社会状态。于是以美育论，已有与宗教分合之两派。以此两派相较，美育之附丽于宗教者，常受宗教之累，失其陶养之作用，而转以激刺感情。

鉴激刺感情之弊，而专尚陶养感情之术，则莫如舍宗教而易以纯粹之美育。纯粹之美育，所以陶养吾人之感情，使有高尚纯洁之习惯，而使人我之见、利己损人之思念，以渐消沮者也。盖以美为普遍性，决无人我差别之见能参入其中。食物之入我口者，不能兼果他人之腹；衣服之在我身者，不能兼供他人之温，以其非普遍性也。美则不然。即如北京左近之西山，我游之，人亦游之；我无损于人，人亦无损于我也。隔千里兮共明月，我与人均不得而私之。中央公园之花石，农事试验场之水木，人人得而赏之。埃及之金字塔，希腊之神祠，罗马之剧场，瞻望赏叹者若干人，且历若干年，而价值如故。各国之博物院，无不公开者，即私人收藏之珍品，亦时供同志之赏览。各地方之音乐会、演剧场，均以容多数人为快。所谓独乐乐不如与人乐乐，与寡乐乐不如与众乐乐，以齐宣王之惛，尚能承认之。美之为普遍性可知矣。且美之批评，虽间亦因人而异，然不曰是于我为美，而曰是为美，是亦以普遍性为标准之一证也。

美以普遍性之故，不复有人我之关系，遂亦不能有利害之关系。马牛,人之所利用者,而戴嵩所画之牛,韩干所画之马,决无对之而作服乘之想者。狮虎,人之所畏也,而芦沟桥之石狮,神虎桥之石虎,决无对之而生搏噬之恐者。植物之花,所以成实也,而吾人赏花,决非作果实可食之想。善歌之鸟,恒非食品。灿烂之蛇,多含毒液。而以审美之观念对之,其价值自若。美色,人之所好也;对希腊之裸像,决不敢作龙阳之想;对拉飞尔若鲁滨司之裸体画,决不敢有周昉秘戏图之想。盖美之超绝实际也如是。且于普通之美以外,就特别之美而观察之,则其义益显。例如崇闳之美,有至大至刚两种。至大者如吾人在大海中,惟见天水相连,茫无涯涘。又如夜中仰数恒星,知一星为一世界,而不能得其止境,顿觉吾身之小虽微尘不足以喻,而不知何者为所有。其至刚者,如疾风震霆,覆舟倾屋,洪水横流,火山喷薄,虽拔山盖世之气力,亦无所施,而不知何者为好胜。夫所谓大也,刚也,皆对待之名也。今既自以为无大之可言,无刚之可恃,则且忽然超出乎对待之境,而与前所谓至大至刚者胗合而为一体,其愉快遂无限量。当斯时也,又岂尚有利害得丧之见能参入其间耶!其他美育中,如悲剧之美,以其能破除吾人贪恋幸福之思想。《小雅》之怨悱,屈子之离忧,均能特别感人。《西厢记》若终于崔、张团圆,则平淡无奇;惟如原本之终于草桥一梦,始足发人深省。《石头记》若如《红楼后梦》等,必使宝、黛成婚,则此书可以不作;原本之所以动人者,正以宝、黛之结果一死一亡,与吾人之所谓幸福全然相反也。又如滑稽之美,以不与事实相应为条件。如人物之状态,各部分互有比例。而滑稽画中之人物,则故使一部分特别长大或特别短小。作诗则故为不谐之声调,用字则取资于同音异义者。方朔割肉以遗细君,不自责而反自夸。优旃谏漆城,不言其无益,而反谓漆城荡荡,寇来不得上,皆与实际不相容,故令人失笑耳。要之,美学之中,其大别为都丽之美,崇闳之美(日本人译言优美、壮美)。而附丽于崇闳之悲剧,附丽于都丽之滑稽,皆足以破人我之见,去利害得失之计较,则其所以陶养性灵,使之日进于高尚者,固已足矣。又何取乎侈言阴骘、攻击异派之宗教,以激刺人心,而使之渐丧其纯粹之美感为耶。

关于宗教问题的谈话[1]

将来的人类,当然没有拘牵仪式、倚赖鬼神的宗教。替代他的,当为哲学上各种主义的信仰。这种哲学主义的信仰,乃完全自由,因人不同,随时进化,必定是多数的对立,不像过去和现在的只为数大宗教所垄断,所以宗教只是人类进程中间一时的产物,并没有永存的本性。

中国自来在历史上便与宗教没有甚么深切的关系,也未尝感非有宗教不可的必要。将来的中国,当然是向新的和完美的方面进行,各人有一种哲学主义的信仰。在这个时候,与宗教的关系,当然更是薄弱,或竟至无宗教的存在。所以将来的中国,也是同将来的人类一样,是没有宗教存在的余地的。

少年中国学会是一种创造新中国的学术团体。在这个过渡时期,对于宗教,似乎不能不有此一种规定,亦如十余年前法国的 Mission naique 一样的要经过一番无宗教的运动才有今日。

我个人对于宗教的意见,曾于十年前出版的《哲学要领》中详细说过,至今我的见解,还是未尝变更,始终认为宗教上的信仰,必为哲学主义所替代。

有人以为宗教具有与美术、文学相同的慰情作用,对于困苦的人生,不无存在的价值。其实这种说法,反足以证实文学、美术之可以替代宗教,及宗教之不能不日就衰亡。因为美术、文学乃人为的慰藉,随时代思潮而进化,并且种类杂多,可任人自由选择。其亲切活泼,实在远过于宗教之执着而强制。至有因美术、文学多采用宗教上的材料,因而疑宗教是

---

[1]【编注】此文系《少年中国》杂志社周太玄访问蔡元培所做的记录,初刊于《少年中国》第3卷第1期(1921年8月1日版)。全文选自中国蔡元培研究会编:《蔡元培全集》第4卷,浙江教育出版社1997年版,第380—381页。

不可废的，不知这是历史上一时的现象。因为当在宗教极盛的时候，无往而非宗教，美术、文学，自然也不免取材于此。不特是美术、文学，就是后来与宗教为敌的科学，在西洋中古时代，又何尝不隶属于基督教？彼此的关系，又何尝不深？自文艺中兴时代，用时代的人物及风俗写宗教的事迹，宗教的兴味，已渐渐薄弱。后来采取历史风俗的材料渐多，大多数文学、美术与宗教毫无关系，而且反对宗教之作品，亦日出不穷，其慰藉吾人之作用，仍然存在。因此知道文学、美术与宗教的关系，也将如科学一样，与宗教无关，或竟代去宗教。我曾主张"美育代宗教"便是此意。

以美育代宗教[1]

我向来主张以美育代宗教,而引者或改美育为美术,误也。我所以不用美术而用美育者:一因范围不同,欧洲人所设之美术学校,往往止有建筑、雕刻、图画等科,并音乐、文学,亦未列入。而所谓美育,则自上列五种外,美术馆的设置,剧场与影戏院的管理,园林的点缀,公墓的经营,市乡的布置,个人的谈话与容止,社会的组织与演进,凡有美化的程度者,均在所包,而自然之美,尤供利用,都不是美术二字所能包举的。二因作用不同,凡年龄的长幼,习惯的差别,受教育程度的深浅,都令人审美观念互不相同。

我所以不主张保存宗教,而欲以美育来代他,理由如下:

宗教本旧时代教育,各种民族,都有一个时代完全把教育权委托于宗教家,所以宗教中兼含着智育、德育、体育、美育的原素。说明自然现象,记上帝创世次序,讲人类死后世界等等是智育。犹太教的十诫,佛教的五戒,与各教中劝人去恶行善的教训,是德育。各教中礼拜、静坐、巡游的仪式,是体育。宗教家择名胜的地方,建筑教堂,饰以雕刻、图画,并参用音乐、舞蹈,佐以雄辩与文学,使参与的人有超出尘世的感想,是美育。

从科学发达以后,不但自然历史、社会状况,都可用归纳法求出真相,就是潜识、幽灵一类,也要用科学的方法来研究他,而宗教上所有的解说,在现代多不能成立,所以智育与宗教无关。历史学、社会学、民族学等发达以后,知道人类行为是非善恶的标准,随地不同,随时不同,所以现代人的道德,须合于现代的社会,决非数百年或数千年以前之圣贤所

---

[1] 【编注】本文初刊于《现代学生》第1卷第3期(1930年12月版)。全文选自中国蔡元培研究会编:《蔡元培全集》第6卷,浙江教育出版社1997年版,第585—586页。

能预为规定,而宗教上所悬的戒律,往往出自数千年以前,不特挂漏太多,而且与事实相冲突的,一定很多,所以德育方面,也与宗教无关。自卫生成为专学,运动场、疗养院的设备,因地因人,各有适当的布置,运动的方式,极为复杂。旅行的便利,也日进不已,决非宗教上所有的仪式所能比拟。所以体育方面,也不必倚赖宗教。于是宗教上所被认为尚有价值的,止有美育的原素了。庄严伟大的建筑,优美的雕刻与绘画,奥秘的音乐,雄深或婉挚的文学,无论其属于何教,而异教的或反对一切宗教的人,决不能抹杀其美的价值,是宗教上不朽的一点,止有美。

然则保留宗教,以当美育,可行么?我说不可。

一、美育是自由的,而宗教是强制的;

二、美育是进步的,而宗教是保守的;

三、美育是普及的,而宗教是有界的。

因为宗教中美育的原素虽不朽,而既认为宗教的一部分,则往往引起审美者的联想,使彼受其智育、德育诸部分的影响,而不能为纯粹的美感,故不能以宗教充美育,而止能以美育代宗教。

以美育代宗教
——在上海中华基督教青年会的演说①

我记得十余年前,在丙辰学社讲演,曾提出以美育代宗教的问题。今日承中华基督教青年会同人的请属,再把这个问题提出来,向诸位请教,这在我个人是个很难得的机会。

我要预先说明的是,我们说的宗教,并不是指个人自由的信仰心,而仅是指一种拘泥形式,以有历史的组织干涉个人信仰的教派。

又我所说的美育,并不能易作美术。因从前引我说的,屡有改作以美术代宗教者,故不能不声明。盖欧洲人所谓美术,恒以建筑、雕刻、图画与其他工艺美术为限;而所谓美育,则不仅包括音乐、文学等,而且自然现象、名人言行、都市建设、社会文化,凡合于美学的条件而足以感人的,都包括在内,所以不能改为美术。

我所以主张以美育代宗教,有下列两种原因:(一)宗教的初期,本兼有智育、德育、美育三事,而尤以美育为引人信仰之重要成分。及人智进步,物质科学与社会科学逐渐成立,宗教上智育、德育的教训,显见幼稚,不能不让诸科学家之研究,而宗教之所以尚能维持场面,使信徒尚恋恋不忍去者,实恃其所保留之关系美育的部分而已。(〈现〉象上的美与精神上的美。)

(二)以代宗教上所保留的关系美育部分,在美育上实只为一部分,而并不足以揽其全。且以其关系宗教之故,而时时现出矛盾之迹,例如美育是超越的,而宗教则计较的;美育是平等的,而宗教则差别的;美育是

---

① 【编注】本文系蔡元培于1930年12月在上海中华基督教青年会所做的演说。各常见蔡元培美育选本均未见收录。全文选自中国蔡元培研究会编:《蔡元培全集》第6卷,浙江教育出版社1997年版,第588—589页。

自由的,而宗教则限制的;美育为创造的,而宗教是保守的。所以到现时代,宗教并不足为美育之助而反为其累。

因是我等看出美育的初期,虽系赖宗教而发展,然及其养成独立资格以后,则反受宗教之累;而且我等已承认现代宗教,除美育成分以外,别无何等作用,则我等的结论就是以美育代宗教。在家庭间,子女当幼稚时期,不能不受父母之抚养及教训,及其长大,而父母业已衰老,则子女当出而自负责任,俾父母得以休息。其他各种事业上之先进与后进,亦复互相乘除,随时期而更迭。美育之代宗教,亦犹是耳。但是这个问题,甚为复杂。我所说有不明了、不合适之处,还请诸位指教。

美 育[①]

美育者，应用美学之理论于教育，以陶养感情为目的者也。人生不外乎意志，人与人互相关系，莫大乎行为，故教育之目的，在使人人有适当之行为，即以德育为中心是也。顾欲求行为之适当，必有两方面之准备：一方面，计较利害，考察因果，以冷静之头脑判定之；凡保身卫国之德，属于此类，赖智育之助者也。又一方面，不顾祸福，不计生死，以热烈之感情奔赴之。凡与人同乐、舍己为群之德，属于此类，赖美育之助者也。所以美育者，与智育相辅而行，以图德育之完成者也。

吾国古代教育，用礼、乐、射、御、书、数之六艺。乐为纯粹美育；书以记述，亦尚美观；射、御在技术之熟练，而亦态度之娴雅；礼之本义在守规则，而其作用又在远鄙俗。盖自数以外，无不含有美育成分者。其后若汉魏之文苑、晋之清谈、南北朝以后之书画与雕刻、唐之诗、五代以后之词、元以后之小说与剧本，以及历代著名之建筑与各种美术工艺品，殆无不于非正式教育中行其美育之作用。

其在西洋，如希腊雅典之教育，以音乐与体操并重，而兼重文艺。音乐、文艺，纯粹美育。体操者，一方以健康为目的，一方实以使身体为美的形式之发展；希腊雕像，所以成空前绝后之美，即由于此。所以雅典之教育，虽谓不出乎美育之范围，可也。罗马人虽以从军为政见长，而亦输入希腊之美术与文学，助其普及。中古时代，基督教徒，虽务以清静矫俗；而

[①]【编注】本文系蔡元培为《教育大辞书》所撰"美育 Aesthetic Education"条目（参见唐钺、朱经农、高觉敷编纂：《教育大辞书》，商务印书馆1930年版，第742—743页）。曾刊于宗白华主编《时事新报·学灯》（渝版）第78期（1940年3月25日版）。全文选自中国蔡元培研究会编：《蔡元培全集》第6卷，浙江教育出版社1997年版，第599—604页。

峨特式之建筑,与其他音乐、雕塑、绘画之利用,未始不迎合美感。自文艺复兴以后,文艺、美术盛行。及十八世纪,经包姆加敦(Baumgarten,1717—1762)与康德(Kant,1724—1804)之研究,而美学成立。经席勒尔(Schiller,1759—1805)详论美育之作用,而美育之标识,始彰明较著矣。(席勒尔所著,多诗歌及剧本;而其关于美学之著作,惟 Brisfe über die ästhetische Erziehung,吾国"美育"之术语,即由德文之 Ästhetische Erziehung 译出者也。)自是以后,欧洲之美育,为有意识之发展,可以资吾人之借鉴者甚多。

爰参酌彼我情形而述美育之设备如下:美育之设备,可分为学校、家庭、社会三方面。

学校自幼稚园以至大学校,皆是。幼稚园之课程,若编纸、若粘土、若唱歌、若舞蹈、若一切所观察之标本,有一定之形式与色泽者,全为美的对象。进而至小学校,课程中如游戏、音乐、图画、手工等,固为直接的美育;而其他语言与自然、历史之课程,亦多足以引起美感。进而及中学校,智育之课程益扩加;而美育之范围,亦随以俱广。例如,数学中数与数常有巧合之关系。几何学上各种形式,为图案之基础。物理、化学上能力之转移,光色之变化;地质学的矿物学上结晶之匀净,闪光之变幻;植物学上活色生香之花叶;动物学上逐渐进化之形体,极端改饰之毛羽,各别擅长之鸣声;天文学上诸星之轨道与光度;地文学上云霞之色彩与变动;地理学上各方之名胜;历史学上各时代伟大与都雅之人物与事迹;以及其他社会科学上各种大同小异之结构,与左右逢源之理论;无不于智育作用中,含有美育之原素;一经教师之提醒,则学者自感有无穷之兴趣。其他若文学、音乐等之本属于美育者,无待言矣。进而至大学,则美术、音乐、戏剧等皆有专校,而文学亦有专科。即非此类专科、专校之学生,亦常有公开之讲演或演奏等,可以参加。而同学中亦多有关于此等美育之集会,其发展之度,自然较中学为高矣。且各级学校,于课程外,尚当有种种关于美育之设备。例如,学校所在之环境有山水可赏者,校之周围,设清旷之园林。而校舍之建筑,器具之形式,造像摄影之点缀,学生成绩品之陈列，不但此等物品之本身，美的程度不同，而陈列之位置与组织之系统，亦大有关系也。

其次家庭：居室不求高大，以上有一二层楼，而下有地窟者为适宜。必不可少者，环室之园，一部分杂莳花木，而一部分可容小规模之运动，如秋千、网球之类。其他若卧室之床几、膳厅之桌椅与食具、工作室之书案与架柜、会客室之陈列品，不问华贵或质素，总须与建筑之流派及各物品之本式，相互关系上，无格格不相入之状。其最必要而为人人所能行者，清洁与整齐。其他若鄙陋之辞句，如恶谑与谩骂之类，粗暴与猥亵之举动，无论老幼、男女、主仆，皆当屏绝。

其次社会：社会之改良，以市乡为立足点。凡建设市乡，以上水管、下水管为第一义；若居室无自由启闭之水管，而道路上见有秽水之流演、粪桶与粪船之经过，则一切美观之设备，皆为所破坏。次为街道之布置，宜按全市或全乡地面而规定大街若干、小街若干，街与街之交叉点，皆有广场。场中设花坞，随时移置时花；设喷泉，于空气干燥时放射之；如北方各省尘土飞扬之所，尤为必要。陈列美术品，如名人造像，或神话、故事之雕刻等。街之宽度，预为规定，分步行、车行各道，而旁悉植树。两旁建筑，私人有力自营者，必送其图于行政处，审为无碍于观瞻而后认可之；其无力自营而需要住所者，由行政处建筑公共之寄宿舍。或为一家者，或为一人者，以至廉之价赁出之。于小学校及幼稚园外，尚有寄儿所，以备孤儿或父母同时作工之子女可以寄托，不使抢攘于街头。对于商店之陈列货物，悬挂招牌，张贴告白，皆有限制，不使破坏大体之美观，或引起恶劣之心境。载客运货之车，能全用机力，最善。必不得已而利用畜力，或人力，则牛马必用强壮者，装载之量与运行之时，必与其力相称。人力间用以运轻便之物，或负担，或曳车、推车。若为人舁轿挽车，惟对于病人或妇女，为徜徉游览之助者，或可许之。无论何人，对于老牛、羸马之竭力以曳重载，或人力车夫之袒背浴汗而疾奔，不能不起一种不快之感也。设习艺所，以收录贫苦与残疾之人，使得于能力所及之范围，稍有所贡献，以偿其所享受，而不许有沿途乞食者。设公墓，可分为土葬、火葬两种，由死者遗命或其子孙之意而选定之。墓地上分区、植树、莳花、立碑之属，皆有规则。不许于公墓以外，买地造坟。分设公园若干于距离适当之所，有池沼亭榭、花木鱼鸟，以供人工作以后之休憩。设植物园，以观赏四时植物之代谢。设动物园，以观赏各地动物特殊之形状与生活。设自然历史标本陈列所，以观赏自然界种种悦目之物品。设美术院，以久经鉴定之美术品，如绘画、造像及各种美术工艺，刺绣、雕镂之品、陈列于其中，而有一定之开放时间，以便人观览。设历史博物院，以使人知一民族之美术，随时代而不同。设民族学博物院，以使人知同时代中，各民族之美术，各有其特色。设美术展览会，或以新出之美术品，供人批评；或以私人之所收藏，暂供众览；或由他处陈列所中，抽借一部，使观赏者常有新印象，不为美术院所限也。设音乐院，定期演奏高尚之音乐，并于公园中为临时之演奏。设出版物检查所，凡流行之诗歌、小说、剧本、画谱，以至市肆之挂屏、新年之花纸，尤其儿童所读阅之童话与画本等，凡粗犷、猥亵者禁止之，而择其高尚优美者助为推行。设公立剧院及影戏院，专演文学家所著名剧及有关学术，能引起高等情感之影片，以廉价之入场券引人入览。其他私人营业之剧院及影戏院，所演之剧与所照之片，必经公立检查所之鉴定，凡卑猥陋劣之作，与真正之美感相冲突者，禁之。婚丧仪式，凡陈陈相因之仪仗、繁琐无理之手续，皆废之；定一种简单而可以表示哀乐之公式。每年遇国庆日，或本市本乡之纪念日，则于正式祝典以外，并可有市民极端欢娱之表示；然亦有一种不能越过之制限；盖文明人无论何时，总不容有无意识之举动也。以上所举，似专为新立之市乡而言，其实不然。旧有之市乡，含有多数不合美育之分子者，可于旧市乡左近之空地，逐渐建设，以与之交换；或即于旧址上局部改革。

　　要之，美育之道，不达到市乡悉为美化，则虽学校、家庭尽力推行，而其所受环境之恶影响，终为阻力，故不可不以美化市乡为最重要之工作也。

美育代宗教[1]

有的人常把美育和美术混在一起,自然美育和美术是有关系的,但这两者范围不同,只有美育可以代宗教,美术不能代宗教,我们不要把这一点误会了。就视觉方面而言,美术包括建筑、雕刻、图画三种,就听觉方面而言,包括音乐。在现在学校里,像图画、音乐这几门功课都很注意,这是美术的范围。至于美育的范围要比美术大得多,包括一切音乐、文学、戏院、电影、公园、小小园林的布置、繁华的都市(例如上海)、幽静的乡村(例如龙华)等等,此外,如个人的举动(例如六朝人的尚清谈)、社会的组织、学术团体、山水的利用,以及其他种种的社会现状,都是美育。美育是广义的,而美术则意义太狭。美术是活动的,譬如中学生的美术就和小学生的不同,那一种程度的人,就有那一种的美术;民族文化到了什么程度,就产生什么程度的美术。美术有时也会引起不好的思想,所以国家裁制,便不用美术。

我为什么想到以美育代宗教呢?因为现在一般人多是抱着主观的态度来研究宗教,其结果,反对或者是拥护,纷纭聚讼,闹不清楚。我们应当从客观方面去研究宗教。不论宗教的派别怎样的不同,在最初的时候,宗教完全是教育,因为那时没有像现在那样为教育而设的特殊机关,譬如基督教青年会讲智、德、体三育,这就是教育。

初民时代没有科学,一切人类不易知道的事,全赖宗教去代为解释。初民对于山、海、光,以及天雨、天晴等等的自然界现象,很是惊异,觉得

---

[1]【编注】本文初刊于上海基督教中国青年会编《上海青年》1930年第30卷第41期(1930年11月26日版)。一般认为发表于1932年,盖因收入王维驺编《近代名人言论集》(中外学术研究社1932年版)之故。全文选自中国蔡元培研究会编:《蔡元培全集》第7卷,浙江教育出版社1997年版,第370—375页。

这些现象的发生,总有一个缘故在里面。但是什么人去解释呢?又譬如星是什么,太阳是什么,月亮是什么,世界什么时候起始,为什么有这世界,为什么有人类,这许多问题。现在社会人事繁复,生活太复杂,人类一天到晚,忙忙碌碌,没有工夫去研究这些问题;但我们的祖宗生活却很简单,除了打猎外,便没有什么事,于是就有摩西亚把这些问题作了一番有系统的解答,把生前是一种怎样情形,死后又是一种怎样情形,世界没有起始以前是怎样,世界将来的究竟又是怎样,统统都解释了出来。为什么会有日蚀、月蚀那种自然的现象呢?说是日或月给动物吞食了去。在《创世纪》里,说人类是上帝于一天之内造出来的,世界也是上帝造出来的,而且可吃的东西都有。经过这样一番解释之后,初民的求知欲就满足了。这是说到宗教和智育的关系。

从小学教科书里直到大学教科书里,有人讲给我们听,说人不可做怎样怎样不好的事,这是从消极说法;更从积极方面,说人应该做怎样怎样的人,这就是德育。譬如摩西的十戒也说了许多人"可以"怎样和"不可以"怎样的话,无论那一种的宗教总是讲规矩,讲爱人爱友,爱敌如友,讲怎样做人的模范,现在的德育也是讲人和人如何往来,人如何对待人,这是说到宗教和德育的关系。

宗教有跪拜和其他种种繁重的仪式,有的宗教的信徒每日还要静坐多少时间,有许多基督教徒每年要往耶路撒冷去朝拜,佛教徒要朝山,要到大寺院里去进香。我把这些情形研究的结果,原来都和体育与卫生有关。周朝很注重礼节,一部《周易》无非要人强壮身体,一部《礼记》规定了很繁重的礼节,也无非要人勇敢强有力,所谓平常有礼,有事当兵。这是说到宗教和体育的关系。

所以,在宗教里面智、德、体三育都齐备了。

凡是一切教堂和寺观,大都建筑在风景最好的地方。欧洲文艺复兴之后,在建筑方面产生了许多格式。中国的道观,其建筑的格式最初大都由印度输入,后来便渐渐地变成了中国式。回教的建筑物,在世界美术上是很有名的。我们看了这些庄严灿烂的建筑物,就可以明了这些建筑物的意义,就是人在地上不够生活,要跳上天去,而这天堂就是要建立在地上的。再说到这些建筑物的内部也是很壮丽的,我们只要到教堂里面去观察,我们就可以看出里面的光线和那些神龛都显出神秘的样子;而且教堂里面一定有许多雕刻,这些雕刻都起源于基督教。现在有许多油画和图像,都取材自基督教;唐朝的图像也都是佛。此外,在音乐方面,宗教的音乐,例如宗教上的赞美歌和歌舞,其价值是永远存在的。现在会演说的人有许多是宗教家。宗教和文学也有很密切的关系,因为两者都是感情的产物。凡此种种,其目的无非在引起人们的美感,这是宗教的一种很重要的作用。因为宗教注意教人,要人对于一切不满意的事能找到安慰,使一切辛苦和不舒服能统统去掉。但是用什么方法呢?宗教不能用很严正的话或很具体的话去劝慰人,它只能利用音乐和其他一切的美术,使人们被引到别一方面去,到另外一个世界上去,而把具体世界忘掉。这样,一切困苦便可以暂时去掉,这是宗教最大的作用。所以宗教必有抽象的上帝,或是先知,或是阿弥陀佛。这是说到宗教和美育的关系。

以前都是以宗教代教育,除了宗教外,没有另外的教育,就是到了欧洲的中古时代,也还是这样。教育完全在教堂里面,从前日本的教育都由和尚担任了去,也只有宗教上的人有那热心和余暇去从事于教育的事业。但现在可不同了,现在有许多的事,我们都知道。譬如一张桌子,有脚,其原料是木头,灯有光,等等。这些事情只有科学和工艺书能告诉我们,动物学和植物学也告诉了我们许多关于自然的现象。此外如地球如何发生,太阳是怎么样,星宿是怎么样,也有地质学和天文学可以告诉我们,而且解释得很详细,比宗教更详细。甚而至于人死后身体怎样的变化,灵魂怎样,也有幽灵学可以告诉我们。还有精神上的动作,下意识的状态等等,则有心理学可以告诉我们。所以单是科学已尽够解释一切事物的现象,用不着去请教宗教。这样,宗教和智育便没有什么关系。现在宗教对于智育,不但没有什么帮助,而且反有障碍,譬如像现在的美国,思想总算很能自由,但在大学里还不许教进化论,到现在宗教还保守着上帝七天造人之说,而不信科学。这样说来,宗教不是反有害吗?

讲到德育，道德不过是一种行为。行为也要用科学的方法去研究的，先要考察地方的情形和环境，然后才可以定一种道德的标准，否则便不适用。例如在某地方把某种行为视为天经地义，但换一个地方便成为大逆不道。所以从历史上看来，道德有的时候很是野蛮。宗教上的道德标准，至少是千余年以前的圣贤所定，对于现在的社会，当然是已经不甚适用。譬如《圣经》上说有人打你的右颊，你把左颊也让他打，有人剥你的外衣，你把里衣也脱了给他。这几句话意思固然很好，但能否做得到，是否可以这样做，也还是一个问题。但相信宗教的人，却要绝对服从这些教义。还有宗教常把男女当作两样东西看待，这也是不对的。所以道德标准不能以宗教为依归。这样说来，现在宗教对于德育，也是不但没有益处，而且反有害处的。

至于体育，宗教注重跪拜和静坐，无非教人不要懒惰，也不要太劳。有许多人进杭州天竺烧香，并不一定是相信佛，不过是趁这机会看看山水罢了。现在各项运动，如赛跑、玩球、摇船等等，都有科学的研究，务使身体上无论那一部分都能平均发达。遇着山水好的地方，便到那个地方去旅行。此外，又有疗养院的设施，使人有可以静养的处所。人疲劳了应该休息，换找新鲜空气，这已成为老生常谈。所以就体育而言，也用不着宗教。

这样，在宗教的仪式中，就丢掉了智、德、体三育，剩下来的只有美育，成为宗教的唯一原素。各种宗教的建筑物，如庵观寺院，都造得很好，就是反对宗教的人也不会说教堂不是美术品。宗教上的各种美术品，直到现在，其价值还是未动，还是能够站得住，无论信仰宗教或反对宗教的人，对于宗教上的美育都不反对，所以关于美育一部分宗教还能保留。但是因为有了美育，宗教可不可以代美育呢？我个人以为不可。因为宗教上的美育材料有限制，而美育无限制。美育应该绝对的自由，以调养人的感情。吴道子的画没有人说他坏，因为每一个人都有他自己所欣赏的美术。宗教常常不许人怎样怎样，一提起信仰，美育就有限制。美育要完全独立，才可以保有它的地位。在宗教专制之下，审美总不很自由。所以用宗教来代美育是不可的。还有，美育是整个的，一时代有一时代的美育。油画以前是没有的，现在才有。照相也是如此。唱戏也经过了许多时期。无论音乐、工艺美术品，都是时时进步的。但宗教却绝对的保守，譬如一部《圣经》，那一个人敢修改？这和进化刚刚相反。美育是普及的，而宗教则都有界限。佛教和道教互相争斗，基督教和回教到现在还不能调和，印度教和回教也极不相容，甚至基督教中间也有新教、旧教、天主教、耶稣教之分，界限大，利害也就很清楚。美育不要有界限，要能独立，要很自由，所以宗教可以去掉。宗教说好人死后不吃亏，但现在科学发达，人家都不相信。宗教又说，人死后有灵魂，做好人可以受福，否则要在地狱里受灾难，但究竟如何，还没有人拿出实在证据来。

总之，宗教可以没有，美术可以辅宗教之不足，并且只有长处而没有短处，这是我个人的见解。这问题很是重要。这个题目是陈先生定的，不是我自己定的，我到现在还在研究中，希望将来有具体的计划出来，我现在不过把已想到的大概情形向诸位说说。

第四章

张竞生的美的主义美学选读

本章导读

【作者简介】

张竞生（1888—1970），原名张江流，后据"物竞天择，适者生存"改为现名。1920年代中国思想文化界的风云人物，拥有革命党人、哲学教授、性学家、出版人等众多头衔。1888年2月20日出生于广东饶平县浮滨区桥头乡大榕铺村，1970年6月18日在樟溪镇一座平房里因病去世。张竞生早年先后在家乡、广州、上海和北京求学，既接受过传统私塾教育，也接受了现代新思想，并习得了法文。辛亥革命前后追随孙中山从事反清革命活动，曾任孙中山秘书参加南北议和。1912年留学法国，1919年在里昂大学以《关于卢梭古代教育起源理论之探讨》通过论文答辩而获哲学博士学位。次年回国，曾上书广东省省长实行避孕节育，后任潮安中学校长。1921年底任北京大学哲学系教授，讲授伦理学、美学等课程，同时研究性学及社会学。因倡导"爱情定则""情人制"等观点和征集出版《性史》（1926）而名声大噪、争议不断。1926年赴上海开设"美的书店"，出版性学书籍。1931年赴法国巴黎大学，研究乡村社会问题。1933年后，回广东从事实业，或回乡隐居，从事著述。其间曾任广东省实业督办、广东省文史馆馆员等职。

张竞生作为学者，对哲学、美学、文学、社会学、民俗学、逻辑学、人口学和性科学等诸多领域均有涉猎，也翻译过《忏悔录》（1929）、《歌德自传》（1930）等著作。张竞生著作结集始于20世纪末，主要有：江中孝编《张竞生文集》（上下册，广州出版社1998年版）；张培忠辑《浮生漫谈：张竞生随笔选》（生活·读书·新知三联书店2008年版）和《美的人生观：张竞生美学文选》（生活·读书·新知三联书店2009年版）。张竞生的美学代表作是

《美的人生观》(1924年5月印成讲义,北京大学出版部1925年出版)和《美的社会组织法》(北京大学出版部1925年版)。

【阅读提示】

张竞生是20世纪中国美学史上自觉构建美学理论体系的第一人,此理论用其自己的用词可称为"美的主义",也可用其主要针对"美的社会组织法"而言的"美治主义"来概括。张竞生"美的主义"美学有两大特色:研究方法方面强调融合了科学方法与哲学方法的所谓"艺术方法"或美的原则,研究对象方面主张对个体人生(观)和整个社会进行一种全面而彻底的审美化改造或美的规划。从其两部美学代表作中赫然在目的宣传语"审美丛书"不难看出:"(一)希望以'艺术方法'提高科学方法及哲学方法的作用;(二)希望以'美治主义'为社会一切事业组织上的根本政策;(三)希望以'美的人生观'救治了那些丑陋与卑劣的人生观。"

在《"审美学社"启事》(1924)中,张竞生旗帜鲜明地表达了其矢志破旧立新、建设有别于当时中西新旧文化的审美文化的美学抱负:"破"的方面,主要从物质生活与精神生活两方面改变丑恶腐败的社会和无聊痛苦的个体;"立"的方面,试图通过倡导"美的人生观""美的生活",制定出"最切实、最高尚、最美趣"的生活标准和行动指南,以教育中国"可爱的青年"。可见,张竞生的美的主义美学并非主要以艺术为研究目标的艺术美学,而是以人与社会的审美化为研究目标的社会生活美学。而且,就其最初的写作计划而论,张竞生的美的主义美学属于他所谓"行为论"(旧称为"伦理学")的一部分,是作为"为建设与实行上的研究"之"媒介"而存在的,为此才有其《从人类生命、历史及社会进化上看出美的实现之步骤》《美的社会组织法》《美的人生观》三书,而"属于批评与破坏之性质"的《行为论采用"状态主义"吗?》《行为论的传统学说》《行为论与风俗学》三书其实才是其"行为论(伦理学)"研究的根本目的。最终张竞生似乎只完成了其计划的三分之一,这就是作为其美学代表作的《美的人生观》与

《美的社会组织法》。

本章主要以张竞生的《美的人生观》为研究对象。《美的人生观》前有序、导言,主体由两章构成,最后有结论。第一章前有总论,主体由四节构成,是用科学分析方法研究"美的人生观"的七个横断面,即美的衣食住(附坟墓和道路)、美的体育、美的职业、美的科学、美的艺术、美的性育、美的娱乐;第二章前亦有总论,主体由三节构成,是用哲学综合方法研究"美的人生观"的三大细目,即美的思想,极端的情感、极端的智慧、极端的志愿,美的宇宙观。本章选取《美的人生观》导言和结论,以及两章的总论,借此可以把握张竞生"美的人生观"美学的总体概貌。

在人生观与世界观、价值观被合称为"三观"的当代语境下,人们通常关注的是三观是否相合。而在新旧交替的五四新文化运动时代,尤其是1923年初到1924年底的科玄论战时期,人们关注的是真正的人生观究竟是什么,以及要通过科学还是通过哲学来解决人生观问题。张竞生当时并未像梁启超一样加入其中并身居一派,而是别开生面地将"人生观"与"美"组合在一起,倡导一种"美的人生观"。事实上,张竞生的"美的人生观"之产生,既同进入中国20余年且出现繁荣局面(比如大量美学原理教材问世)的美学学科背景密不可分,也同美学学科之外的整个思想背景息息相关。就此而论,张竞生"美的人生观"的具体内容、总体思想及其美学与非美学等多方面价值之探讨更值得人们反复思考和发掘。

张竞生的"美的主义"美学除了主要见诸《美的人生观》的"美的人生观"美学或人生美学,还有主要见诸《美的社会组织法》的"美的社会组织"美学或政治美学。另有一些单篇文章也涉及美学问题。张竞生在20世纪美学史上的存在具有昙花一现的特征,由于种种原因受关注的程度有限,但其美的主义美学的多方面意义仍然值得有识之士高度关注。

【思考问题】

1. 结合《美的人生观》"导言"和第二章"总论"看,张竞生倡导"美的人生观"有何历史背景?他为什么说其"美的人生观""高出于一切人生观"?他是如何回应当时的人生观论争的?

2.《美的人生观》"导言"等部分是如何阐述美与生命及生命力的关系的?

3.《美的人生观》第一章"总论"是如何阐述"美是无间于物质与精神之区别的"?

4.《美的人生观》"结论"中张竞生是如何阐述"美的人生观"与动美、宏美及"真善美"合一的关系的?

5.张竞生是如何理解"美""审美""艺术"等概念的?

6.张竞生"美的人生观"理论从研究的方法论上看有何特点?

7.张竞生反复强调的"用力少而收效大"原则对于"美"究竟意味着什么?

8.总体而论,张竞生的"美的人生观"表现出怎样的美的主义思想?其特色何在?如何评价其价值?

【扩展阅读】

张竞生:《张竞生文集》(上下册),江中孝编,广州出版社,1998年。

张竞生:《美的人生观:张竞生美学文选》,张培忠辑,生活·读书·新知三联书店,2009年。

张竞生:《浮生漫谈:张竞生随笔选》,张培忠辑,生活·读书·新知三联书店,2008年。

张培忠:《文妖与先知:张竞生传》,生活·读书·新知三联书店,2008年。

周小仪:《唯美主义与消费文化》,北京大学出版社,2002年。

王汎森:《思想是生活的一种方式:中国近代思想史的再思考》,北京大学出版社,2018年。

《美的人生观》导言[①]

我于"行为论"(旧称为伦理学)上将刊行六种书:一为《行为论采用"状态主义"吗?》(状态主义,英名 Behaviorism,人常译成"行为主义"者)。希望在这书上解释行为论与状态主义的异同在何处。第二书是《行为论的传统学说》,于此中说明传统学说之不足倚靠。其第三书,《行为论与风俗学》,则在研究风俗学和行为论互相关系之各种理由。这三本书既属于批评与破坏之性质,自然不能以此为满足,我于是再进而为建设与实行上的研究,后列三书即是其媒介:(1)《从人类生命、历史及社会进化上看出美的实现之步骤》;(2)《美的社会组织法》;(3)《美的人生观》。"美"之一字,在此作广义解,凡历史进化,社会组织,人生观创造,皆以这个广义的美为目的,为根据,为依归。以美为线索,可知上列三书本是一气衔接不能分开的。现在姑为阅者及印刷便当起见,暂各为单行本,而我先将《美的人生观》一书问世。

人生观是什么?我敢说是美的。这个美的人生观,所以高出于一切人生观的缘故,在能于丑恶的物质生活上,求出一种美妙有趣的作用;又能于疲弱的精神生活中,得到一个刚毅活泼的心思。他不是狭义的科学人生观,也不是孔家道释的人生观,更不是那些神秘式的诗家、宗教及直觉派等的人生观。他是一个科学与哲学组合而成的人生观,他是生命所需要的一种有规则、有目的与创造的人生观。

生命的发展,好似一条长江大河。河的发源虽极渺小,一经长途汇集许多支流之后,遂成为一条整个的浩荡河形。生命发源于两个细胞,其"能力"(energy)本来也是极渺小的,得了环境的"物力"而同化为他的能

[①]【编注】本文全文选自张竞生:《美的人生观》"导言",上海美的书店1927年第6版,第1—11页。

力后,极事积蓄为生命的"储力",同时他又亟亟地向外发展为扩张的"现力"。就其储力与现力的"总和"计量起来,当与生命所吸收的物力"总量"相等。生命的力不能从无而有之原理,当与物理学的"能量常存不增不减"之原则相符合,一切关于生命神秘的学说,自然可以不攻自破了。

但由储力而变为现力(扩张力)时,则因各人的生理与心理运用上不相同,遂生出了彼此极大的差异。例如:有些人的储力,除了作为体温上的燃烧料外,别无他用(一班终日坐食无事的闲人);有些人则仅用为性欲的消费(妓女和嫖客等)。他如工人腕力,信差脚力,艺术家学问家的心力脑力,比较上算是能善用其力之人了。可是,古今来善用其能力者,莫如组织家与创造人。彼等的生理好似一个"理想机器"的构造:只要有一点极微细的热力,就能发生许多有用的动力。彼等心灵的运用,有如名将的指挥,能以少许胜多许;有如国手的筹划,只用一着,则全盘局势遂得占了优胜的地位。就不知利用能力的人看来,以为组织家和创造人的思想与作为,不是人间所能有,好似天上飞来者,实则彼等与普通人不同处,仅在善用其能力与不能善用之间而已。

储力贵在善于吸收,扩张力贵在善于发展,故我们得了培养与扩张生命能力的方法约有二端:(一)求怎样能养成一种最好的生命储力,使发展为最有效用的扩张力;并且使这个扩张得到"用最少的力量而收最多的功效"的成绩。(二)使环境如何才能供给这个扩张力,一个最顺利的机会,和最丰足与最协调的材料。前的,属于"创造的方法",即在创造一些最经济最美妙的吸收与用途的方法,使生命扩张力不至有丝毫乱用,并且使他用得最有效力。后的,则为"组织的方法",即在如何组织环境的物力与生命的储力达到一个最协调的工作,并使储力如何才能得到一个最美满的分量。

可是,创造与组织,必要以"美的人生观"为目的,然后才能达到组织与创造的真义与最完善的成绩。以美的人生观为目的而组织成一切物质为美化的作用,则物质至此对于精神上的发展便有充分的神益。别一方面,以美的人生观为目的而去创造精神的作用为美化的生活,然后我人一切生活上才有无穷尽的兴趣。

这本书上所要说的与别书不同处,就在希望能够供给阅者一些创造与组织的好方法和一个美的人生观的真意义。现在国人对于创造和组织的常识已极缺乏,对于创造和组织的真义当然更不知道,至于"人生观"一名词虽成为时髦语,究竟,能了解人生观的人则极少数,能了解美的人生观敢说更是"凤毛麟角"了。

美的人生观不是一个虚泛的概念,乃有他实在的系统,今就其系统的横面排列起来则有八项如下:

美的衣食住(附坟墓和道路)

美的体育

美的职业

美的科学

美的艺术

美的性育

美的娱乐

美的人生观

但就其系统的直竖说,即是从其整个看来,则可写成为下表:

在这个表上是指明衣食住、体育、职业、科学、艺术、性育、娱乐等七项,不外是用来创造与组织这个整个美的人生观的一种材料,而美的人生观,乃这七项共同奔赴的独一无二之目的。以下这本书所论列的,第一章是把这七项对于美的研究上用了"分析"的功夫。至于美的人生观一项,乃是"综合"的作用,所以留在第二章去讨论。原来分析与综合虽是互相关系与均为造成一个整个的学问不可少之方法。但必分析的先行成立，而后综合的才能奏效，故就研究的方法上说，我们免不了暂时把这个整个的美的人生观拆做前后二段。若就其学理上说，我们看这前后二段的底里意义仍然是一个整个。

先就第一章分析的方法上说，我们见出一切之美皆具有"科学性"并且是"人造品"之物。美是具有科学性的，所以有一定的大纲为标准。故凡依住这个科学大纲去创造者，则所得之美当然不会鬼怪离奇致蹈前人之以缠足为美鸦片为乐等覆辙。别一方面，美是人造品的，只要我人以美为标准去创造，则随时，随地，随事，随物，均可得到美的实现。凡真能求美之人，即在目前，即在自身，即一切家常日用的物品，以至一举一动之微，都能得到美趣。并且，凡能领略人造美的人，自然能扩张这个美趣，去领略那无穷大和变化不尽的"自然美"。因为自然美之所以美，不在自然上的本身，乃在我人看他作一种人造美与我们美感上有关系，然后自然美才有了一种意义，由此我们可以知道缺乏人造美的观念之农子樵夫与一切普通人，何以同时也不能领略自然美的理由了。至于那些破落户的诗人和玄学派，及枯槁无生趣的宗教家，忘却人造美的作用，只会从虚空荒渺处去描拟想像，这些人最是与美趣无缘分者！他如一般狭义的科学家，仅知科学是实用，不但他们为科学的门外汉，而且是美的科学的大罪人！

于讨论第一章美的意义从分析方面研究后，我们在第二章上对于美的研究，另外抱别个方法，即是看美的作用为综合的与哲学的物。就综合说，美的人生观是整个的不可分析的。一切的美自衣食住、体育、职业、以至科学、艺术、性育、娱乐等，都是综合起来组成为这个整个的美的人生观用的。这七项上分析起来，虽各有部分的美之价值，但总不如组合起来为更有效用。其次，就哲学说，美不止是整个，并且是有系统的。以美的人生观为中心点而组成为美的系统，因有系统，所以能把那些零碎的分析的各种美综合起来为整个美的作用。故就整个说，缺一部分固不完全，但若无系统，虽有整个，也不成美。必要有系统的美，然后对于一切美，才能有条而不紊与取多而用宏。必要有系统的整个的美，然后对于美的作用才能用力少而收效大。

从综合上哲学上看起来，美更是"人造品"之物呢。因为由综合与哲学而造成为有系统与整个的美，全是我人自身上的事。不用外假，我们自己自能创造美的情感、志愿、知识与行为。我们自己就是情感派、聪明人、志愿家及审美者的创造人！可是在这层上，所谓"人造美"的意义与第一章的不相同。第一章的人造美是科学的创造，即是把环境一切之物，创造成为一种美的实现。第二章的人造美是哲学的创造，乃在创造我们心理与行为上整个的美之作用。但这二个"人造美"乃是互相关系，互相促进，以成就我们科学的和哲学的美的人生观者。

进一步说，科学方法与哲学方法不过是一种工具而已，人们得到这些工具后，须另出心裁求些比此更好的工具——这即是"艺术方法"的作用——然后才能够组织和创造美的人生观。艺术方法，一面是科学与哲学二方法组合上的产生物，一面又是他俩的先容者，这个方法的重要，使我们在此书中不得不特别去注意他。

人间与宇宙间之美不一而足，全凭我人去创造去享用。我们对于美的责任在使人间与宇宙间的现象皆变为"美间"的色彩，在使普通的"时间"变为我们心理上的"美流"，在使一切之物力，变为最有效用的"美力"，这些大而且新的问题，皆是我们在此书上所亟要研究的。

在此结束上，我应连带声明者：美以"用力少而收效大"为大纲，由是我们得到一切之美皆是最经济的物，不是如常人所误会的一种奢华品啊。例如：我在下文将指出衣食住的创造法，若以美为标准，其费用当比普通的衣食住更便宜。再以美的体育说，不用些少费，而能于快乐中得到康健的身体和敏捷的精神，这样的经济更不待言。至于职业和科学等，若采用美的方法则用力少而出息多，且其出息皆大有裨益于美的人生观。故我敢说：救济贫穷莫善于美，提高富强也莫善于美。

但美不仅于物质的创造上得到最经济的利益而已。他对于精神上的创造更能得到最刚毅的美德。惟有美，始能使人格高尚，情感热烈，志愿坚忍与宏大。惟有丑，才是身体疲弱、精神衰颓与人格堕落的主因。一切疲弱衰颓的状态乃是丑的结果，一切刚毅勇敢的德性，才是美的产儿。凡知道美与刚毅互相关系的真义者，当然不敢以小白脸、吊膀子等丑恶的行为，假借这个神圣的美之名目去招摇！故我们在本书上所要提倡的美的艺术、性育、娱乐及人生观等不是我国现在靡靡然的艺术、禽兽式的性育、下等的娱乐与无聊赖无目的之人生观，乃在要求得一个能提高性格的新艺术，一个得到情感安慰的性育，一个具有种种美趣的娱乐，一个性格刚毅、志愿宏大、智慧灵敏、心境愉快的人生观。

《美的人生观》第一章 总论[1]

美是无间于物质与精神之区别的。"物质美"与"精神美"彼此中具有相当的价值：一个美的女儿身与一个神女的华丽同样地可爱惜；一种美的服装与一种云霓的色彩同样地可宝贵。人类对于美的满足，不在纯粹的精神美的领略，也不在纯粹的物质美的实受，乃在精神美与物质美两者组成的"混合体"上。当其美化时，物质中含有精神，精神中含有物质。例如：夜梦与神女交，虽在这个不可捉摸的幻象，但觉得真有这件事一样，此时此境，梦中有真，灵中有肉，精神中已含有物质了。又如赤裸裸美的人身，当其互相接触到极热烈时，觉得真中有梦，并且觉得愈"梦境化"愈快乐，在此情境上，肉中有灵，物质中已含有精神的作用了。(《西厢》"今夜和谐，犹是疑猜，露滴香埃，风静闲阶，月射书斋，云锁阳台，我审视明白难道是昨夜梦中来"，就是这个意思。）

就美的观念看起来，灵肉不但是一致，并且是互相而至的因果。无肉即无灵，有灵也有肉。鄙视肉而重灵的固是梦呓，重肉而轻视灵的也属滑稽。因以美化为作用，则物质的必定精神化，而肉的必定灵化，故人们所接触的肉，自然无些"土气息泥滋味"而有无穷的美趣与无限的愉快了。就别面说，一切既美化了，则精神的不怕变为物质，而灵的不怕变为肉。不但不怕，并且要精神的确确切切变为物质，灵的显显现现变成为肉，然后灵的始无空拟虚描的幻象，而精神上才有切实的慰藉。

明白上头这个理由，就可知道我们为什么对于美的系统上，要看美的衣食住、美的体育、美的性育等与美的艺术及美的人生观等一律地均有同样价值的主张了。总之，我们视物质美与精神美不是分开的，乃是拼

---

[1] 【编注】本文全文选自张竞生：《美的人生观》第一章"总论"，上海美的书店1927年第6版，第13—16页。

做一个,即是从一个美中由两面观察上的不同而已。并且我们要把世俗所说的物质观看做精神观,又要把世人所说的精神观看做物质观。换句话说:在世人所谓肉的,在我们则看做灵,在他们所谓灵的,在我们反看做肉。实则,我们眼中并无所谓肉,更无所谓灵,只有一个美而已。

就美的性质上说,彼此分子虽无轻重之分别,但就系统的排列上说,其次序确有先后之不同。以美的衣食住为生命储力的起始,故列在前头。以美的性育与娱乐为生命发展的依归,故放在后面。以美的人生观一项为一切美的总结束,故留在最后层去讨论。至于美的体育,当后于美的衣食住而成立。有此二项在前,而后美的职业与科学才有托足,由是而有美的艺术、性育及娱乐等的作用。现就此章所研究的系统次序上列表如下:

(一)美的衣食住(附坟墓和道路)

(二)美的体育

(三)美的职业

(四)美的科学

(五)美的艺术

(六)美的性育

(七)美的娱乐

《美的人生观》第二章 总论[1]

本章与前章所说的不同处：前章对于人生观是用分析的方法去研究，本章则专在综合与整个上做工夫。前章是用科学方法的，本章则用哲学的眼光。可是，分析与综合，科学与哲学，不是根本上的差异，乃在进行上的手续不同而已。人生观，一方面是当用科学方法去分析，一方面又当用哲学的眼光去综合，然后才免坠落于神秘或陷入于粗俗的毛病。我尝对于"爱情"一问题说他是可用科学方法去分析的，因为我们可以求出爱情的条件。但爱情也是"哲学的整个"，因对我们从主观上把那些条件做一块儿看去，自然是似乎无条件的可以分析了。我今再把这个爱情问题稍为详说于此，以为人生观的问题上做一个举例。

我意谓人们所叫做"无上神秘"的爱情，乃是由一些条件所组合而成的。由一种各不同的条件所组合的结果，而可断定他必生一种各不同的整个爱情（因爱情是由条件所合成的，所以由条件组合上的不同而可以有无数个的爱情）。倘使人们知道理智上固有逻辑，情感上也有逻辑，理智情感组合上尚可有逻辑，那么，爱情纵然如世人所说的全出于情感，尚有情感逻辑上的定则。但我意，爱情不单是情感的，他是由感情和理智所合成为一个整个的。——即如孔、墨、释、耶的救世热诚，谁能说他们全为情感所冲动，毫无理性的作用呢？——由此说来，人生观的定则，比普通科学的定则较为繁杂，即是人生观上常把情感与理智组合成为"整个作用"的缘故。所以身当其事的人无不自以为神秘或直觉的了。实则，苟能从客观上去观察，又苟能把这个"主观的整个"的现象考究起来，自可得到他有分析上的条件。因为整个的对面，即是由条件所合成的；因为主观

---

[1] 【编注】本文全文选自张竞生：《美的人生观》第二章"总论"，上海美的书店1927年第6版，第115—120页。

上虽有整个的作用,但这个整个不是神秘的,乃可分析的。不知这些理由的人,遂致闹出下头三项的误会:

(1)有许多人不知整个与神秘的分别,所以误认主观上的整个爱情为客观上的神秘性质。

(2)原来主观与客观的作用本不相同,若把客观的误做主观用,遂致生出了梁启超先生及谭树槐君诸人的误会。例如,梁先生若知恋爱必先有"理智"为客观的背景,然后才免令人"肉麻"的理由,就不会有"假令两位青年男女相约为'科学的恋爱'岂不令人喷饭"这些话了(参看五月二十九日《晨报副刊》梁先生文)。又使谭君若知"条件"是客观的事实,"直觉"乃主观的作用,当然不至把我的条件,误做他的直觉去了。(这从《答复"爱情定则的讨论"》摘出的,参看《晨报副刊》十二年六月二十二号。)

(3)"整个"在主观上的作用,与"分析"在客观上的意义,彼此虽则互相交连,但各有各的特别位置。好似整个的水,虽是与分析时的氢氧二气相关系(因为水是由氢氧二气所组成的),可是,水整个时不是氢氧,与氢氧分析时不是水,同一理由。推而论之,人生观上的一切问题,例如以爱情说,在客观上分析的条件,自然与在主观上整个时的现象,两者完全不相同。但是人们不能说这样的整个,是神秘的不可分析的。因为他既由条件所合成,自然是可分析了。因为这样的整个,既是由条件所合成,那么,从他所组合的条件上,就可以见出他的整个性质是什么,与他的作用有何种意义了(当然从普通的经验上得到)。若有不知上头这样的区别,一方面,就不免误认整个为分析,分析为整个;别方面,又不免误会了整个与分析彼此上丝毫不相干,所以闹出张君劢、丁在君诸先生对于人生观一问题打了一场无结束的笔墨官司!(张君的主张整个不可分析,与丁君的主张分析不能整个,皆是偏于主观或客观一端的见解。我想,还他整个与分析各自的位置,又承认他彼此有互相关联,这才是从"全处"看。)

总之,以客观的爱情定则,作为主观上用爱的标准,原无碍及于客观上条件分析的方法,与主观上爱情整个的作用。并且,人苟能以定则为标准,作为主观的指南,自然对于所爱的,才能爱得亲切,爱得坚固,爱得

"痛快淋漓"。例如人人有耳会听,惟知乐理的人才能"知音";人人有目会视,惟知画法的人才能"悟景";我也敢说:人人本性能色,惟知定则的人才晓"爱情"。至于一味凭直觉主神秘的人,上者,不过于情上领略些迷离恍惚的滋味;下者,则无异于牲畜的冲动。青年男女们!你们如不讲求爱情那就罢了。如要实在去享用真切的完满的爱情,不可不研究爱情的定则,不可不以爱情的定则为标准,不可不看这个定则为主义起而去实行!(即爱情是有条件的,是比较的,可变迁的,夫妻为朋友的一种的"爱情定则"。)

我以为一切关于人生观的问题,都当照上头对于爱情一问题上所解释的去解决。即是:一切事皆要有科学的道理明明白白地去分析,这样才能得到头脑清楚学问高深的人物。别一方面,又要凡事以"哲学的整个作用"做去,然后才能养成一个系统缜密的心思与精细刚毅的行为。我常说科学与哲学是相成相助的,不是彼此冲突的(参看下面"美的思想"一节)。明白这层就能看出这第二章所说的与第一章所说的其中实有一气互相联属的线索了。

本章所说的乃就整个的美的人生观从三方面上看去,全系综合的研究,不是分析的工夫,应请读者留意。这三节的细目是:

(1)美的思想;

(2)极端的情感,极端的智慧,极端的志愿;

(3)美的宇宙观。

《美的人生观》结论[1]

在美的人生观中,尚有静美与动美、优美与宏美,及真、善、美合一的三种问题,应当在此总结束上付诸讨论。看我书者,已能逆料我所主张的必为动美、为宏美与美为一切行为的根本了。但我对于静美、优美及真、善各方面也有相当的赞许。例如以"动美"与"静美"二方面说:我看动是人类本性,脉搏跳跃,呼吸继续,无时停止,稍停即死,可见生理是动的物了;以思想说,大思小思,急思缓思,无时不思,虽睡尚思,可见心理是活动的物了;社会事物,变迁不居,进化退步,因时演易,人为社会之一物,不能不与社会相周旋,可见人类行为是活动的物了。愈能活动,愈能生新机而免腐败;水活动而不臭,地活动而不坠,人如活动,则身体可得壮健而精神可得灵敏。故动的美,为宇宙内一切物要生存上不可缺的。可惜东方人不知道这个动美的道理,而误认以静为美了。西洋人又不知动美的真义,以致一味乱动而无次序了。实则,静有时也是美的,因为他是蓄精养锐、待时而动的妙境,这样静象当然是极需要的。我们所反对的是一味以静为美,势必使生命变成死象,这个乃极危险了。究竟,动比静好的理由有二:(1)凡动极的必有静,这样静境不过是比较上稍为不动而已,实际上他尚是继续去活动与进取。但凡静极的必不能动,他已变成死态了,不能再复人类原有的生机了。(2)动的,假设是乱动,尚望于进行时得到一个好教训,重新取了好方向;若静的,假设是好的,善的,也不过成一个固定形不能进化的静象而已,终不能望有大出息。由这两面的比较,可见静终不如动了。

我想我国人的性质也是与人相同本是好动的。试看黄帝时代,逐蚩

---

[1]【编注】本文全文选自张竞生:《美的人生观》"结论",上海美的书店1927年第6版,第207—212页。

尤而争中原,那时民族何等活泼!到如今除了一些乱动的军阀外,我们大多数人终是喜欢静的了。循此静的态度做去不用别种恶德即可灭身亡国。缠足,是要女子静的结果,务使女子成为多愁多病身,然后是美人!男的食鸦片,尺二指甲长,宽衣大袖说话哼哼做蚊声,然后谓之温文尔雅的书生!(说话清楚斩截,伶俐切当,才是美丽。现时国人的说话习惯太坏了,或一味打官话,或混乱无头绪,不逻辑。故逻辑、辩学、修辞学等项的研究实在不可少了。)这些都是好静的恶结果,极望我人今后改变方向,从活动的途径去进行,使身体与精神皆得了动美的成绩,这是我对于美的人生观上提倡动美的理由。

论及优美与宏美(或做壮美)二项上,我国人优美有余(气象雍容)而宏美不足(度量与志气皆狭小)。宏美的伟大,能使未习惯他的人骇怕。例如登喜马拉雅峰而惊天高,临东海而叹巨洋的浩瀚,窥百丈的深渊,目眩足颤,似是灵魂出了躯壳一样。但不讲求宏美的人,直不知道美的精深。凡"无穷大"、"无穷小"、"无穷高"、"无穷低"与"无穷尽"等等的美丽,须要从宏美中去寻求。优美的美,也必以宏美为衬托而后才觉无穷的乐趣。例如中国人谈风景者必说西湖为最美,我尝流连于其间,觉得西湖的美丽乃是小家碧玉、气度狭小的,一班人不惯看那宏美,难怪以西湖为自足了。

我今来提倡中国人宏美的气魄,试与他们一游黄河的形势吧,则见有那九曲风涛,疑是银河落九天的壮观;再与他们看钱塘江的怒潮三叠吼奔而至,或与他们登泰山看日出满天红,观东海的水天一色而不知其涯岸。这些伟大的美趣,岂那一望而尽的西湖,水不腾波,而满山濯濯如美人头上无发所能比拟么?由此说来,能养成宏美的观念者,始能领略无穷大、无穷小、无穷尽、无限精微的趣味;同时,自然是气魄大、度量广、潇洒不凡、风韵不俗而具有各种优美的态度了。即就要养成优美的观念说,苟不以宏美为意者,也常不免流入于狭小、于偏窄、于穷酸气了。再就人生行为与做事上说,我国人因无宏美做目标,凡一切的经营都是苟安敷衍,脱不了小鬼头的态度。试看德人经营 Leibzig(莱比锡)的图书馆以二百年的发展为期,以达到世界第一图书馆为志愿,又试看他们在十年前五万余吨东方通商船只的伟观,这些凡事必达"巨观"(Colossal)的奢望,实在是德国民族的光荣。即以现在的美国说,他们无一不要以"世界第一"为目的,这样宏大的观念,当然能产生宏大的出息,而使人类上或一民族上享受宏大的幸福。不见我们的万里长城么?得他而后免使北方夷狄蹂躏中国古代的文化。又不见我们的运河吗?有他而后南北得了商业及文化上交通传播的便利。这些皆是从宏大的地方着想而生的效果呢。人们所怕的是自足,自足则画圈自限不再发展,势必不能进步而终于腐败。宏大的美,就是救济这个自足的良方,提高人们一切进化的关键,这是我对于美的人生观上提倡宏美的理由。

末了,从前的道德家以为人生的行为,善而已矣。在今日的科学世界,则有主张人生的行为,真而已矣。依我的意,善而不美则为"善棍",其上者也不过妇人之仁,如今日狭义的慈善家仅知头痛治头、足痛治足之类,于社会上实无有善德可记,其流弊且养成了社会上许多的惰民。至于真的定义,更无标准。科学定则,与时进化变迁,在科学上,已无"真"的可说,其在活动的创造的人生观上,当然更无真的一回事了。故我主张美的,广义的美的,这个广义的美,一面即是善、真的综合物;一面又是超于善,超于真。读《水浒传》后,谁不赞叹鲁智深及李逵行为的美丽而忘其凶暴;读《三国志》后,谁不赏识诸葛孔明的机巧而忘其诈谲。大美不讲小善与小真;大美,即是大善、大真。故美能统摄善与真,而善与真必要以美为根底而后可。由此说来,可见美是一切人生行为的根源了,这是我对于美的人生观上提倡"唯美主义"的理由。

除了以上所提倡的三个理由之外,我们的希望更是无穷尽的。希望人们若依我们的人生观做去,自然能组织又能创造,能和平兼能奋斗,能英雄又能儿女,能理想兼能实行。这些观念,看此书者当各具慧眼用灵心去领略理会,恕我不能一一去详说了。

第五章
宗白华的艺境美学选读

本章导读

【作者简介】

宗白华(1897—1986),原名之櫆,字伯华,祖籍江苏常熟县。中国现代著名美学家、诗人和哲学家。1897年12月22日生于安徽省安庆市,为宋代民族英雄宗泽(1060—1128)第27代后裔;1986年12月20日病逝于北京。宗白华8岁时随父到南京,先后在南京、青岛、上海求学,修习了德文。1916—1918年就读于同济大学预科同济医工专门学校,其间自修哲学和文学,毕业时获学校奖励《纯粹理性批判》一书。1918年冬参与筹建"少年中国学会",次年起任《少年中国》月刊、《时事新报》副刊《学灯》主编,投身新文化运动,并发表《康德唯心哲学大意》(1919)、《说人生观》(1919)等文章,与田汉、郭沫若合作出版通信集《三叶集》(上海亚东图书馆1920年5月)。1920年5月底赴德留学,先后在法兰克福大学和柏林大学学习哲学和美学等,发表《看了罗丹雕刻以后》(1921)等文章,出版诗集《流云》(亚东图书馆1923年12月)。1925年回国后,在南京东南大学(后改名中央大学)哲学系任教,讲授美学和艺术学等课程,因为同先后任教于北京大学和清华大学哲学系的邓以蛰(1892—1973)各自驰名于南方与北方文坛,时人有"南宗北邓"之称。抗战期间随校迁至重庆,同时再度为《时事新报》(渝版)主编《学灯》。1952年任北京大学哲学系教授。宗白华留德时表示自己终身欲从事的事业是教育,终身欲研究的学术是哲学、心理学、生物学,他一生实际上将上述学术旨趣统一了美学、艺术研究与教学教育上。

宗白华的一生是单纯学者、教授的一生,从1917年6月1日发表《萧彭浩哲学大意》到逝世,其学术活动持续了60多年。较之于同年出生、同年去世的另一著名美学家朱光潜,宗白华的美学著述不算丰硕,且无独立美学专著，但仍被公认为20世纪中国美学史上独具特色的美学大家。就其美学著述结集而言，最流行的是20世纪80年代同年问世的《美学散步》(上海人民出版社1981年版)和《美学的散步》(秦贤次编选，台湾洪范书店1981年版)。另有译著《判断力批判》(上卷)(商务印书馆1964年版)、译文集《宗白华美学文学译文选》(北京大学出版社1982年版)、文集《美学与意境》(人民出版社1987年版)和诗文集《艺境》(北京大学出版社1987年版)等多部关涉美学的译文与选集传世。林同华主编《宗白华全集》(全四卷，安徽教育出版社1994年初版，2008年再版)是目前研究宗白华美学最权威的文献。

【阅读提示】

宗白华的学术研究始于1917年对叔本华、康德、柏格森等人哲学思想的阐发，尽管基本没顾及美学，却在一定程度上奠定了其一生学术研究的旨趣及其哲学基础。从1919年开始，宗白华的《说人生观》(1919)、《理想中少年中国之妇女》(1919)、《中国青年的奋斗生活与创造生活》(1919)、《新人生观问题的我见》(1920)、《青年烦闷的解救法》(1920)、《怎样使我们生活丰富？》(1920)等回应"五四"时代潮流、直接关乎人生观问题的文章，代表着一种鲜明的人生哲学美学研究。在他看来，"艺术创造的目的是一个优美高尚的艺术品，我们人生的目的是一个优美高尚的艺术品似的人生"(《新人生观问题的我见》)。1930年代的《歌德之人生启示》(1932)、《悲剧幽默与人生》(1934)、《席勒的人文思想》(1935)等论文也是对这一主题的延续。本章所选《艺术生活——艺术生活与同情》(1921)与《美从何处寻？》(1957)则可谓其不同时期真正的人生哲学美学代表作。不管是强调艺术生活就是同情的生活，还是从美学视角阐发《世说新语》中所具体呈现的魏晋士人日常生活审美及其人格美神韵，还是主张从"移我情""移世界"去探寻或实现生活之美，无不体现了宗白华独特而始终如一的人生美学研究旨趣。

宗白华第一篇正式的美学文章当数辨析美学与艺术概念及其内涵的《美学与艺术略谈》(1920)。宗白华《介绍两本关于中国画学的书并论中国的绘画》(1932)中说:"美学的研究,虽然应当以整个的美的世界为对象,包含着宇宙美、人生美与艺术美;但向来的美学总倾向以艺术美为出发点,甚至以为是唯一研究的对象。因为艺术的创造是人类有意识地实现他的美的理想,我们也就从艺术中认识各时代、各民族心目中之所谓美。"因此除了人生哲学美学之外,宗白华代表性的美学研究是一种主要结合艺术,或常常更具体地结合中国或国外绘画、诗文、雕刻等门类艺术美而进行的艺术美学问题研究与中国美学史范畴研究,如留德时针对西方艺术家及美学家而写的《看了罗丹雕刻以后》(1921),后来的《席勒的人文思想》(1935)。限于篇幅,本章遴选了其不同时期立足于中国文学与艺术而写的《论文艺的空灵与充实》(1943)和作为《中国美学史中重要问题的初步探索》之一节的《错采镂金的美和芙蓉出水的美》(1979)来反映上述内容,其他如《论〈世说新语〉和晋人的美》(1941)、《中国艺术意境之诞生》(1944)、《中国艺术表现里的虚和实》(1961)等实际也可作为这方面的代表文献。

宗白华的美学因其在《美学的散步·小言》(1959)中的具体阐述而被普遍称为"散步美学",也因近40年如一日、情深意笃的"艺境"追求[参阅《艺境》简短而耐人寻味的"序"(1948)与"前言"(1986)]而被称为"艺境美学"。两种美学显然并不矛盾,均可谓对宗白华美学特色的一种总结:散步美学是就其美学研究方法与表达方式言,艺境美学是就其美学研究追求目标言。宗白华的美学"散步"实际体现的是一个兼具诗人与哲人风采的美学家分析说理而不板滞、融诗情意趣于中西今古理论材料的研究风格。宗白华的"艺境"即"主于美"的"艺术意境"或"艺术境界",此艺术意境或境界既可以专指有别于现实的狭义的"艺术"创作与欣赏境界,实际也可以涵盖以艺术为样板的现实的自然及人生社会领域的艺术化或审美化境界。在宗白华的眼里,这三者实际是密不可分的。他叹赏备至的"晋人的美"就体现在他们创造欣赏的艺术(诗、书法、画)美、自然美和贯穿于日常生活之中的人格美等各个方面。就此而论,宗白华美学实乃追求艺术审美与现实人生审美的互动共生的境界美学。宗白华之所以视美学为散步,矢志追求艺境,是因为他认为"美学就是一种欣赏",而"欣赏者"与创造者一样应当是"真理的搜寻者""美乡的醉梦者"和"精神和肉体的劳动者"。(《我和艺术》)

作为具有重要影响的一代美学大家,宗白华的美学大致可分为生活哲学美学、文艺美学和中国美学史研究三部分。本章所选5篇文献应该有助于读者了解上述三方面内容,同时领略其独树一帜的美学研究风采。

【思考问题】

1. 在《艺术生活——艺术生活与同情》中宗白华是怎样阐述"艺术的生活就是同情的生活"的?如何理解其"同情(心)"概念?他所谓"艺术的生活"仅限于艺术审美吗?

2. 在《论文艺的空灵与充实》中,宗白华是如何界定艺术的?又是如何理解"艺术的两元"——空灵和充实的?

3. 宗白华在《美从何处寻?》中是如何回答"美从何处寻"这个问题的?对你有何启发?

4. 在《错采镂金的美和芙蓉出水的美》中宗白华对两种美的理想做了怎样的区分?如何理解宗白华所说的这两种美的判断既是"美感的深度问题",也是"艺术中的美和真、善的关系问题"?

5. 宗白华的美学被普遍称为"散步美学",结合本章所选《美学的散步·小言》及其他文献谈谈你对此"散步美学"的理解。

6. 宗白华晚年说自己"终生情笃于艺境之追求",从本章所选文献,如何理解他所说的"艺境"?应该如何评价宗白华的"艺境美学"?

【扩展阅读】

林同华主编:《宗白华全集》(全四卷),安徽教育出版社,1994年、

2008年。

宗白华:《艺境》,北京大学出版社,1987年、1999年。

王德胜选编:《中国现代美学名家文丛·宗白华卷》,浙江大学出版社,2009年;中国文联出版社,2017年。

汪裕雄、桑农:《艺境无涯——宗白华美学思想臆解》,安徽教育出版社,2002年。

王德胜:《散步美学——宗白华美学思想新探》,河南人民出版社,2004年。

萧湛:《生命·心灵·艺境——论宗白华生命美学之体系》,上海三联书店,2006年。

艺术生活——艺术生活与同情[①]

你想要了解"光"么？
你可曾同那疏林透射的斜阳共舞？
你可曾同那黄昏初现的冷月齐颤？
你可曾同那蓝天闪闪的星光合奏？

你想了解"春"么？
你的心琴可有那蝴蝶翅的翩翩情致？
你的歌曲可有那黄莺儿的千啭不穷？
你的呼吸可有那玫瑰粉的一缕温馨？

诸君！艺术的生活就是同情的生活呀！无限的同情对于自然，无限的同情对于人生，无限的同情对于星天云月、鸟语泉鸣，无限的同情对于死生离合、喜笑悲啼。这就是艺术感觉的发生，这也是艺术创造的目的！

诸君！我们这个世界，本是一个物质的世界，本是一个冷酷的世界。你看，大宇长宙的中间何等黑暗呀！何等森寒呀！但是，它能进化、能活动、能创造，这是什么缘故呢？因为它有"光"，因为它有"热"！

诸君！我们这个人生，本是一个机械的人生，本是一个自利的人生。你看，社会民族中间何等黑暗呀！何等森寒呀！但是，它也能进化、能活动、能创造，这是什么缘故呢？因为它有"情"，因为它有"同情"！

同情是社会结合的原始，同情是社会进化的轨道，同情是小己解放

[①] 【编注】本文初刊于1921年1月15日《少年中国》第2卷第7期。全文选自《宗白华全集》第1卷，安徽教育出版社2008年版，第316—319页。

的第一步，同情是社会协作的原动力。我们为人生向上发展计，为社会幸福进化计，不可不谋人类"同情心"的涵养与发展。哲学家和科学家，兢兢然求人类思想见解的一致，宗教家与伦理学家，兢兢然求人类意志行为的一致，而真能结合人类情绪感觉的一致者，厥唯艺术而已。一曲悲歌，千人泣下；一幅画境，行者驻足，世界上能融化人感觉情绪于一炉者，能有过于美术的么？美感的动机，起于同感。我们读一首诗，如不能设身处地，直感那诗中的境界，则不能了解那首诗的美。我们看一幅画，如不能神游其中，如历其境，则不能了解这幅画的美。我们在朝阳中看见了一枝带露的花，感觉着它生命的新鲜，生意的无尽，自由发展，无所挂碍，便觉得有无穷的不可言说的美。

譬如两张琴，弹了一琴的一弦，别张琴上，同音的弦，方能共鸣。自然中间美的谐和，艺术中间美的音乐，也唯有同此弦音，方能合奏。所以，有无穷的美，深藏若虚，唯有心人，乃能得之。

但是，我们心琴上的弦音，本来色彩无穷，一个艺术家果能深透心理，扣着心弦，聊歌一曲，即得共鸣。所以，艺术的作用，即是能使社会上大多数的心琴，同入于一曲音乐而已。

这话怎讲？我们知道，一个学术思想，还很不难得全社会的赞同。因为思想，可以根据事实，解决是非。我们又知道，一件事业举动，也还不难得全社会的同情。因为事业，可以根据利害，决定从违。这两种都有客观的标准，不难强令社会于一致。但是，说到情绪感觉上的事，却是极为主观，很难一致的了。我以为美的，你或者以为丑。你以为甘的，我或者以为苦。并且，各有其实际，决不能强以为同。所以，情绪感觉，不是争辩的问题，乃是直觉自决的问题。但是，一个社会中感情完全不一致，却又是社会的缺憾与危机。因为"同情"本是维系社会最重要的工具。同情消灭，则社会解体。

艺术的目的是融社会的感觉情绪于一致，譬如一段人生，一幅自然，各人遇之，因地位关系之差别，感觉情绪，毫不相同。但是，这一段人生，若是描写于小说之中，弹奏于音乐之里，这一幅自然，若是绘画于图册之上,歌咏于情词之中,则必引起全社会的注意与同感,而最能使全社会情感荡漾于一波之上者,尤莫如音乐。所以,中国古代圣哲极注重"乐教"。他们知道,唯有音乐,能调和社会的情感,坚固社会的组织。

不单是艺术的目的,是谋社会同情心的发展与巩固。本来,艺术的起源,就是由人类社会"同情心"的向外扩张到大宇宙自然里去。法国哲学家居友在他的名著《艺术为社会现象》中,论之甚详。我们人群社会中,所以能结合与维持者,是因为有一种社会的同情。我们根据这种同情,觉着全社会人类都是同等,都是一样的情感嗜好、爱恶悲乐。同我之所以为"我",没有什么大分别。于是,人我之界不严,有时以他人之喜为喜,以他人之悲为悲。看见他人的痛苦,如同身受。这时候,小我的范围解放,入于社会大我之圈,和全人类的情绪感觉一致颤动,古来的宗教家如释迦、耶稣,一生都在这个境界中。

但是,我们这种对于人类社会的同情,还可以扩充张大到普遍的自然中去。因为自然中也有生命,有精神,有情绪感觉意志,和我们的心理一样。你看一个歌咏自然的诗人,走到自然中间,看见了一枝花,觉得花能解语,遇着了一只鸟,觉得鸟亦知情,听见了泉声,以为是情调,会着了一丛小草、一片蝴蝶,觉得也能互相了解,悄悄地诉说他们的情,他们的梦,他们的想望。尤论山水云树,月色星光,都是我们有知觉、有感情的姊妹同胞。这时候,我们拿社会同情的眼光,运用到全宇宙里,觉得全宇宙就是一个大同情的社会组织,什么星呀,月呀,云呀,水呀,禽兽呀,草木呀,都是一个同情社会中间的眷属。这时候,不发生极高的美感么?这个大同情的自然,不就是一个纯洁的高尚的美术世界么?诗人、艺术家,在这个境界中,无有不发生艺术的冲动,或舞歌或绘画,或雕刻创造,皆由于对于自然,对于人生,起了极深厚的同情,深心中的冲动,想将这个宝爱的自然,宝爱的人生,由自己的能力再实现一遍。

艺术世界的中心是同情,同情的发生由于空想,同情的结局入于创造。于是,所谓艺术生活者,就是现实生活以外一个空想的同情的创造的生活而已。

论文艺的空灵与充实①

周济(止庵)《宋四家词选》里论作词云:"初学词求空,空则灵气往来!既成格调,求实,实则精力弥满。"

孟子曰:"充实之谓美。"

从这两段话里可以建立一个文艺理论,试一述之。先看文艺是什么?画下面一个图来说明:

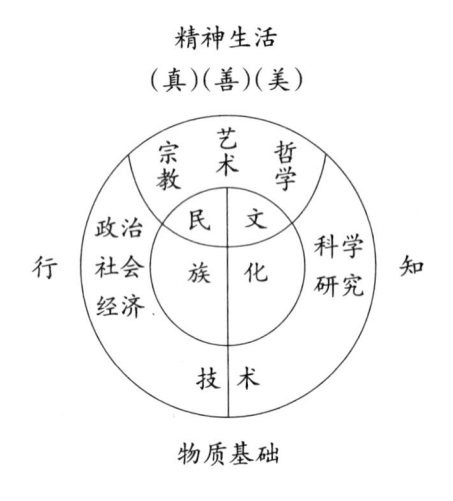

精神生活
(真)(善)(美)

行　宗教　艺术　哲学　知
　　政治社会经济　民族文化　科学研究
　　　　技术

物质基础

一切生活部门都有技术方面,想脱离苦海求出世间法的宗教家,当他修行证果的时候,也要有程序、步骤、技术,何况物质生活方面的事件?技术直接处理和活动的范围是物质界。它的成绩是物质文明,经济建筑在生产技术的上面,社会和政治又建筑在经济上面。然经济生产有待于社会的合作和组织,社会的推动和指导有待于政治力量。政治支配着社

---

① 【编注】本文初刊于《文艺月刊》1943年第11卷第5期,又刊于《观察》1946年第1卷第6期。全文选自林同华主编:《宗白华全集》第2卷,安徽教育出版社2008年版,第343—350页。

会,调整着经济,能主动,不必尽为被动的。这因果作用是相互的。政与教又是并肩而行,领导着全体的物质生活和精神生活。古代政教合一,政治的领袖往往同时是大教主、大祭师。现代政治必须有主义做基础,主义是现代人的宇宙观和信仰。然而信仰已经是精神方面的事,从物质界、事务界伸进精神界了。

人之异于禽兽者有理性、有智慧,他是知行并重的动物。知识研究的系统化,成科学。综合科学知识和人生智慧建立宇宙观、人生观,就是哲学。

哲学求真,道德或宗教求善,介乎二者之间表达我们情绪中的深境和实现人格的谐和的是"美"。

文学艺术是实现"美"的。文艺从它左邻"宗教"获得深厚热情的灌溉,文学艺术和宗教携手了数千年,世界最伟大的建筑雕塑和音乐多是宗教的。第一流的文学作品也基于伟大的宗教热情。《神曲》代表着中古的基督教。《浮士德》代表着近代人生的信仰。

文艺从它的右邻"哲学"获得深隽的人生智慧、宇宙观念,使它能执行"人生批评"和"人生启示"的任务。

艺术是一种技术,古代艺术家本就是技术家(手工艺的大匠)。现代及将来的艺术也应该特重技术。然而他们的技术不只是服役于人生(像工艺)而是表现着人生,流露着情感个性和人格的。

生命的境界广大,包括着经济、政治、社会、宗教、科学、哲学。这一切都能反映在文艺里。然而文艺不只是一面镜子,映现着世界,且是一个独立的自足的形象创造。它凭着韵律、节奏、形式的和谐、彩色的配合,成立一个自己的有情有象的小宇宙;这宇宙是圆满的、自足的,而内部一切都是必然性的,因此是美的。

文艺站在道德和哲学旁边能并立而无愧。它的根基却深深地植根在时代的技术阶段和社会政治的意识上面,它要有土腥气,要有时代的血肉,纵然它的头绪伸进精神的光明的高超的天空,指示着生命的真谛、宇宙的奥境。

文艺境界的广大,和人生同其广大;它的深邃,和人生同其深邃,这是多么丰富、充实!孟子曰:"充实之谓美。"这话当作如是观。

然而它又需超凡入圣,独立于万象之表,凭它独创的形象,范铸一个世界,冰清玉洁,脱尽尘滓,这又是何等的空灵?

空灵和充实是艺术精神的两元,先谈空灵!

一、空灵

艺术心灵的诞生,在人生忘我的一刹那,即美学上所谓"静照"。静照的起点在于空诸一切,心无挂碍,和世务暂时绝缘。这时一点觉心,静观万象,万象如在镜中,光明莹洁,而各得其所,呈现着它们各自的充实的、内在的、自由的生命,所谓"万物静观皆自得"。这自得的、自由的各个生命在静默里吐露光辉。

苏东坡诗云:

静故了群动,空故纳万境。

王羲之云:

在山阴道上行,如在镜中游。

空明的觉心,容纳着万境,万境浸入人的生命,染上了人的心灵。所以周济说:"初学词求空,空则灵气往来。"灵气往来是物象呈现着灵魂生命的时候,是美感诞生的时候。

所以美感的养成在于能空,对物象造成距离,使自己不沾不滞,物象得以孤立绝缘,自成境界:舞台的帘幕,图画的框廓,雕像的石座,建筑的台阶、栏干,诗的节奏、韵脚,从窗户看山水、黑夜笼罩下的灯火街市、明月下的幽淡小景,都是在距离化、间隔化条件下诞生的美景。

李方叔词《虞美人·过拍》云："好风如扇雨如帘，时见岸花汀草涨痕添。"

李商隐词："画檐簪柳碧如城，一帘风雨里，过清明。"

风风雨雨也是造成间隔化的好条件，一片烟水迷离的景象是诗境，是画意。

中国画堂的帘幕是造成深静的词境的重要因素，所以词中常爱提到。韩持国词云：

燕子渐归春悄，帘幕垂清晓。

况周颐评之曰："境至静矣，而此中有人，如隔蓬山，思之思之，遂由静而见深。"

董其昌曾说："摊烛下作画，止如隔帘看月，隔水看花！"他们懂得"隔"字在美感上的重要。

然而这还是依靠外界物质条件造成的"隔"。更重要的还是心灵内部方面的"空"。司空图《诗品》里形容艺术的心灵当如"空潭泻春，古镜照神"，形容艺术人格为"落花无言，人淡如菊"，"神出古异，淡不可收"。艺术的造诣当"遇之匪深，即之愈稀"，"遇之自天，泠然希音"。

精神的淡泊，是艺术空灵化的基本条件。欧阳修说得最好："萧条淡泊，此难画之意，画家得之，览者未必识他。故飞动迟速，意浅之物易见，而闲和严静，趣远之心难形。"萧条淡泊，闲和严静，是艺术人格的心襟气象。这心襟，这气象能令人"事外有远致"，艺术上的神韵油然而生。陶渊明所爱的"素心人"，指的是这境界。他的一首《饮酒》诗更能表出诗人这方面的精神状态：

结庐在人境，而无车马喧。
问君何能尔，心远地自偏。
采菊东篱下，悠然见南山。

山气日夕佳,飞鸟相与还。

此中有真意,欲辨已忘言。

陶渊明爱酒,晋人王蕴说:"酒正使人人自远。""自远"是心灵内部的距离化。

然而"心远地自偏"的陶渊明才能"悠然见南山",并且体会到"此中有真意,欲辨已忘言"。可见艺术境界中的"空"并不是真正的空,乃是由此获得"充实",由"心远"接近到"真意"。

晋人王荟说得好,"酒正引人著胜地",这使人人自远的酒正能引人著胜地。这胜地是什么?不正是人生的广大、深邃和充实?于是谈"充实"!

二、充实

尼采说艺术世界的构成由于两种精神:一是"梦",梦的境界是无数的形象(如雕刻);一是"醉",醉的境界是无比的豪情(如音乐)。这豪情使我们体验到生命里最深的矛盾、广大的复杂的纠纷;"悲剧"是这壮阔而深邃的生活的具体表现。所以西洋文艺顶推重悲剧。悲剧是生命充实的艺术。西洋文艺爱气象宏大、内容丰满的作品。荷马、但丁、莎士比亚、塞万提斯、歌德,直到近代的雨果、巴尔扎克、斯丹达尔、托尔斯泰等,莫不启示一个悲壮而丰实的宇宙。

歌德的生活经历着人生各种境界,充实无比。杜甫的诗歌最为沉着深厚而有力;也是由于生活经验的充实和情感的丰富。

周济论词空灵以后主张:"求实,实则精力弥满。精力弥满则能赋情独深,冥发妄中,虽铺叙平淡,摹绘浅近,而万感横集,五中无主,读其篇者,临渊窥鱼,意为鲂鲤,中宵惊电,罔识东西,赤子随母啼笑,乡人缘剧喜怒。"这话真能形容一个内容充实的创作给我们的感动。

司空图形容这壮硕的艺术精神说:"天风浪浪,海山苍苍。真力弥满,万象在旁。""返虚入浑,积健为雄。""生气远出,不著死灰。妙造自然,伊谁与裁。""是有真宰,与之浮沉。""吞吐大荒,由道反气。""与道适往,著手成春。""行神如空,行气如虹!"艺术家精力充实,气象万千,艺术的创造追随真宰的创造。

  黄子久(元代大画家)终日只在荒山乱石、丛木深筱中坐,意态忽忽,人不测其为何。又每往泖中通海处看急流轰浪,虽风雨骤至,水怪悲诧而不顾。

他这样沉酣于自然中的生活,所以他的画能"沉郁变化,与造化争神奇"。六朝时宗炳曾论作画云"万趣融其神思",不是画家丰富心灵的写照吗?

中国山水画趋向简淡,然而简淡中包具无穷境界。倪云林画一树一石,千岩万壑不能过之。恽南田论元人画境中所含丰富幽深的生命,说得最好:

  元人幽秀之笔,如燕舞飞花,揣摹不得;如美人横波微盼,光采四射,观者神惊意丧,不知其何以然也。元人幽亭秀木自在化工之外一种灵气。惟其品若天际冥鸿,故出笔便如哀弦急管,声情并集,非大地欢乐场中可得而拟议者也。

哀弦急管,声情并集,这是何等繁富热闹的音乐,不料能在元人一树一石、一山一水中体会出来,真是不可思议。元人造诣之高和南田体会之深,都显出中国艺术境界的最高成就!然而元人幽淡的境界背后,仍潜隐着一种宇宙豪情。南田说:"群必求同,求同必相叫,相叫必于荒天古木,此画中所谓意也。"

相叫必于荒天古木,这是何等沉痛超迈深邃热烈的人生情调与宇宙情调?这是中国艺术心灵里最幽深、悲壮的表现了罢?

叶燮在《原诗》里说:"可言之理,人人能言之,安在诗人之言之;可征之事,人人能述之,又安在诗人之述之,必有不可言之理,不可述之事,遇之于默会意象之表,而理与事无不灿然于前者也。"

这是艺术心灵所能达到的最高境界!由能空、能舍,而后能深、能实,然后宇宙生命中一切理一切事,无不把它的最深意义灿然呈露于前。"真力弥满",则"万象在旁","群籁虽参差,适我无非新"(王羲之诗)。

总上所述,可见中国文艺在空灵与充实两方都曾尽力,达到极高的成就。所以中国诗人尤爱把森然万象映射在太空的背景上,境界丰实空灵,像一座灿烂的星天!

王维诗云:"徒然万象多,澹尔太虚缅。"

韦应物诗云:"万物自生听,大空恒寂寥。"

美从何处寻?[1]

啊,诗从何处寻?
从细雨下,点碎落花声,
从微风里,飘来流水音,
从蓝空天末,摇摇欲坠的孤星!

(《流云小诗》)

尽日寻春不见春,芒鞋踏遍陇头云。
归来笑拈梅花嗅,春在枝头已十分。

(宋罗大经:《鹤林玉露》中载某尼悟道诗)

诗和春都是美的化身,一是艺术的美,一是自然的美。我们都是从目观耳听的世界里寻得她的踪迹。某尼悟道诗大有禅意,好像是说"道不远人",不应该"道在迩而求诸远"。好像是说:"如果你在自己的心中找不到美,那么,你就没有地方可以发现美的踪迹。"

然而梅花仍是一个外界事物呀,大自然的一部分呀!你的心不是"在"自己的心的过程里,感觉、情绪、思维里找到美,而只是"通过"感觉、情绪、思维找到美,发现梅花里的美。美对于你的心,你的"美感"是客观的对象和存在。你如果要进一步认识她,你可以分析她的结构、形象,组成的各部分,得出"谐和"的规律,"节奏"的规律,表现的内容,丰富的启示,而不必顾到你自己的心的活动,你越能忘掉自我,忘掉你自己的情绪

---

[1]【编注】本文初刊于《新建设》1957年第6期。全文选自林同华主编:《宗白华全集》第3卷,安徽教育出版社2008年版,第267—274页。

波动、思维起伏,你就越能够"漱涤万物,牢笼百态"(柳宗元语),你就会像一面镜子,像托尔斯泰那样,照见了一个世界,丰富了自己,也丰富了文化。人们会感谢你的。

那么,你在自己的心里就找不到美了吗?我说,我们的心灵起伏万变,情欲的波涛,思想的矛盾,当我们身在其中时,恐怕尝到的是苦闷,而未必是美。只有莎士比亚或巴尔扎克把它形象化了,表现在文艺里,或是你自己手之舞之、足之蹈之,把你的欢乐表现在舞蹈的形象里,或把你的忧郁歌咏在有节奏的诗歌里,甚至于在你的平日的行动里,语言里,一句话说来,就是你的心要具体地表现在形象里,那时旁人会看见你的心灵的美,你自己也才真正地切实地具体地发现你的心里的美。除此以外,恐怕不容易吧!你的心可以发现美的对象(人生的,社会的,自然的),这"美"对于你是客观的存在,不以你的意志为转移。(你的意志只能主使你的眼睛去看她或不去看她,却不能改变她。你能训练你的眼睛深一层地去认识她,却不能动摇她。希腊伟大的艺术不因中古时代的晦暗而减少它的光辉。)

宋朝某尼虽然似乎悟道,然而她的觉悟不够深,不够高,她不能发现整个宇宙已经盎然有春意,假使梅花枝上已经春满十分了。她在踏遍陇头云时是苦闷的,失望的。她把自己关在狭窄的心的圈子里了。只在自己的心里去找寻美的踪迹是不够的,是大有问题的。王羲之在《兰亭序》里说:"仰观宇宙之大,俯察品类之盛,所以游目骋怀,……极视听之娱,信可乐也。"这是东晋大书家在寻找美的踪迹。他的书法传达了自然的美和精神的美。不仅是大宇宙,小小的事物也不可忽视。诗人华滋沃斯曾经说过:"一朵微小的花对于我可以唤起不能用眼泪表出的那样深的思想。"

达到这样的、深入的美感,发现这样深度的美,是要在主观心理方面具有条件和准备的。我们的感情是要经过一番洗涤,克服了小己的私欲和利害计较。矿石商人仅只看到矿石的货币价值,而看不见矿石的美和特性。我们要把整个情绪和思想改造一下,移动了方向,才能面对美的形象,把美如实地和深入地反映到心里来。再把它放射出去,凭借物质创造形象给表达出来，才成为艺术。中国古代曾有人把这个过程唤做"移人之情"或"移我情"。琴曲《伯牙水仙操》的序上说：

> 伯牙学琴于成连，三年而成，至于精神寂寞，情之专一，未能得也。成连曰："吾之学不能移人之情，吾师有方子春在东海中。"乃赍粮从之，至蓬莱山，留伯牙曰："吾将迎吾师！"划船而去，旬日不返。伯牙心悲，延颈四望，但闻海水泪波，山林窅冥，群鸟悲号。仰天叹曰："先生将移我情！"乃援操而作歌云："繄洞庭兮流斯护，舟楫逝兮仙不还，移形素兮蓬莱山，欹钦伤宫仙不还。"

伯牙由于在孤寂中受到大自然强烈的震撼，生活上的异常遭遇，整个心境受了洗涤和改造，才达到艺术的最深体会，把握到音乐的创造性的旋律，完成他的美的感受和创造。这个"移情说"比起德国美学家栗卜斯的"情感移入论"似乎还更深刻些，因为它说出现实生活中的体验和改造是"移情"的基础呀！并且"移易"和"移入"是不同的。

这里所理解的"移情"应当是我们审美的心理方面的积极因素和条件，而美学家所说的"心理距离""静观"，也构成审美的消极条件。女子郭六芳有一首诗《舟还长沙》说得好：

> 侬家家住两湖东，十二珠帘夕照红，
> 今日忽从江上望，始知家在画图中。

自己住在现实生活里，没有能够把握到它的美的形象。等到自己对自己的日常生活有相当的距离，从远处来看，才发现家在画图中，溶在自然的一片美的形象里。

但是在这主观心理条件之外也还需要客观的物的方面的条件。在这里是那夕照的红和十二珠帘的具有节奏与和谐的形象。宋人陈简斋的海棠诗云："隔帘花叶有辉光。"帘子造成了距离，同时它的线文的节奏也更能把帘外的花叶纳进美的形象,增高了它的光辉闪灼,呈显出生命的华美,就像一段欢愉生活嵌在素朴而具有优美旋律的歌词里一样。

这节奏,这旋律,这和谐,等等,它们是离不开生命的表现,它们不是死的机械的空洞的形式,而是具有内容,有表现,有丰富意义的具体形象。形象不是形式,而是形式和内容的统一,形式中每一个点、线、色、形、音、韵,都表现着内容的意义、情感、价值。所以诗人艾里略说:"一个造出新节奏来的人,就是一个拓展了我们的感性并使它更为高明的人。"又说,"创造一种形式并不是仅仅发明一种格式,一种韵律或节奏,而也是这种韵律或节奏的整个合式的内容的发genic。莎士比亚的十四行诗并不仅是如此这般的一种格式或图形,而是一种恰是如此思想感情的方式",而具有理想的形式的诗是"如此这般的诗,以致我们看不见所谓诗,而但注意着诗所指示的东西"。(《诗的作用和批评的作用》)这里就是"美",就是美感所受的具体对象。它是通过美感来摄取的美,而不是美感的主观的心理活动自身。就像物质的内容部构和规律是抽象思维所摄取的,但自身却不是抽象思维而是具体事物。所以专在心内搜寻是达不到美的踪迹的。美的踪迹要到自然、人生、社会的具体形象里去找。

但是心的陶冶,心的修养和锻炼是替美的发现和体验作准备。创造"美"也是如此。捷克诗人里尔克在他的《柏列格的随笔》里一段话精深微妙,梁宗岱曾把它译出,介绍如下:

> ……一个人早年作的诗是这般乏意义,我们应该毕生期待和采集,如果可能,还要悠长的一生;然后,到晚年,或者可以写出十行好诗。因为诗并不像大家所想象,徒是情感(这是我们很早就有了的),而是经验。单要写一句诗,我们得要观察过许多城许多人许多物,得要认识走兽,得要感到鸟儿怎样飞翔和知道小花清晨舒展的姿势。得要能够回忆许多远路和僻境,意外的邂逅,眼光望它接近的分离,神秘还未启明的童年,和容易生气的父母,当他给你一件礼物而你不明白的时候(因为那原是为别一人设的欢喜)和离奇变幻的小孩

子的病,和在一间静穆而紧闭的房里度过的日子,海滨的清晨和海的自身,和那与星斗齐飞的高声呼号的夜间的旅行——而单是这些犹未足,还要享受过许多夜不同的狂欢,听过妇人产时的呻吟,和堕地便瞑目的婴儿轻微的哭声,还要曾经坐临终人的床头和死者的身边,在那打开的、外边的声音一阵阵拥进来的房里。可是单有记忆犹未足,还要能够忘记它们,当它们太拥挤的时候,还要有很大忍耐去期待它们回来。因为回忆本身还不是这个,必要等到它们变成我们的血液、眼色和姿势了,等到它们没有了名字而且不能别于我们自己了,那么,然后可以希望在极难得的顷刻,在它们当中伸出一句诗的头一个字来。

这里是大诗人里尔克在许许多多的事物里、经验里,去踪迹诗,去发现美,多么艰辛的劳动呀!他说:诗不徒是感情,而是经验。现在我们也就转过方向,从客观条件来考察美的对象的构成。改造我们的感情,使它能够发现美,中国古人曾经把这唤做"移我情",改变着客观世界的现象,使它能够成为美的对象,中国古人曾经把这唤做"移世界"。

"移我情""移世界",是美的形象涌现出来的条件。

我们上面所引长沙女子郭六芳诗中说过"今日忽从江上望,始知家在画图中",这是心埋距离构成审美的条件。但是"十二珠帘夕照红"却构成这幅美的形象的客观的积极的因素。夕照,月明,灯光,帘幕,薄纱,轻雾,人人知道是助成美的出现的有力的因素,现代的照相术和舞台布景知道这个而尽量利用着。中国古人曾经唤做"移世界"。

明朝文人张大复在他的《梅花草堂笔谈》里记述着:

邵茂齐有言,天上月色能移世界,果然!故夫山石泉涧,梵刹园亭,屋庐竹树,种种常见之物,月照之则深,蒙之则净,金碧之彩,披之则醇,惨悴之容,承之则奇,浅深浓淡之色,按之望之,则屡易而不可了。以至河山大地,邈若皇古,犬吠松涛,远于岩谷,草生木长,闲如坐卧，人在月下，亦尝忘我之为我也。今夜严叔向，置酒破山僧舍，起步庭中，幽华可爱，旦视之，酱盎粉然，瓦石布地而已，戏书此以信茂齐之话，时十月十六日，万历丙午三十四年也。

月亮真是一个大艺术家，转瞬之间替我们移易了世界，美的形象，涌现在眼前。但是第二天早晨起来看，瓦石布地而已。于是有人得出结论说：美是不存在的。我却要更进一步推论说，瓦石也只是无色无形的原子或电磁波，而这个也只是思想的假设，我们能抓住的只是一堆抽象数学方程式而已。什么究竟是真实的存在？所以我们要回转头来说，我们现实生活里直接经验到，不以我们的意志为转移的，丰富多彩的，有声有色有形有相的世界就是真实存在的世界，这是我们生活和创造的园地。所以马克思很欣赏近代唯物论的第一个创始者培根的著作里所说的物质以其感觉的诗意的光辉向着整个的人微笑（见《神圣家族》），而不满意霍布士的唯物论里"感觉失去了它的光辉而变为几何学家的抽象感觉，唯物论变成了厌世论"。在这里物的感性的质、光、色、声、热等不是物质所固有的了，光、色、声中的美更成了主观的东西，于是世界成了灰白色的骸骨，机械的死的过程。恩格斯也主张我们的思想要像一面镜子，如实地反映这多彩的世界。美是存在着的！世界是美的，生活是美的。它和真和善是人类社会努力的目标，是哲学探索和建立的对象。

美不但是不以我们的意志为转移的客观存在，反过来，它影响着我们，它教育着我们，提高生活的境界和意趣。它的力量大极了，它也可以倾国倾城。希腊大诗人荷马的著名史诗《伊利亚特》歌咏希腊联军围攻特罗亚九年，为的是夺回美人海伦，而海伦的美叫他们感到九年的辛劳和牺牲不是白费的。现在引述这一段名句：

> 特罗亚长老们也一样的高踞城雉，
> 当他们看见了海伦在城垣上出现，
> 老人们便轻轻低语，彼此交谈机密：

"怪不得特罗亚人和坚胫甲阿开人,
为了这个女人这么久忍受苦难呢,
她看来活像一个青春常驻的女神。
可是,尽管她多美,也让她乘船去吧,
别留这里给我们子子孙孙作祸根。"

(缪朗山译《伊利亚特》)

荷马不用浓丽的词藻来描绘海伦的容貌,而从她的巨大的惨酷的影响和力量轻轻地点出她的倾国倾城的美。这是他的艺术高超处,也是后人所赞叹不已的。

我们寻到美了吗?我说,我们或许接触到美的力量,肯定了她的存在,而她的无限的丰富内含却是不断地待我们去发现;千百年来的诗人艺术家已经发现了不少,保藏在他们的作品里,千百年后的世界仍会有新的表现。"第一个造出新节奏来的人,就是一个拓展了我们的感性并使它更为高明的人!"

美学的散步·小言[1]

散步是自由自在、无拘无束的行动,它的弱点是没有计划,没有系统。看重逻辑统一性的人会轻视它,讨厌它,但是西方建立逻辑学的大师亚里士多德的学派却唤做"散步学派",可见散步和逻辑并不是绝对不相容的。中国古代一位影响不小的哲学家——庄子,他好像整天是在山野里散步,观看着鹏鸟、小虫、蝴蝶、游鱼,又在人间世里凝视一些奇形怪状的人:驼背、跛脚、四肢不全、心灵不正常的人,很像意大利文艺复兴时大天才达·芬奇在米兰街头散步时速写下来的一些"戏画",现在竟成为"画院的奇葩"。庄子文章里所写的那些奇特人物大概就是后来唐、宋画家画罗汉时心目中的范本。

散步的时候可以偶尔在路旁折到一枝鲜花,也可以在路上拾起别人弃之不顾而自己感到兴趣的燕石。

无论鲜花或燕石,不必珍视,也不必丢掉,放在桌上可以做散步后的回念。

---

[1]【编注】本文初刊于《新建设》1959年第7期。原文由"小言"与"诗(文学)和画的分界"两部分构成,这里仅选"小言"部分。全文选自林同华主编:《宗白华全集》第3卷,安徽教育出版社2008年版,第284—285页。

错采镂金的美和芙蓉出水的美[①]

鲍照比较谢灵运的诗和颜延之的诗,谓谢诗如"初发芙蓉,自然可爱",颜诗则是"铺锦列绣,雕缋满眼"。《诗品》:"汤惠休曰:谢诗如芙蓉出水,颜诗如错采镂金。颜终身病之。"(见钟嵘《诗品》、《南史·颜延之传》)这可以说是代表了中国美学史上两种不同的美感或美的理想。

这两种美感或美的理想,表现在诗歌、绘画、工艺美术等各个方面。

楚国的图案、楚辞、汉赋、六朝骈文、颜延之诗、明清的瓷器,一直存在到今天的刺绣和京剧的舞台服装,这是一种美,"镂金错采、雕缋满眼"的美。汉代的铜器陶器,王羲之的书法,顾恺之的画,陶潜的诗,宋代的白瓷,这又是一种美,"初发芙蓉,自然可爱"的美。

魏晋六朝是一个转变的关键,划分了两个阶段。从这个时候起,中国人的美感走到了一个新的方向,表现出一种新的美的理想。那就是认为"初发芙蓉"比之于"镂金错采"是一种更高的美的境界。在艺术中,要着重表现自己的思想,自己的人格,而不是追求文字的雕琢。陶潜作诗和顾恺之作画,都是突出的例子。王羲之的字,也没有汉隶那么整齐,那么有装饰性,而是一种"自然可爱"的美。这是美学思想上的一个大的解放。诗、书、画开始成为活泼泼的生活的表现,独立的自我表现。

这种美学思想的解放在先秦哲学家那里就有了萌芽。从三代铜器那样整齐严肃、雕工细密的图案,我们可以推知先秦诸子所处的艺术环境

[①]【编注】本文系宗白华于1963年为北京大学学生开设中国美学史讲座讲稿《中国美学史中重要问题的初步探索》(初刊于《文艺论丛》1979年第6辑)节选,即"第二题 先秦工艺美术和古代哲学、文学中所表现的美学思想"之"二、错采镂金的美和芙蓉出水的美"。全文选自林同华主编:《宗白华全集》第3卷,安徽教育出版社2008年版,第450—454页。

是一个"镂金错采、雕缋满眼"的世界。先秦诸子对于这种艺术境界各自采取了不同的态度。一种是对这种艺术取否定的态度。如墨子，认为是奢侈、骄横、剥削的表现，使人民受痛苦，对国家没有好处，所以他"非乐"，即反对一切艺术。又如老庄，也否定艺术。庄子重视精神，轻视物质表现。老子说："五音令人耳聋，五色令人目盲。"另一种对这种艺术取肯定的态度，这就是孔孟一派。艺术表现在礼器上、乐器上。孔孟是尊重礼乐的。但他们也并非盲目受礼乐控制，而要寻求礼乐的本质和根源，进行分析批判。总之，不论肯定艺术还是否定艺术，我们都可以看到一种批判的态度，一种思想解放的倾向。这对后来的美学思想，有极大的影响。

但是实践先于理论，工匠艺术家更要走在哲学家的前面。先在艺术实践上表现出一个新的境界，才有概括这种新境界的理论。现在我们有一个极珍贵的出土铜器，证明早于孔子一百多年，就已从"镂金错采、雕缋满眼"中突出一个活泼、生动、自然的形象，成为一种独立的表现，把装饰、花纹、图案丢在脚下了。这个铜器叫"莲鹤方壶"。它从真实自然界取材，不但有跃跃欲动的龙和螭，而且还出现了植物：莲花瓣，表示了春秋之际造型艺术要从装饰艺术独立出来的倾向。尤其顶上站着一个张翅的仙鹤象征着一个新的精神，一个自由解放的时代（原列故宫太和殿，现列历史博物馆）。

郭沫若对于此壶曾作了很好的论述：

  此壶全身均浓重奇诡之传统花纹，予人以无名之压迫，几可窒息。乃于壶盖之周骈列莲瓣二层，以植物为图案，器在秦汉以前者，已为余所仅见之一例。而于莲瓣之中央复立一清新俊逸之白鹤，翔其双翅，单其一足，微隙其喙作欲鸣之状，余谓此乃时代精神之一象征也。此鹤初突破上古时代之鸿蒙，正踌躇满志，睥睨一切，践踏传统于其脚下，而欲作更高更远之飞翔。此正春秋初年由殷周半神话时代脱出时，一切社会情形及精神文化之一如实表现。（《殷周青铜器铭文研究》）

这就是艺术抢先表现了一个新的境界,从传统的压迫中跳出来。对于这种新的境界的理解,便产生出先秦诸子的解放的思想。

上述两种美感,两种美的理想,在中国历史上一直贯穿下来。

六朝的镜铭:"鸾镜晓匀妆,慢把花钿饰,真如绿水中,一朵芙蓉出。"(《金石索》)在镜子的两面就表现了两种不同的美。后来宋词人李德润也有这样的句子:"强整娇姿临宝镜,小池一朵芙蓉。"被况周颐评为"佳句"(《蕙风词话》)。

钟嵘很明显赞美"初发芙蓉"的美。唐代更有了发展。唐初四杰,还继承了六朝之华丽,但已有了一些新鲜空气。经陈子昂到李太白,就进入了一个精神上更高的境界。李太白诗:"清水出芙蓉,天然去雕饰","自从建安来,绮丽不足珍。圣代复元古,垂衣贵清真"。"清真"也就是清水出芙蓉的境界。杜甫也有"直取性情真"的诗句。司空图《诗品》虽也主张雄浑的美,但仍倾向于"清水出芙蓉"的美:"生气远出,妙造自然。"宋代苏东坡用奔流的泉水来比喻诗文。他要求诗文的境界要"绚烂之极归于平淡",即不是停留在工艺美术的境界,而要上升到表现思想情感的境界。平淡并不是枯淡,中国向来把"玉"作为美的理想。玉的美,即"绚烂之极归于平淡"的美。可以说,一切艺术的美,以至于人格的美,都趋向玉的美,内部有光采,但是含蓄的光采,这种光采是极绚烂,又极平淡。苏轼又说:"无穷出清新。""清新"与"清真"也是同样的境界。

清代刘熙载《艺概》也认为这两种美应"相济有功"。即形式的美与思想情感的表现结合,要有诗人自己的性格在内。近代王国维《人间词话》提出诗的"隔"与"不隔"之分。清真清新如陶谢便是"不隔",雕绩雕琢如颜延之便是"隔"。"池塘生春草"好处就在"不隔"。而唐代李商隐的诗则可说是一种"隔"的美。

这条线索,一直到现在还是如此。我们京剧舞台上有浓厚的彩色的美,美丽的线条,再加上灯光,十分动人。但艺术家不停留在这境界,要如仙鹤高飞,向更高的境界走,表现出生活情感来。我们人民大会堂的美也可以说是绚烂之极归于平淡。这是美感的深度问题。

这两种美的理想,从另一个角度看,正是艺术中的美和真、善的关系问题。

艺术的装饰性,是艺术中美的部分。但艺术不仅满足美的要求,而且满足思想的要求,要能从艺术中认识社会生活、社会阶级斗争和社会发展规律。艺术品中本来有这两个部分:思想性和艺术性。真、善、美,这是统一的要求。片面强调美,就走向唯美主义;片面强调真,就走向自然主义。这种关系,在古代艺术家(工匠)那里,主要就是如何把统治阶级的政治含义表现美,即把器具装饰起来以达到政治的目的。另方面,当时的哲学家、思想家在对于这些实际艺术品的批判时,也就提供了关于美同真、善的关系的不同见解。如孔子批判其过分装饰,而要求教育的价值,老庄讲自然,根本否定艺术,要求放弃一切的美,归真返朴;韩非子讲法,认为美使人心动摇、浪漫,应该反对;墨子反对音乐,认为音乐引导统治阶级奢侈、不顾人民痛苦,认为美和善是相违反的。

第六章
朱光潜的人生艺术化美学选读

本章导读

【作者简介】

朱光潜(1897—1986),笔名孟实、盟石。中国现代著名美学家、文艺理论家和教育家。1897年10月14日生于安徽桐城县阳和乡吴庄一个破落的地主家庭,是朱熹26世孙;1986年3月6日病逝于北京。朱光潜一生大致经历了早年求学(1903—1918)、港大读书(1918—1923)、沪浙教书(1923—1925)、留学欧洲(1925—1933)、回国任教(1933—1986)几个时期。朱光潜幼年受过私塾教育,尤其在桐城中学接受了很好的古文阅读与写作训练,中学毕业后任教小学半年。在香港大学教育系的学习奠定了朱光潜一生教育与学术活动的方向。大学毕业后在中学任教,还参与筹办了开明书店和《一般》(后改名《中学生》)杂志,并发表美学处女作《无言之美》(1924)。欧洲留学8年,先后就读于英国爱丁堡大学、伦敦大学和法国巴黎大学、斯特拉斯堡大学,获文学硕士和博士学位。在欧期间共完成了《给青年的十二封信》(1929)、《谈美》(1932)、《悲剧心理学》(1933)等9部著作。1933年回国后一直到民国结束主要在北京大学工作,抗战时期在四川大学和武汉大学(乐山)任教,并出版《文艺心理学》(1936)、《谈修养》(1943)、《我与文学及其他》(1943)、《诗论》(1943)、《谈文学》(1946)等著作。1949年后出版了《美学批判论文集》(1958)、《西方美学史》(1963)、《美学拾穗集》(1980)和《谈美书简》(1980)等,翻译了柏拉图《文艺对话集》(1957)、爱克曼《歌德谈话录》(1978)、黑格尔《美学》(三卷四册,1979—1981)、莱辛《拉奥孔》(1979)、维柯《新科学》(1986)等美学名著。以上提到的著作,在朱光潜半个多世纪的美学研究过程中均产生过重要影响,成就了其在20世纪中国美学史上的崇高地位。

朱光潜堪称中国第一个职业美学家，尽管其著述绝非仅限于美学领域。朱光潜美学著作最经典的结集是《朱光潜美学文集》（全5卷，上海文艺出版社1982—1989年版），收入了作者9部美学代表作和各时期主要单篇美学论文。朱光潜著作全集的权威版本是《朱光潜全集》20卷本，安徽教育出版社1987—1992年版。另有中华书局新编增订本《朱光潜全集》，计划30卷本，2010年已出版前10卷。

【阅读提示】

朱光潜的学术研究虽涉及美学、哲学、心理学、文艺学、教育学、编辑出版学等多个领域，但最知名的仍属美学领域，可谓20世纪中国美学史上名副其实的美学大家。他沿着王国维开创的道路，为中国现代美学的普及与推广做出了前所未有的杰出贡献。朱光潜从一开始就旗帜鲜明地将美学视为文艺心理学或文艺理论，但他所取得的美学成就绝不仅限于他所论及的几个学科领域，而是多维而卓著的，无论是就其各个阶段的代表性著述及其影响而言，还是就其现代性意义而论，均占据着举足轻重的地位。尽管朱光潜"自己看法并不多，他自己也承认这一点"（参阅《李泽厚对话集·九十年代》，中华书局2014年版，第6页），但所有谈到朱光潜美学的人都承认其美学著作对于20世纪中国美学的普遍沾溉与深远惠泽，尤其是1930年代问世的《谈美》和《文艺心理学》。无论如何，朱光潜肯定是20世纪中国美学继张竞生之后第二位有完整美学理论著作并自成体系的美学家。

朱光潜的美学成名作《谈美》写于1932年，是继《给青年的十二封信》之后的"第十三封信"。《中学生》杂志曾选刊其中部分篇章，全书于1932年11月由开明书店出版。作者自称该书是"通俗叙述《文艺心理学》的"缩写本"。两相比较，《谈美》与《文艺心理学》的结构与内容既有相似之处，也有种种不同；既有相互交叉的部分，也存在此有彼无的部分。如《谈美》无《文艺心理学》最后三章即"刚性美与柔性美""悲剧的喜剧""笑与喜剧";《文艺心理学》则无《谈美》末篇"'慢慢走,欣赏啊!'——人生的艺术化","'超以象外,得其环中'——创造与情感""'从心所欲,不逾矩'——创造与格律"二篇也较略。总体而言,《文艺心理学》是专业美学及文艺研究著作,《谈美》可谓《文艺心理学》"通俗化"和"提炼化"的"导言"(参阅李长之《评朱光潜先生著的三本关于文艺理论的书》,载《李长之文集》第3卷,河北教育出版社2006年版,第361—368页)。

篇幅相对短小的《谈美》由"开场话"和15篇正文构成,每篇均有一个有趣的标题。前三篇是对于审美经验的分析,分别指出美感是形象的直觉、美感产生所需的心理距离及移情作用的意义;第四至六篇反驳人们对审美经验的误解,指出美感与快感、联想的关系及考证、批评与欣赏的关系;第七至八篇则论到什么是美,一是分析美的主观与客观之分,一是批评写实主义与理想主义的错误;第九至十四6篇论艺术创作,由艺术与游戏的共性说起,渐次分析到创作中的想象、情感、格律、模仿和灵感;末篇以人生的艺术化作结。

朱光潜的美学总体上是以文艺理论或文艺美学为主导特征的美学,其具体研究不仅涉及美学原理,还涉及悲剧心理学、文艺心理学、诗学、文艺学和西方美学史等众多相互关联的研究领域。尤其是在20世纪五六十年代的美学大讨论中,朱光潜撰写了大量论文,并以自成一派而著称。就能体现朱光潜一生美学特色的经典文献而论,本书赞同朱自清在《谈美》"序"中的说法:"人生的艺术化"是朱光潜"自己最重要的理论",其宗旨是"引读者由艺术走入人生,又将人生纳入艺术之中",因为他视"真善美"为三位一体。故本章从朱光潜众多美学著述中,主要选择《谈美》并遴选其开场话及4篇正文作为阅读对象。

【思考问题】

1. 从《谈美》"开场话"看,朱光潜谈美有何时代背景和意图?
2. 朱光潜是如何结合对于一棵古松的实用的、科学的、美感的三种态度的对照分析,阐述审美活动与美的本质属性的?试分析朱光潜的美学观点:"美感经验就是形象的直觉,美就是事物呈现形象于直觉时的特质。"

3.朱光潜是如何阐述艺术与实际人生的心理距离的?在朱光潜看来,适当的心理距离在审美发生过程中究竟发挥着怎样的作用?

4.朱光潜是如何结合具体实例阐述审美活动中的移情作用的?他为什么将"移情的现象"称为"宇宙的人情化"?

5.朱光潜是如何理解"艺术化"与"人生的艺术化"概念的?"人生艺术化"的关键是什么?朱光潜提出其"人生艺术化"理论的立足点是什么?其"人生艺术化"理论有何特点?

6.通过阅读《谈美》,你认为朱光潜美学的特点是什么?其美学对你有何启发?

【扩展阅读】

朱光潜:《朱光潜美学文集》(全五卷),上海文艺出版社,1982—1989年。

宛小平选编:《中国现代美学名家文丛·朱光潜卷》,浙江大学出版社,2009年;中国文联出版社,2017年。

叶朗主编:《美学的双峰——朱光潜 宗白华与中国现代美学》,安徽教育出版社,1999年。

夏中义:《朱光潜美学十辨》,商务印书馆,2011年。

宛小平:《美的争论:朱光潜美学及其与名家的争鸣》,生活·读书·新知三联书店,2017年。

开场话①

朋友：

从写十二封信给你之后，我已经歇三年没有和你通消息了。你也许怪我疏懒，也许忘记几年前的一位老友了，但是我仍是时时挂念你。在这几年之内，国内经过许多不幸的事变，刺耳痛心的新闻不断地传到我这里来。听说我的青年朋友之中，有些人已遭惨死，有些人已因天灾人祸而废学，有些人已经拥有高官厚禄或是正在"忙"高官厚禄。这些消息使我比听到日本出兵东三省和轰炸淞沪时更伤心。在这种时候，我总是提心吊胆地念着你。你还是在惨死者之列呢？还是已经由党而官、奔走于大人先生之门而洋洋自得呢？

在这些提心吊胆的时候，我常想写点什么寄慰你。我本有许多话要说而终于缄默到现在者，也并非完全由于疏懒。在我的脑际盘旋的实际问题都很复杂错乱，它们所引起的感想也因而复杂错乱。现在青年不应该再有复杂错乱的心境了。他们所需要的不是一盆八宝饭而是一帖清凉散。想来想去，我决定来和你谈美。

谈美！这话太突如其来了！在这个危急存亡的年头，我还有心肝来"谈风月"么？是的，我现在谈美，正因为时机实在是太紧迫了。朋友，你知道，我是一个旧时代的人，流落在这纷纭扰攘的新时代里面，虽然也出过一番力来领略新时代的思想和情趣，仍然不免抱有许多旧时代的信仰。

---

① 【编注】《谈美》写于1932年，是继《给青年的十二封信》之后的"第十三封信"。《中学生》杂志曾选刊其中部分篇章，全书于1932年11月由开明书店出版。作者自称该书是"通俗叙述《文艺心理学》的"缩写本"。本文全文选自朱光潜：《朱光潜美学文集》第1卷，上海文艺出版社1982年版，第445—447页。

我坚信中国社会闹得如此之糟,不完全是制度的问题,是大半由于人心太坏。我坚信情感比理智重要,要洗刷人心,并非几句道德家言所可了事,一定要从"怡情养性"做起,一定要于饱食暖衣、高官厚禄等等之外,别有较高尚、较纯洁的企求。要求人心净化,先要求人生美化。

人要有出世的精神才可以做入世的事业。现世只是一个密密无缝的利害网,一般人不能跳脱这个圈套,所以转来转去,仍是被利害两个大字系住。在利害关系方面,人已最不容易调协,人人都把自己放在首位,欺诈、凌虐、劫夺种种罪孽都种根于此。美感的世界纯粹是意象世界,超乎利害关系而独立。在创造或是欣赏艺术时,人都是从有利害关系的实用世界搬家到绝无利害关系的理想世界里去。艺术的活动是"无所为而为"的。我以为无论是讲学问或是做事业的人都要抱有一副"无所为而为"的精神,把自己所做的学问事业当作一件艺术品看待,只求满足理想和情趣,不斤斤于利害得失,才可以有一番真正的成就。伟大的事业都出于宏远的眼界和豁达的胸襟。如果这两层不讲究,社会上多一个讲政治经济的人,便是多一个借党忙官的人;这种人愈多,社会愈趋于腐浊。现在一般借党忙官的政治学者和经济学者以及冒牌的哲学家和科学家所给人的印象只要一句话就说尽了——"俗不可耐"。

人心之坏,由于"未能免俗"。什么叫做"俗"?这无非是像蛆钻粪似的求温饱,不能以"无所为而为"的精神作高尚纯洁的企求;总而言之,"俗"无非是缺乏美感的修养。

在这封信里我只有一个很单纯的目的,就是研究如何"免俗"。这事本来关系各人的性分,不易以言语晓喻,我自己也还是一个"未能免俗"的人,但是我时常领略到能免俗的趣味,这大半是在玩味一首诗、一幅画或是一片自然风景的时候。我能领略到这种趣味,自信颇得力于美学的研究。在这封信里我就想把这一点心得介绍给你,假若你看过之后,看到一首诗、一幅画或是一片自然风景的时候,比较从前感觉到较浓厚的趣味,懂得像什么样的经验才是美感的,然后再以美感的态度推到人生世相方面去,我的心愿就算达到了。

在写这封信之前，我曾经费过一年的光阴写了一部《文艺心理学》。这里所说的话大半在那里已经说过，我何必又多此一举呢？在那部书里我向专门研究美学的人说话，免不了引经据典，带有几分掉书囊的气味；在这里我只是向一位亲密的朋友随便谈谈，竭力求明白晓畅。在写《文艺心理学》时，我要先看几十部书才敢下笔写一章；在写这封信时，我和平时写信给我的弟弟妹妹一样，面前一张纸，手里一管笔，想到什么便写什么，什么书也不去翻看，我所说的话都是你所能了解的，但是我不敢勉强要你全盘接收。这是一条思路，你应该趁着这条路自己去想。一切事物都有几种看法，我所说的只是一种看法，你不妨有你自己的看法。我希望你把你自己所想到的写一封回信给我。

一　我们对于一棵古松的三种态度

——实用的、科学的、美感的[①]

我刚才说，一切事物都有几种看法。你说一件事物是美的或是丑的，这也只是一种看法。换一个看法，你说它是真的或是假的；再换一种看法，你说它是善的或是恶的。同是一件事物，看法有多种，所看出来的现象也就有多种。

比如园里那一棵古松，无论是你是我或是任何人一看到它，都说它是古松。但是你从正面看，我从侧面看，你以幼年人的心境去看，我以中年人的心境去看，这些情境和性格的差异都能影响到所看到的古松的面目。古松虽只是一件事物，你所看到的和我所看到的古松却是两件事。假如你和我各把所得的古松的印象画成一幅画或是写成一首诗，我们俩艺术手腕尽管不分上下，你的诗和画与我的诗和画相比较，却有许多重要的异点。这是什么缘故呢？这就由于知觉不完全是客观的，各人所见到的物的形象都带有几分主观的色彩。

假如你是一位木商，我是一位植物学家，另外一位朋友是画家，三人同时来看这棵古松。我们三人可以说同时都"知觉"到这一棵树，可是三人所"知觉"到的却是三种不同的东西。你脱离不了你的木商的心习，你所知觉到的只是一棵做某事用值几多钱的木料。我也脱离不了我的植物学家的心习，我所知觉到的只是一棵叶为针状、果为球状、四季常青的显花植物。我们的朋友——画家——什么事都不管，只管审美，他所知觉到的只是一棵苍翠劲拔的古树。我们三人的反应态度也不一致。你心里盘算它是宜于架屋或是制器，思量怎样去砍它、砍它、运它。我把它归到某

[①]【编注】本文全文选自朱光潜：《朱光潜美学文集》第1卷，上海文艺出版社1982年版，第448—453页。

类某科里去,注意它和其他松树的异点,思量它何以活得这样老。我们的朋友却不这样东想西想,他只在聚精会神地观赏它的苍翠的颜色,它的盘屈如龙蛇的线纹以及它的昂然高举、不受屈挠的气概。

从此可知这棵古松并不是一件固定的东西,它的形象随观者的性格和情趣而变化。各人所见到的古松的形象都是各人自己性格和情趣的返照。古松的形象一半是天生的,一半也是人为的。极平常的知觉都带有几分创造性;极客观的东西之中都有几分主观的成分。

美也是如此。有审美的眼睛才能见到美。这棵古松对于我们的画画的朋友是美的,因为他去看它时就抱了美感的态度。你和我如果也想见到它的美,你须得把你那种木商的实用的态度丢开,我须得把植物学家的科学的态度丢开,专持美感的态度去看它。

这三种态度有什么分别呢?

先说实用的态度。做人的第一件大事就是维持生活。既要生活,就要讲究如何利用环境。"环境"包含我自己以外的一切人和物在内,这些人和物有些对于我的生活有益,有些对于我的生活有害,有些对于我不关痛痒。我对于他们于是有爱恶的情感,有趋就或逃避的意志和活动。这就是实用的态度。实用的态度起于实用的知觉,实用的知觉起于经验。小孩子初出世,第一次遇见火就伸手去抓,被它烧痛了,以后他再遇见火,便认识它是什么东西,便明了它是烧痛手指的,火对于他于是有意义。事物本来都是很混乱的,人为便利实用起见,才像被火烧过的小孩子根据经验把四围事物分类立名,说天天吃的东西叫做"饭",天天穿的东西叫做"衣",某种人是朋友,某种人是仇敌,于是事物才有所谓"意义"。意义大半都起于实用。在许多人看,衣除了是穿的,饭除了是吃的,女人除了是生小孩的一类意义之外,便寻不出其他意义。所谓"知觉",就是感官接触某种人或物时心里明了他的意义。明了他的意义起初都只是明了他的实用。明了实用之后,才可以对他起反应动作,或是爱他,或是恶他,或是求他,或是拒他。木商看古松的态度便是如此。

科学的态度则不然。它纯粹是客观的,理论的。所谓客观的态度就是把自己的成见和情感完全丢开，专以"无所为而为"的精神去探求真理。理论是和实用相对的。理论本来可以见诸实用，但是科学家的直接目的却不在于实用。科学家见到一个美人，不说我要去向她求婚，她可以替我生儿子，只说我看她这人很有趣味，我要来研究她的生理构造，分析她的心理组织。科学家见到一堆粪，不说它的气味太坏，我要掩鼻走开，只说这堆粪是一个病人排泄的，我要分析它的化学成分，看看有没有病菌在里面。科学家自然也有见到美人就求婚、见到粪就掩鼻走开的时候，但是那时候他已经由科学家还到实际人的地位了。科学的态度之中很少有情感和意志，它的最重要的心理活动是抽象的思考。科学家要在这个混乱的世界中寻出事物的关系和条理，纳个物于概念，从原理演个例，分出某者为因，某者为果，某者为特征，某者为偶然性。植物学家看古松的态度便是如此。

木商由古松而想到架屋、制器、赚钱等等，植物学家由古松而想到根茎花叶、日光水分等等，他们的意识都不能停止在古松本身上面。不过把古松当作一块踏脚石，由它跳到和它有关系的种种事物上面去。所以在实用的态度中和科学的态度中，所得到的事物的意象都不是独立的、绝缘的，观者的注意力都不是专注在所观事物本身上面的。注意力的集中，意象的孤立绝缘，便是美感的态度的最大特点。比如我们的画画的朋友看古松，他把全副精神都注在松的本身上面，古松对于他便成了一个独立自足的世界。他忘记他的妻子在家里等柴烧饭，他忘记松树在植物教科书里叫做显花植物，总而言之，古松完全占领住他的意识，古松以外的世界他都视而不见、听而不闻了。他只把古松摆在心眼面前当作一幅画去玩味。他不计较实用，所以心中没有意志和欲念；他不推求关系、条理、因果等等，所以不用抽象的思考。这种脱净了意志和抽象思考的心理活动叫做"直觉"，直觉所见到的孤立绝缘的意象叫做"形象"，美感经验就是形象的直觉，美就是事物呈现形象于直觉时的特质。

实用的态度以善为最高目的，科学的态度以真为最高目的，美感的态度以美为最高目的。在实用态度中，我们的注意力偏在事物对于人的利害,心理活动偏重意志;在科学的态度中,我们的注意力偏在事物间的互相关系,心理活动偏重抽象的思考;在美感的态度中,我们的注意力专在事物本身的形象,心理活动偏重直觉。真善美都是人所定的价值,不是事物所本有的特质。离开人的观点而言,事物都混然无别,善恶、真伪、美丑就漫无意义。真善美都含有若干主观的成分。

就"用"字的狭义说,美是最没有用处的。科学家的目的虽只在辨别真伪,他所得的结果却可效用于人类社会。美的事物如诗文、图画、雕刻、音乐等等都是寒不可以为衣,饥不可以为食的。从实用的观点看,许多艺术家都是太不切实用的人物。然则我们又何必来讲美呢?人性本来是多方的,需要也是多方的。真善美三者俱备才可以算是完全的人。人性中本有饮食欲,渴而无所饮,饥而无所食,固然是一种缺乏;人性中本有求知欲而没有科学的活动,本有美的嗜好而没有美感的活动,也未始不是一种缺乏。真和美的需要也是人生中的一种饥渴——精神上的饥渴。疾病衰老的身体才没有口腹的饥渴。同理,你遇到一个没有精神上的饥渴的人或民族,你可以断定他的心灵已到了疾病衰老的状态。

人所以异于其他动物的就是于饮食男女之外还有更高尚的企求,美就是其中之一。是壶就可以贮茶,何必又求它形式、花样、颜色都要好看呢?吃饱了饭就可以睡觉,何必又呕心血去做诗、画画、奏乐呢?"生命"是与"活动"同义的,活动愈自由生命也就愈有意义。人的实用的活动全是有所为而为,是受环境需要限制的;人的美感的活动全是无所为而为,是环境不需要他活动而他自己愿意去活动的。在有所为而为的活动中,人是环境需要的奴隶;在无所为而为的活动中,人是自己心灵的主宰。这是单就人说,就物说呢,在实用的和科学的世界中,事物都借着和其他事物发生关系而得到意义,到了孤立绝缘时就都没有意义;但是在美感世界中它却能孤立绝缘,却能在本身现出价值。照这样看,我们可以说,美是事物的最有价值的一面,美感的经验是人生中最有价值的一面。

许多轰轰烈烈的英雄和美人都过去了,许多轰轰烈烈的成功和失败也都过去了,只有艺术作品真正是不朽的。数千年前的《采采卷耳》和《孔雀东南飞》的作者还能在我们心里点燃很强烈的火焰,虽然在当时他们不过是大皇帝脚下的不知名的小百姓。秦始皇并吞六国,统一车书,曹孟德带八十万人马下江东,舳舻千里,旌旗蔽空,这些惊心动魄的成败对于你有什么意义?对于我有什么意义?但是长城和《短歌行》对于我们还是很亲切的,还可以使我们心领神会这些骸骨不存的精神气魄。这几段墙在,这几句诗在,他们永远对于人是亲切的。由此例推,在几千年或是几万年以后看现在纷纷扰扰的"帝国主义""反帝国主义""主席""代表""电影明星"之类对于人有什么意义?我们这个时代是否也有类似长城和《短歌行》的纪念坊留给后人,让他们觉得我们也还是很亲切的么?悠悠的过去只是一片漆黑的天空,我们所以还能认识出来这漆黑的天空者,全赖思想家和艺术家所散布的几点星光。朋友,让我们珍重这几点星光!让我们也努力散布几点星光去照耀那和过去一般漆黑的未来!

二 "当局者迷,旁观者清"
——艺术和实际人生的距离[①]

有几件事实我觉得很有趣味,不知道你有同感没有?

我的寓所后面有一条小河通莱茵河。我在晚间常到那里散步一次,走成了习惯,总是沿东岸去,过桥沿西岸回来。走东岸时我觉得西岸的景物比东岸的美;走西岸时适得其反,东岸的景物又比西岸的美。对岸的草木房屋固然比较这边的美,但是它们又不如河里的倒影。同是一棵树,看它的正身本极平凡,看它的倒影却带有几分另一世界的色彩。我平时又欢喜看烟雾朦胧的远树,大雪笼盖的世界和更深夜静的月景。本来是习见不以为奇的东西,让雾、雪、月盖上一层白纱,便见得很美丽。

北方人初看到西湖,平原人初看到峨嵋,虽然审美力薄弱的村夫,也惊讶它们的奇景;但在生长在西湖或峨嵋的人除了以居近名胜自豪以外,心里往往觉得西湖和峨嵋实在也不过如此。新奇的地方都比熟悉的地方美,东方人初到西方,或是西方人初到东方,都往往觉得面前景物件件值得玩味。本地人自以为不合时尚的服装和举动,在外方人看,却往往有一种美的意味。

古董癖也是很奇怪的。一个周朝的铜鼎或是一个汉朝的瓦瓶在当时也不过是盛酒盛肉的日常用具,在现在却变成很稀有的艺术品。固然有些好古董的人是贪它值钱,但是觉得古董实在可玩味的人却不少。我到外国人家去时,主人常欢喜拿一点中国东西给我看。这总不外瓷罗汉、蟒袍、渔樵耕读图之类的装饰品,我看到每每觉得羞涩,而主人却诚心诚意地夸奖它们好看。

[①]【编注】本文全文选自朱光潜:《朱光潜美学文集》第1卷,上海文艺出版社1982年版,第454—460页。

种田人常羡慕读书人,读书人也常羡慕种田人。竹篱瓜架旁的黄粱浊酒和朱门大厦中的山珍海鲜,在旁观者所看出来的滋味都比当局者亲口尝出来的好。读陶渊明的诗,我们常觉到农人的生活真是理想的生活,可是农人自己在烈日寒风之中耕作时所尝到的况味,绝不似陶渊明所描写的那样闲逸。

人常是不满意自己的境遇而羡慕他人的境遇,所以俗语说:"家花不比野花香。"人对于现在和过去的态度也有同样的分别。本来是很酸辛的遭遇到后来往往变成很甜美的回忆。我小时在乡下住,早晨看到的是那几座茅屋,几畦田,几排青山,晚上看到的也还是那几座茅屋,几畦田,几排青山,觉得它们真是单调无味,现在回忆起来,却不免有些留恋。

这些经验你一定也注意到的。它们是什么缘故呢?

这全是观点和态度的差别。看倒影,看过去,看旁人的境遇,看稀奇的景物,都好比站在陆地上远看海雾,不受实际的切身的利害牵绊,能安闲自在地玩味目前美妙的景致。看正身,看现在,看自己的境遇,看习见的景物,都好比乘海船遇着海雾,只知它妨碍呼吸,只嫌它耽误程期、预兆危险,没有心思去玩味它的美妙。持实用的态度看事物,它们都只是实际生活的工具或障碍物,都只能引起欲念或嫌恶。要见出事物本身的美,我们一定要从实用世界跳开,以"无所为而为"的精神欣赏它们本身的形象。总而言之,美和实际人生有一个距离,要见出事物本身的美,须把它摆在适当的距离之外去看。

再就上面的实例说,树的倒影何以比正身美呢?它的正身是实用世界中的一片段,它和人发生过许多实用的关系。人一看见它,不免想到它在实用上的意义,发生许多实际生活的联想。它是避风息凉的或是架屋烧火的东西。在散步时我们没有这些需要,所以就觉得它没有趣味。倒影是隔着一个世界的,是幻境的,是与实际人生无直接关联的。我们一看到它,就立刻注意到它的轮廓线纹和颜色,好比看一幅图画一样。这是形象的直觉,所以是美感的经验。总而言之,正身和实际人生没有距离,倒影和实际人生有距离,美的差别即起于此。

同理，游历新境时最容易见出事物的美。习见的环境都已变成实用的工具。比如我久住在一个城市里面，出门看见一条街就想到朝某方向走是某家酒店，朝某方向走是某家银行；看见了一座房子就想到它是某个朋友的住宅，或是某个总长的衙门。这样的"由盘而之钟"，我的注意力就迁到旁的事物上去，不能专心致志地看这条街或是这座房子究竟像个什么样子。在崭新的环境中，我还没有认识事物的实用的意义，事物还没有变成实用的工具，一条街还只是一条街而不是到某银行或某酒店的指路标，一座房子还只是某颜色某线形的组合而不是私家住宅或是总长衙门，所以我能见出它们本身的美。

一件本来惹人嫌恶的事情，如果你把它推远一点看，往往可以成为很美的意象。卓文君不守寡，私奔司马相如，陪他当垆卖酒。我们现在把这段情史传为佳话。我们读李长吉的"长卿怀茂陵，绿草垂石井，弹琴看文君，春风吹鬓影"几句诗，觉得它是多么幽美的一幅画！但是在当时人看，卓文君失节却是一件秽行丑迹。袁子才尝刻一方"钱塘苏小是乡亲"的印，看他的口吻是多么自豪！但是钱塘苏小究竟是怎样的一个伟人？她原来不过是南朝的一个妓女。和这个妓女同时的人谁肯攀她做"乡亲"呢？当时的人受实际问题的牵绊，不能把这些人物的行为从极繁复的社会信仰和利害观念的圈套中划出来，当作美丽的意象来观赏。我们在时过境迁之后，不受当时的实际问题的牵绊，所以能把它们当作有趣的故事来谈。它们在当时和实际人生的距离太近，到现在则和实际人生距离较远了，好比经过一些年代的老酒，已失去它的原来的辣性，只留下纯淡的滋味。

一般人迫于实际生活的需要，都把利害认得太真，不能站在适当的距离之外去看人生世相，于是这丰富华严的世界，除了可效用于饮食男女的营求之外，便无其他意义。他们一看到瓜就想它是可以摘来吃的，一看到漂亮的女子就起性欲的冲动。他们完全是占有欲的奴隶。花长在园里何尝不可以供欣赏？他们却欢喜把它摘下来挂在自己的襟上或是插在自己的瓶里。一个海边的农夫逢人称赞他的门前海景时，便很羞涩的回过头来指着屋后一园菜说："门前虽没有什么可看的,屋后这一园菜却还不差。"许多人如果不知道周鼎汉瓶是很值钱的古董,我相信他们宁愿要一个不易打烂的铁锅或瓷罐,不愿要那些不能煮饭藏菜的破铜破铁。这些人都是不能在艺术品或自然美和实际人生之中维持一种适当的距离。

艺术家和审美者的本领就在能不让屋后的一园菜压倒门前的海景,不拿盛酒盛菜的标准去估定周鼎汉瓶的价值,不把一条街当作到某酒店和某银行去的指路标。他们能跳开利害的圈套,只聚精会神地观赏事物本身的形象。他们知道在美的事物和实际人生之中维持一种适当的距离。

我说"距离"时总不忘冠上"适当的"三个字,这是要注意的。"距离"可以太过,可以不及。艺术一方面要能使人从实际生活牵绊中解放出来,一方面也要使人能了解,能欣赏,"距离"不及,容易使人回到实用世界,距离太远,又容易使人无法了解欣赏。这个道理可以拿一个浅例来说明。

王渔洋的《秋柳诗》中有两句说:"相逢南雁皆愁侣,好语西乌莫夜飞。"在不知这诗的历史的人看来,这两句诗是漫无意义的,这就是说,它的距离太远,读者不能了解它,所以无法欣赏它。《秋柳诗》原来是悼明广的,"南雁"是指国亡无所依附的故旧大臣,"西乌"是指有意屈节降清的人物。假使读这两句诗的人自己也是一个"遗老",他对于这两句诗的情感一定比旁人较能了解。但是他不一定能取欣赏的态度,因为他容易看这两句诗而自伤身世,想到种种实际人生问题上面去,不能把注意力专注在诗的意象上面,这就是说,《秋柳诗》对于他的实际生活距离太近了,容易把他由美感的世界引回到实用的世界。

许多人欢喜从道德的观点来谈文艺,从韩昌黎的"文以载道"说起,一直到现代"革命文学"以文学为宣传的工具止,都是把艺术硬拉回到实用的世界里去。一个乡下人看戏,看见演曹操的角色扮老奸巨猾的样子惟妙惟肖,不觉义愤填胸,提刀跳上舞台,把他杀了。从道德的观点评艺术的人们都有些类似这位杀曹操的乡下佬,义气虽然是义气,无奈是不得其时,不得其地。他们不知道道德是实际人生的规范,而艺术是与实际人生有距离的。

艺术须与实际人生有距离,所以艺术与极端的写实主义不相容。写实主义的理想在妙肖人生和自然,但是艺术如果真正做到妙肖人生和自然的境界,总不免把观者引回到实际人生,使他的注意力旁迁于种种无关美感的问题,不能专心致志地欣赏形象本身的美。比如裸体女子的照片常不免容易刺激性欲,而裸体雕像如《米罗爱神》,裸体画像如法国安格尔的《汲泉女》,都只能令人肃然起敬。这是什么缘故呢?这就是因为照片太逼肖自然,容易像实物一样引起人的实用的态度;雕刻和图画都带有若干形式化和理想化,都有几分不自然,所以不易被人误认为实际人生中的一片段。

艺术上有许多地方,乍看起来,似乎不近情理。古希腊和中国旧戏的角色往往戴面具、穿高底鞋,表演时用歌唱的声调,不像平常说话。埃及雕刻对于人体加以抽象化,往往千篇一律。波斯图案画把人物的肢体加以不自然的扭屈,中世纪"哥特式"诸大教寺的雕像把人物的肢体加以不自然的延长。中国和西方古代的画都不用远近阴影。这种艺术上的形式化往往遭浅人唾骂,它固然时有流弊,其实也含有至理。这些风格的创始者都未尝不知道它不自然,但是他们的目的正在使艺术和自然之中有一种距离。说话不押韵,不论平仄,做诗却要押韵,要论平仄,道理也是如此。艺术本来是弥补人生和自然缺陷的。如果艺术的最高目的仅在妙肖人生和自然,我们既已有人生和自然了,又何取乎艺术呢?

艺术都是主观的,都是作者情感的流露,但是它一定要经过几分客观化。艺术都要有情感,但是只有情感不一定就是艺术。许多人本来是笨伯而自信是可能的诗人或艺术家。他们常埋怨道:"可惜我不是一个文学家,否则我的生平可以写成一部很好的小说。"富于艺术材料的生活何以不能产生艺术呢?艺术所用的情感并不是生糙的而是经过反省的。蔡琰在丢开亲生子回国时决写不出《悲愤诗》,杜甫在"入门闻号咷,幼子饥已卒"时决写不出《自京赴奉先咏怀五百字》。这两首诗都是"痛定思痛"的结果。艺术家在写切身的情感时，都不能同时在这种情感中过活，必定把它加以客观化，必定由站在主位的尝受者退为站在客位的观赏者。一般人不能把切身的经验放在一种距离以外去看，所以情感尽管深刻，经验尽管丰富，终不能创造艺术。

三 "子非鱼,安知鱼之乐?"
——宇宙的人情化[1]

庄子与惠子游于濠梁之上。

庄子曰:"鲦鱼出游从容,是鱼乐也!"

惠子曰:"子非鱼,安知鱼之乐?"

庄子曰:"子非我,安知我不知鱼之乐?"

这是《庄子·秋水》篇里的一段故事,是你平时所欢喜玩味的。我现在借这段故事来说明美感经验中的一个极有趣味的道理。

我们通常都有"以己度人"的脾气,因为有这个脾气,对于自己以外的人和物才能了解。严格地说,各个人都只能直接地了解他自己,都只能知道自己处某种境地,有某种知觉,生某种情感。至于知道旁人旁物处某种境地、有某种知觉、生某种情感时,则是凭自己的经验推测出来的。比如我知道自己在笑时心里欢喜,在哭时心里悲痛,看到旁人笑也就以为他心里欢喜,看见旁人哭也以为他心里悲痛。我知道旁人旁物的知觉和情感如何,都是拿自己的知觉和情感来比拟的。我只知道自己,我知道旁人旁物时是把旁人旁物看成自己,或是把自己推到旁人旁物的地位。庄子看到鲦鱼"出游从容"便觉得它乐,因为他自己对于"出游从容"的滋味是有经验的。人与人,人与物,都有共同之点,所以他们都有互相感通之点。假如庄子不是鱼就无从知鱼之乐,每个人就要各成孤立世界,和其他人物都隔着一层密不通风的墙壁,人与人以及人与物之中便无心灵交通

---

[1] 【编注】本文全文选自朱光潜:《朱光潜美学文集》第1卷,上海文艺出版社1982年版,第461—466页。

的可能了。

这种"推己及物""设身处地"的心理活动不尽是有意的,出于理智的,所以它往往发生幻觉。鱼没有反省的意识,是否能够像人一样"乐",这种问题大概在庄子时代的动物心理学也还没有解决,而庄子硬拿"乐"字来形容鱼的心境,其实不过把他自己的"乐"的心境外射到鱼的身上罢了,他的话未必有科学的谨严与精确。我们知觉外物,常把自己所得的感觉外射到物的本身上去,把它误认为物所固有的属性,于是本来在我的就变成在物的了。比如我们说"花是红的"时,是把红看作花所固有的属性,好像是以为纵使没有人去知觉它,它也还是在那里。其实花本身只有使人觉到红的可能性,至于红却是视觉的结果。红是长度为若干的光波射到眼球网膜上所生的印象。如果光波长一点或是短一点,眼球网膜的构造换一个样子,红的色觉便不会发生。患色盲的人根本就不能辨别红色,就是眼睛健全的人在薄暮光线暗淡时也不能把红色和绿色分得清楚,从此可知严格地说,我们只能说"我觉得花是红的"。我们通常都把"我觉得"三字略去而直说"花是红的",于是在我的感觉遂被误认为在物的属性了。日常对于外物的知觉都可作如是观。"天气冷"其实只是"我觉得天气冷",鱼也许和我不一致;"石头太沉重"其实只是"我觉得它太沉重",大力士或许还嫌它太轻。

云何尝能飞?泉何尝能跃?我们却常说云飞泉跃;山何尝能鸣?谷何尝能应?我们却常说山鸣谷应。在说云飞泉跃、山鸣谷应时,我们比说花红石头重,又更进一层了。原来我们只把在我的感觉误认为在物的属性,现在我们却把无生气的东西看成有生气的东西,把它们看作我们的侪辈,觉得它们也有性格,也有情感,也能活动。这两种说话的方法虽不同,道理却是一样,都是根据自己的经验来了解外物。这种心理活动通常叫做"移情作用"。

"移情作用"是把自己的情感移到外物身上去,仿佛觉得外物也有同样的情感,这是一个极普遍的经验。自己在欢喜时,大地山河都在扬眉带笑;自己在悲伤时,风云花鸟都在叹气凝愁。惜别时蜡烛可以垂泪,兴到时青山亦觉点头。柳絮有时"轻狂",晚峰有时"清苦"。陶渊明何以爱菊呢?因为他在傲霜残枝中见出孤臣的劲节;林和靖何以爱梅呢?因为他在暗香疏影中见出隐者的高标。

从这几个实例看,我们可以看出移情作用是和美感经验有密切关系的。移情作用不一定就是美感经验,而美感经验却常含有移情作用。美感经验中的移情作用不单是由我及物的,同时也是由物及我的;它不仅把我的性格和情感移注于物,同时也把物的姿态吸收于我。所谓美感经验,其实不过是在聚精会神之中,我的情趣和物的情趣往复回流而已。

姑先说欣赏自然美。比如我在观赏一棵古松,我的心境是什么样状态呢?我的注意力完全集中在古松本身的形象上,我的意识之中除了古松的意象之外,一无所有。在这个时候,我的实用的意志和科学的思考都完全失其作用,我没有心思去分别我是我而古松是古松。古松的形象引起清风亮节的类似联想,我心中便隐约觉到清风亮节所常伴着的情感。因为我忘记古松和我是两件事,我就于无意之中把这种清风亮节的气概移置到古松上面去,仿佛古松原来就有这种性格。同时我又不知不觉地受古松的这种性格影响,自己也振作起来,模仿它那一副苍老劲拔的姿态。所以古松俨然变成一个人,人也俨然变成一棵古松。真正的美感经验都是如此,都要达到物我同一的境界,在物我同一的境界中,移情作用最容易发生,因为我们根本就不分辨所生的情感到底是属于我还是属于物的。

再说欣赏艺术美,比如说听音乐。我们常觉得某种乐调快活,某种乐调悲伤。乐调自身本来只有高低、长短、急缓、宏纤的分别,而不能有快乐和悲伤的分别。换句话说,乐调只能有物理而不能有人情。我们何以觉得这本来只有物理的东西居然有人情呢?这也是由于移情作用。这里的移情作用是如何起来的呢?音乐的命脉在节奏。节奏就是长短、高低、急缓、宏纤相继承的关系。这些关系前后不同,听者所费的心力和所用的心的活动也不一致。因此听者心中自起一种节奏和音乐的节奏相平行。听一曲高而缓的调子,心力也随之作一种高而缓的活动;听一曲低而急的调子,心力也随之作一种低而急的活动。这种高而缓或是低而急的心力活动,常蔓延浸润到全部心境,使它变成和高而缓的活动或是低而急的活动相同调,于是听者心中遂感觉一种欢欣鼓舞或是抑郁凄恻的情调。这种情调本来属于听者,在聚精会神之中,他把这种情调外射出去,于是音乐也就有快乐和悲伤的分别了。

再比如说书法。书法在中国向来自成艺术,和图画有同等的身分,近来才有人怀疑它是否可以列于艺术,这般人大概是看到西方艺术史中向来不留位置给书法,所以觉得中国人看重书法有些离奇。其实书法可列于艺术,是无可置疑的。他可以表现性格和情趣。颜鲁公的字就像颜鲁公,赵孟頫的字就像赵孟頫。所以字也可以说是抒情的,不但是抒情的,而且是可以引起移情作用的。横直钩点等等笔划原来是墨涂的痕迹,它们不是高人雅士,原来没有什么"骨力""姿态""神韵"和"气魄"。但是在名家书法中我们常觉到"骨力""姿态""神韵"和"气魄"。我们说柳公权的字"劲拔",赵孟頫的字"秀媚",这都是把墨涂的痕迹看作有生气有性格的东西,都是把字在心中所引起的意象移到字的本身上面去。

移情作用往往带有无意的模仿。我在看颜鲁公的字时,仿佛对着巍峨的高峰,不知不觉地耸肩聚眉,全身的筋肉都紧张起来,模仿它的严肃;我在看赵孟頫的字时,仿佛对着临风荡漾的柳条,不知不觉地展颐摆腰,全身的筋肉都松懈起来,模仿它的秀媚。从心理学看,这本来不是奇事。凡是观念都有实现于运动的倾向。念到跳舞时脚往往不自主地跳动,念到"山"字时口舌往往不由自主地说出"山"字。通常观念往往不能实现于动作者,由于同时有反对的观念阻止它。同时念到打球又念到泅水,则既不能打球,又不能泅水。如果心中只有一个观念,没有旁的观念和它对敌,则它常自动地现于运动。聚精会神看赛跑时,自己也往往不知不觉地弯起胳膊动起脚来,便是一个好例。在美感经验之中,注意力都是集中在一个意象上面,所以极容易起模仿的运动。

移情的现象可以称之为"宇宙的人情化",因为有移情作用然后本来只有物理的东西可具人情,本来无生气的东西可有生气。从理智观点看,移情作用是一种错觉,是一种迷信。但是如果把它勾销,不但艺术无由产生,即宗教也无由出现。艺术和宗教都是把宇宙加以生气化和人情化,把人和物的距离以及人和神的距离都缩小。它们都带有若干神秘主义的色彩。所谓神秘主义其实并没有什么神秘,不过是在寻常事物之中见出不寻常的意义。这仍然是移情作用。从一草一木之中见出生气和人情以至于极玄奥的泛神主义,深浅程度虽有不同,道理却是一样。

美感经验既是人的情趣和物的姿态的往复回流,我们可以从这个前提中抽出两个结论来:

一、物的形象是人的情趣的返照。物的意蕴深浅和人的性分密切相关。深人所见于物者亦深,浅人所见于物者亦浅。比如一朵含露的花,在这个人看来只是一朵平常的花,在那个人看或以为它含泪凝愁,在另一个人看或以为它能象征人生和宇宙的妙谛。一朵花如此,一切事物也是如此。因我把自己的意蕴和情趣移于物,物才能呈现我所见到的形象。我们可以说,各人的世界都由各人的自我伸张而成。欣赏中都含有几分创造性。

二、人不但移情于物,还要吸收物的姿态于自我,还要不知不觉地模仿物的形象。所以美感经验的直接目的虽不在陶冶性情,而却有陶冶性情的功效。心里印着美的意象,常受美的意象浸润,自然也可以少存些浊念。苏东坡诗说:"宁可食无肉,不可居无竹;无肉令人瘦,无竹令人俗。"竹不过是美的形象之一种,一切美的事物都有不令人俗的功效。

十五 "慢慢走,欣赏啊!"
——人生的艺术化①

一直到现在,我们都是讨论艺术的创造与欣赏。在收尾这一节中,我提议约略说明艺术和人生的关系。

我在开章明义时就着重美感态度和实用态度的分别,以及艺术和实际人生之中所应有的距离,如果话说到这里为止,你也许误解我把艺术和人生看成漠不相关的两件事。我的意思并不如此。

人生是多方面而却相互和谐的整体,把它分析开来看,我们说某部分是实用的活动,某部分是科学的活动,某部分是美感的活动,为正名析理起见,原应有此分别;但是我们不要忘记,完满的人生见于这三种活动的平均发展,它们虽是可分别的而却不是互相冲突的。"实际人生"比整个人生的意义较为窄狭。一般人的错误在把它们认为相等,以为艺术对于"实际人生"既是隔着一层,它在整个人生中也就没有什么价值。有些人为维护艺术的地位,又想把它硬纳到"实际人生"的小范围里去。这般人不但是误解艺术,而且也没有认识人生。我们把实际生活看作整个人生之中的一片段,所以在肯定艺术与实际人生的距离时,并非肯定艺术与整个人生的隔阂。严格地说,离开人生便无所谓艺术,因为艺术是情趣的表现,而情趣的根源就在人生;反之,离开艺术也便无所谓人生,因为凡是创造和欣赏都是艺术的活动,无创造、无欣赏的人生是一个自相矛盾的名词。

人生本来就是一种较广义的艺术。每个人的生命史就是他自己的作品。这种作品可以是艺术的,也可以不是艺术的,正犹如同是一种顽石,

---

① 【编注】本文全文选自朱光潜:《朱光潜美学文集》第1卷,上海文艺出版社1982年版,第532—539页。

这个人能把它雕成一座伟大的雕像,而另一个人却不能使它"成器",分别全在性分与修养。知道生活的人就是艺术家,他的生活就是艺术作品。

过一世生活好比做一篇文章。完美的生活都有上品文章所应有的美点。

第一,一篇好文章一定是一个完整的有机体,其中全体与部分都息息相关,不能稍有移动或增减。一字一句之中都可以见出全篇精神的贯注。比如陶渊明的《饮酒》诗本来是"采菊东篱下,悠然见南山",后人把"见"字误印为"望"字,原文的自然与物相遇相得的神情便完全丧失。这种艺术的完整性在生活中叫做"人格"。凡是完美的生活都是人格的表现。大而进退取与,小而声音笑貌,都没有一件和全人格相冲突。不肯为五斗米折腰向乡里小儿,是陶渊明的生命史中所应有的一段文章,如果他错过这一个小节,便失其为陶渊明。下狱不肯脱逃,临刑时还叮咛嘱咐还邻人一只鸡的债,是苏格拉底的生命史中所应有的一段文章,否则他便失其为苏格拉底。这种生命史才可以使人把它当作一幅图画去惊赞,它就是一种艺术的杰作。

其次,"修辞立其诚"是文章的要诀,一首诗或是一篇美文一定是至性深情的流露,存于中然后形于外,不容有丝毫假借。情趣本来是物我交感共鸣的结果。景物变动不居,情趣亦自生生不息。我有我的个性,物也有物的个性,这种个性又随时地变迁而生长发展。每人在某一时会所见到的景物,和每种景物在某一时会所引起的情趣,都有它的特殊性,断不容与另一人在另一时会所见到的景物,和另一景物在另一时会所引起的情趣完全相同。毫厘之差,微妙所在。在这种生生不息的情趣中我们可以见出生命的造化。把这种生命流露于语言文字,就是好文章;把它流露于言行风采,就是美满的生命史。

文章忌俗滥,生活也忌俗滥。俗滥就是自己没有本色而蹈袭别人的成规旧矩。西施患心病,常捧心颦眉,这是自然的流露,所以愈增其美。东施没有心病,强学捧心颦眉的姿态,只能引人嫌恶。在西施是创作,在东施便是滥调。滥调起于生命的干枯,也就是虚伪的表现。"虚伪的表现"就是"丑",克罗齐已经说过。"风行水上,自然成纹",文章的妙处如此,生活的妙处也是如此。在什么地位,是怎样的人,感到怎样情趣,便现出怎样言行风采,叫人一见就觉其谐和完整,这才是艺术的生活。

俗语说得好:"惟大英雄能本色",所谓艺术的生活就是本色的生活。世间有两种人的生活最不艺术,一种是俗人,一种是伪君子。"俗人"根本就缺乏本色,"伪君子"则竭力遮盖本色。朱晦庵有一首诗说:"半亩方塘一鉴开,天光云影共徘徊。问渠那得清如许?为有源头活水来。"艺术的生活就是有"源头活水"的生活。俗人迷于名利,与世浮沉,心里没有"天光云影",就因为没有源头活水。他们的大病是生命的干枯。"伪君子"则于这种"俗人"的资格之上,又加上"沐猴而冠"的伎俩。他们的特点不仅见于道德上的虚伪,一言一笑、一举一动,都叫人起不美之感。谁知道风流名士的架子之中掩藏了几多行尸走肉?无论是"俗人"或是"伪君子",他们都是生活中的"苟且者",都缺乏艺术家在创造时所应有的良心。像柏格森所说的,他们都是"生命的机械化",只能作喜剧中的角色。生活落到喜剧里去的人大半都是不艺术的。

艺术的创造之中都必寓有欣赏,生活也是如此。一般人对于一种言行常欢喜说它"好看""不好看",这已有几分是拿艺术欣赏的标准去估量它。但是一般人大半不能彻底,不能拿一言一笑、一举一动纳在全部生命史里去看,他们的"人格"观念太淡薄,所谓"好看""不好看"往往只是"敷衍面子"。善于生活者则彻底认真,不计一尘一芥妨碍整个生命的和谐。一般人常以为艺术家是一班最随便的人,其实在艺术范围之内,艺术家是最严肃不过的。在锻炼作品时常呕心呕肝,一笔一划也不肯苟且。王荆公作"春风又绿江南岸"一句诗时,原来"绿"字是"到"字,后来由"到"字改为"过"字,由"过"字改为"入"字,由"入"字改为"满"字,改了十几次之后才定为"绿"字。即此一端可以想见艺术家的严肃了。善于生活者对于生活也是这样认真。曾子临死时记得床上的席子是季路的,一定叫门人把它换过才瞑目。吴季札心里已经暗许赠剑给徐君,没有实行徐君就已死去,他很郑重地把剑挂在徐君墓旁树上,以见"中心契合死生不渝"的风谊。像这一类的言行看来虽似小节,而善于生活者却不肯轻易放过,正犹如诗人不肯轻易放过一字一句一样。小节如此,大节更不消说。董狐宁愿断头不肯掩盖史实,夷齐饿死不愿降周,这种风度是道德的也是艺术的。我们主张人生的艺术化,就是主张对于人生的严肃主义。

艺术家估定事物的价值,全以它能否纳入和谐的整体为标准,往往出于一般人意料之外。他能看重一般人所看轻的,也能看轻一般人所看重的。在看重一件事物时,他知道执着;在看轻一件事物时,他也知道摆脱。艺术的能事不仅见于知所取,尤其见于知所舍。苏东坡论文,谓如水行山谷中,行于其所不得不行,止于其所不得不止。这就是取舍恰到好处,艺术化的人生也是如此。善于生活者对于世间一切,也拿艺术的口胃去评判它,合于艺术口胃者毫毛可以变成泰山,不合于艺术口胃者泰山也可以变成毫毛。他不但能认真,而且能摆脱。在认真时见出他的严肃,在摆脱时见出他的豁达。孟敏堕甑,不顾而去,郭林宗见到以为奇怪。他说:"甑已碎,顾之何益?"哲学家斯宾诺莎宁愿靠磨镜过活,不愿当大学教授,怕妨碍他的自由。王徽之居山阴,有一天夜雪初霁,月色清朗,忽然想起他的朋友戴逵,便乘小舟到剡溪去访他,刚到门口便把船划回去。他说:"乘兴而来,兴尽而返。"这几件事彼此相差很远,却都可以见出艺术家的豁达。伟大的人生和伟大的艺术都要同时并有严肃与豁达之胜。晋代清流大半只知道豁达而不知道严肃,宋朝理学又大半只知道严肃而不知道豁达。陶渊明和杜子美庶几算得恰到好处。

一篇生命史就是一种作品,从伦理的观点看,它有善恶的分别,从艺术的观点看,它有美丑的分别。善恶与美丑的关系究竟如何呢?

就狭义说,伦理的价值是实用的,美感的价值是超实用的;伦理的活动都是有所为而为,美感的活动则是无所为而为。比如仁义忠信等等都是善,问它们何以为善,我们不能不着眼到人群的幸福。美之所以为美,则全在美的形象本身,不在它对于人群的效用(这并不是说它对于人群没有效用)。假如世界上只有一个人,他就不能有道德的活动,因为有父子才有慈孝可言,有朋友才有信义可言。但是这个想象的孤零零的人还可以有艺术的活动,他还可以欣赏他所居的世界,他还可以创造作品。善有所赖而美无所赖,善的价值是"外在的",美的价值是"内在的"。

不过这种分别究竟是狭义的。就广义说,善就是一种美,恶就是一种丑。因为伦理的活动也可以引起美感上的欣赏与嫌恶。希腊大哲学家柏拉图和亚理士多德讨论伦理问题时都以为善有等级,一般的善虽只有外在的价值,而"至高的善"则有内在的价值。这所谓"至高的善"究竟是什么呢?柏拉图和亚理士多德本来是一走理想主义的极端,一走经验主义的极端,但是对于这个问题,意见却一致。他们都以为"至高的善"在"无所为而为的玩索"(disinterested contemplation)。这种见解在西方哲学思潮上影响极大,斯宾诺莎、黑格尔、叔本华的学说都可以参证。从此可知西方哲人心目中的"至高的善"还是一种美,最高的伦理的活动还是一种艺术的活动了。

"无所为而为的玩索"何以看成"至高的善"呢?这个问题涉及西方哲人对于神的观念。从耶稣教盛行之后,神才是一个大慈大悲的道德家。在希腊哲人以及近代莱布尼兹、尼采、叔本华诸人的心目中,神却是一个大艺术家,他创造这个宇宙出来,全是为着自己要创造,要欣赏。其实这种见解也并不减低神的身分。耶稣教的神只是一班穷叫化子中的一个肯施舍的财主佬,而一般哲人心中的神,则是以宇宙为乐曲而要在这种乐曲之中见出和谐的音乐家。这两种观念究竟是哪一个伟大呢?在西方哲人想,神只是一片精灵,他的活动绝对自由而不受限制,至于人则为肉体的需要所限制而不能绝对自由。人愈能脱肉体需求的限制而作自由活动,则离神亦愈近。"无所为而为的玩索"是唯一的自由活动,所以成为最上的理想。

这番话似乎有些玄渺,在这里本来不应说及。不过无论你相信不相信,有许多思想却值得当作一个意象悬在心眼前来玩味玩味。我自己在闲暇时也欢喜看看哲学书籍。老实说,我对于许多哲学家的话都很怀疑,但是我觉得他们有趣。我以为穷到究竟,一切哲学系统也都只能当作艺术作品去看。哲学和科学穷到极境,都是要满足求知的欲望。每个哲学家和科学家对于他自己所见到的一点真理(无论它究竟是不是真理)都觉得有趣味,都用一股热忱去欣赏它。真理在离开实用而成为情趣中心时就已经是美感的对象了。"地球绕日运行""勾方加股方等于弦方"一类的科学事实,和《米罗爱神》或《第九交响曲》一样可以摄魂震魄。科学家去寻求这一类的事实,穷到究竟,也正因为它们可以摄魂震魄。所以科学的活动也还是一种艺术的活动,不但善与美是一体,真与美也并没有隔阂。

艺术是情趣的活动,艺术的生活也就是情趣丰富的生活。人可以分为两种,一种是情趣丰富的,对于许多事物都觉得有趣味,而且到处寻求享受这种趣味。一种是情趣干枯的,对于许多事物都觉得没有趣味,也不去寻求趣味,只终日拼命和蝇蛆在一块争温饱。后者是俗人,前者就是艺术家。情趣愈丰富,生活也愈美满,所谓人生的艺术化就是人生的情趣化。

"觉得有趣味"就是欣赏。你是否知道生活,就看你对于许多事物能否欣赏。欣赏也就是"无所为而为的玩索"。在欣赏时人和神仙一样自由,一样有福。

阿尔卑斯山谷中有一条大汽车路,两旁景物极美,路上插着一个标语牌劝告游人说:"慢慢走,欣赏啊!"许多人在这车如流水马如龙的世界过活,恰如在阿尔卑斯山谷中乘汽车兜风,匆匆忙忙地急驰而过,无暇一回首流连风景,于是这丰富华丽的世界便成为一个了无生趣的囚牢。这是一件多么可惋惜的事啊!

朋友,在告别之前,我采用阿尔卑斯山路上的标语,在中国人告别习用语之下加上三个字奉赠:

"慢慢走,欣赏啊!"

第七章

蔡仪的客观典型论美学选读

本章导读

【作者简介】

蔡仪(1906—1992),原名蔡南冠。中国当代著名学者,卓有影响的美学家与文艺理论家,中国第一位以马克思主义理论研究美学并形成自己独特新美学体系的美学家。1906年6月2日生于湖南攸县一个小地主家庭,1992年2月28日逝世于北京。1925年考入北京大学预科,结识冯至等作家,受其影响创作短篇小说,并开始接受马克思主义。1927年夏休学南归参加革命。1929年秋赴日留学,先后在东京高等师范学校、九州帝国大学求学,学习哲学和文艺理论,曾发表《先知》(《东方杂志》1931年第二十八卷第二号)等多篇小说,并研习过马克思恩格斯论文学艺术的文献。1936年曾投书鲁迅且得复信。1937年夏回国,先后在北平、长沙、武汉从事抗敌宣传工作。1939年到重庆,曾在郭沫若领导下的国民革命军总政治部第三厅及文化工作委员会工作,并从事文艺理论和美学研究。1945年12月加入中国共产党。1946年秋至1948年秋先后在大夏大学、杭州艺术专科学校、华北大学(1950年改名为中国人民大学)任教,讲授历史学、艺术社会学和中国新文学史等课程。1950年后曾任中央美术学院教授、副教务长,中国社会科学院文学研究所研究员。

蔡仪的学术道路可概括为三大阶段,即以《新艺术论》(重庆商务印书馆1942年版)和《新美学》(上海群益出版社1947年版)集中表达其文艺学与美学核心理念的民国时期(1939—1949)、以客观派著名代表身份参与美学界大辩论并主编《文学概论》(人民文学出版社1979年版)的新中国初期(1950—1962)、主编《美学原理》(湖南人民出版社1985年版)并完成其最后一部美学专著《新美学》(改写本)(中国社会科学出版社1985—

1991年版)的新时期(1979—1992)。蔡仪一生著述颇丰,除前述5种之外,还有《文学论初步》(上海生活书店1946年版)、《中国新文学史讲话》(新文艺出版社1952年版)、《唯心主义美学批判集》(人民文学出版社1958年版)、《论现实主义问题》(作家出版社1961年版)、《文学常识》(作家出版社1962年版)、《探讨集》(人民文学出版社1981年版)等。1980年代以来出版的美学选集有《蔡仪美学论文集》(湖南人民出版社1982年版)、《美学论著初编》(上海文艺出版社1982年版)、《蔡仪美学文选》(河南文艺出版社2009年版)等,文集则有《蔡仪文集》(全10卷,中国文联出版社2002年版)。

从被称为主观派的当代美学家吕荧(1915—1969)发表《美学问题:兼评蔡仪教授的〈新美学〉》(初载《文艺报》1953年第16—17期)开始,在20世纪五六十年代与七八十年代的两次美学争鸣中,蔡仪作为客观派的重要代表,其美学思想产生过重要影响。时过境迁,较之于宗白华、朱光潜和李泽厚的美学,蔡仪美学在当代显得似乎有些过时并遭人厌弃。美学史家敏泽(1927—2004)的话或值得参考:"蔡仪是我国最早宣扬马克思主义美学思想的学者,应该充分肯定他在这方面的历史功绩。他在治学和为人的很多方面,都是值得人们深深尊敬和学习的。在治学方面,他学风十分严谨、一丝不苟,从不朝三暮四,而是一以贯之。和时下那种并无一定的理论或变化'无线索可寻,而随时拿了各派的理论来作武器的'、'流氓'式(鲁迅)的'学'人,不可同日而语。"(李世涛、戴阿宝编著:《中国当代美学口述史》,中国社会科学出版社2014年版,第51页。)

【阅读提示】

蔡仪的美学研究始于其第一部学术专著《新艺术论》(1942),后来非常著名的"美即典型"观点实已出现在此书第八章。蔡仪于1944年写成、1947年出版的《新美学》则是其第一部正式的美学著作,他因此成为20世纪中国美学史上继张竞生和朱光潜之后第三位有完整美学理论著作的自成体系的美学家。尽管问世后约4年蔡仪就自省《新美学》"有重要缺陷,也许是早产的孱弱的婴儿"(《美学论著初编序》,写于1981年2月),而且作者逝世前也如愿完成了一再迁延的《新美学》(改写本),但是在笔者看来,无论就其自身还是产生的深远影响而言,《新美学》足可称为中国美学史上的历史性文献,也不失为蔡仪本人的美学代表性著作[后来的《新美学》(改写本)及大量单篇文章或著作其实都未能偏离其最初的主导性美学思想]。因此,直面此美学文本、分析总结其价值当是20世纪中国美学研究的应有之义,故本章以此书的若干具有代表性的章节来"选读"蔡仪美学。

《新美学》的书名和序都表明,此书志在破旧立新,即批判旧美学建立新美学。蔡仪要"破"的"旧美学"主要指形而上学美学、心理学美学和客观美学(以艺术为对象的艺术学美学)。在蔡仪看来,三种旧美学分别立足于自身关注的美的本质、美感和艺术领域,而未能像他倡导的新美学那样将由美的存在(客观的美)、美的认识(美感)和美的创造(艺术)构成的"美学全领域的三方面"作为研究对象。《新美学》全书共6章,依次是"美学方法论""美论""美感论""美的种类论""美感的种类论""艺术的种类论"。除过关于美学本身的美学论,其新美学体系即由美论、美感论与艺术论三部分构成。蔡仪在"序"中交代,尽管此书"根据的资料都是间接而又间接,零碎而又零碎",是在"相当困窘"的条件下写成,但仍有其"以新的方法建立的新的体系"。关于"新美学"之"新的方法",《新美学》第一章"美学方法论"有直接交代;关于"新美学"之"新的体系",《新美学》整个章节的安排就是直接呈现。

总体而论,蔡仪美学体系建构较之此前已有的美学著作更加自觉而严密,蔡仪的新美学以马克思主义唯物主义认识论为哲学基础[尽管此哲学基础未能像早于《新美学》的《新艺术论》和晚于《新美学》的《新美学》(改写本)那样被置于非常醒目的位置],强调客观事物对于人类审美活动的第一性地位,旗帜鲜明地提出"美即典型"的美的本质核心命题,并将它具体贯彻到美论、美感论和艺术论三大美学研究领域。蔡仪美学从总体上可称为客观典型论美学。

需要提醒的是，从《新美学》到《新美学》（改写本），前后近40年，蔡仪始终坚持美学就是研究美的学问的"美学"（Callistics），而非"美学之父"鲍姆加登创立的研究感性认识的完善的"感性学"（Aesthetics）或者目前国内有一定认可度的研究审美活动及其关系的"审美学"。为此，有别于20世纪中国其他美学家，蔡仪高度重视美学的客体对象研究，其著名的"美即典型"命题就是在此背景下提出的。这也使他能够从客体事物出发，高度注意美的分类问题，并给予尽可能专业的解释。通过"美感论"部分，我们不难看到，蔡仪并没有忽略美感问题研究，他只不过是从其客观美论立场给予美感以特别的解释罢了。

【思考问题】

1. 蔡仪是怎样从美学的途径、美学的领域和美学的性格三方面强调美学方法论问题的？你怎么看待美学方法论对美学研究的意义？

2. 总体而论，蔡仪是怎样界定"美学"的？在他看来其"新美学"到底"新"在何处？

3. 蔡仪是如何提出并分析其"美的本质就是事物的典型性"这个观点的？你认为他引用毕非尔神父、宋玉、亚里士多德、康德和黑格尔等人的言论或思想能否证明其观点？你怎么评价蔡仪的"美即典型"说？

4. 蔡仪是怎么看待事物变化的统一和秩序、比例和调和、均衡和对称与美的本质的关系的？他为什么要分析这三者同美的本质的关系？

5. 如何理解蔡仪在"美的本质"一节最后提出的"美是客观事物显现其本质真理的典型"这个观点？其中提到的"真理"有何内涵？你怎么看待真理与美的关系？

6. 蔡仪说"种类就是一些有相同的属性条件的事物所构成的"。蔡仪关于美的种类的划分有两种方法，这两种分类法各自的依据是什么，有什么特点？

7.李泽厚在《〈新美学〉的根本问题在哪里?》中曾指出"蔡仪美学的根本的缺陷……首先在于缺乏生活——实践这一马克思主义认识论的基本观点",你怎么看待这一评价?你认为蔡仪美学的特点是什么?其美学对你有何启发?

【扩展阅读】

蔡仪:《美学论著初编》(上下册),上海文艺出版社,1982年。

蔡仪:《蔡仪美学文选》,河南文艺出版社,2009年。

蔡仪:《蔡仪文集》(全10卷),中国文联出版社,2002年。

钱竞:《中国马克思主义美学思想的发展历程》,中央编译出版社,1999年。

李世涛、戴阿宝编著:《中国当代美学口述史》,中国社会科学出版社,2014年。

美学方法论(节选)①

引言②

美学思想的发达本非常之早，而美学的成立却非常之迟。在西洋纪元前数世纪的希腊，苏格拉底(Socrates)和柏拉图(Plato)都有关于美的片断的言论，而亚里士多德(Aristotle)则有关于艺术理论的专著《诗学》；在中国也是纪元前数世纪，孟轲荀卿都有关于美的片断的言论，而公孙尼子则有关于艺术理论的专著《乐记》。艺术理论原也是关于美的理论，只是关于美的理论不仅是艺术理论，所以据一般的说法，美学的成立则是落后得多。由于十八世纪德国哲学家邦格腾(Baumgarten)曾著有《感性学》一书③，内容是论究美学的一般的问题；接着同时代的大哲学家康德(Kant)曾著有《判断力批判》一书，内容也曾论究美学的一般的问题，于是美学得以当作独立的学问而成立。

不过就照这一般的说法，美学的成立也已两百年了，而我们却不得不说，主要的美学思想还在彷徨歧路，误入迷途，美学的最主要的对象不但没有认清，而且为多数哲学家及美学家所疏忽；美学的最根本的问题不但没有解决，而且为多数哲学家及美学家所混淆。这种情形发生的原

---

① 【编注】本标题下文字系蔡仪《新美学》(群益出版社1947年版)第一章"美学方法论"中五个部分的节选。原书第一章前有引言，主体部分共三节，即"美学的途径""美学的领域""美学的性格"。

② 【编注】本文系《新美学》第一章引言，标题为编者所加，全文选自蔡仪：《美学论著初编》上册，上海文艺出版社1982年版，第184—185页。

③ "感性学"原名 Aesthetics，Aesthetice 一词即由此而来，Aesthetics 今人有译之为美学者，而其实源出于希腊文 Aisthetikos，意为"感性学"或"感性之学"，意译为审美学尚说得过去，若译为美学则失其原义了。

因,不用说是非常复杂的,但是总括起来,我们可以说是方法的错误。

因此我们在论究美学的一般的问题之先,且就过去的美学的方法来加以检讨,这样也许可以得到一个比较正确的出发点吧!可是过去的美学的方法,关联的范围太大,性质也太复杂,我们不能也不必作详细的分析,现在只就美学方法中最重要的三点,略为述及,来作一个概括的导言。

哪三点呢?一是美学的途径,二是美学的领域,三是美学的性格。现在就按这三点来逐次说明吧!

新美学的途径①

对于旧美学各派的美学方法中第一点,从怎样的途径去把握美的本质的问题,我已作了一个广泛而简单的检讨,知道他们的方法,或者由主观意识去考察美,或者只由艺术去考察美,但是艺术的美是凭借主观意识所创造的,而主观意识的美感又是客观存在的美的反应,所以结果都是失败了。

那么新美学的途径应当怎么样呢?

我认为美在于客观的现实事物,现实事物的美是美感的根源,也是艺术美的根源,因此正确的美学的途径是由现实事物去考察美,去把握

---

① 【编注】本文系《新美学》第一章第一节"美学的途径"第五部分,标题系原有,全文选自蔡仪:《美学论著初编》上册,上海文艺出版社1982年版,第197页。原书第一章第一节共五个部分,前四部分依次为"怎样去把握美的本质""形而上学的美学之途径""心理学的美学之途径""客观的美学之途径"。第一节第一部分明确指出"美学的途径的问题,便是怎样去把握美的本质"(《美学论著初编》上册,第185页),随后的三个部分分别阐述了旧美学三大派的美学途径。在蔡仪看来,形而上学的美学源于形而上学的哲学,是用抽象思辨的方法关注主观意识,认为美的根源在于主观意识的美学研究;心理学的美学运用的是心理学的经验归纳方法,认为美在于意识或心理状态的美学研究;客观的美学是单从艺术或艺术品来考察美的美学。

美的本质。

认为美在于客观的现实事物,也是过去一部分哲学家所主张过的,法国唯物论大家荷尔巴哈(Holbach)便曾说:"如果我们不把美这个字连结于某些以一特殊方法而接触我们感官的事物,及把这种资质举以相属于我们的事物,那么美这个字给我们表示了什么呢?"这不是显然主张美是在于客观现实事物吗?

美既在于客观事物,那么由客观事物入手便是美学的唯一正确的途径。

美学的全领域及其相互关系①

由上所述,我们可以知道,美学的全领域是包括美的存在,美的认识和美的创造;也就是包括美、美感和艺术。而过去的许多美学家,或者只是以美感当作美学的全领域,或者只是以艺术当作美学的全领域,显然是错误的。但是这并不是说过去的美学家没有人注意到美学全领域的这三方面,不是的,确也有些美学家注意到了,只是关于这三者的相互关系,又因为对于美的根源的看法不同,而有不同的说法。第一是认为美的根源在于观念之说者,则认为先有精神中的美,由此反映而有实现事物的美,再由客观事物的摹写而有艺术的美,如柏拉图之说便是如此。第二是认为美的根源在于感情之说者,以为外物的美与艺术的美同为感情的移入。即由感情的美产生外物的美和艺术的美,如立普斯(Lipps)之说便是如此。

这就是说,第一说是认为美学全领域各部分的相互关系,是由美感

---

① 【编注】本文系《新美学》第一章第二节"美学的领域"最后一部分,标题系原有,全文选自蔡仪:《美学论著初编》上册,上海文艺出版社1982年版,第203—205页。原书第一章第二节共五个部分,这里所选是对此前"美学的途径与其领域""美的客观存在与美学的领域""美的认识与美学的领域""艺术与美学的领域"四部分内容的总结。

到现实美再到艺术美;第二说是认为由美感到现实美,也由美感到艺术美。这是旧美学中注意到美学全领域这三方面者的主要意见。

但是以上的那两种说法我们认为是不对的。第一说的认为美的根源在于观念,它的错误是我们在第一节里指摘过的,即事实上是美的观念根源于现实,而不是美的现实根源于观念。所以它的认为由精神的美到现实的美,由美感到美的存在是完全颠倒了的。即所谓由现实的美到艺术的美,大致说来这方向是不错的,艺术诚然是现实的摹写。不过倘若认为艺术的美是直接地由于现实的美的摹写,好像印刷品是雕板的摹写一样,即是完全错误的。因为一则这种直接的摹写,几乎是不可能的。艺术原是人为的东西,便要渗透人们的意识作用;唯有渗透人们的意识作用,艺术的摹写才有可能。二则即算艺术家非常客观地忠实地摹写外物,尽可能排除主观意识的作用,那么艺术的美必定是如柏拉图所说,较之现实的美为低的,然而事实证明真正艺术的美是较之现实的美为高。因此柏拉图式的美学领域三者的相互关系是不正确的。

第二说的认为美的根源在于感情,也是第一节里我们指摘过的,即美的感情的发生必须根源于客观的美的刺激,而不是客观的美根源于美的感情。所以它的认为由美感到外物的美是显然错误的。而且它又把艺术的美和现实的美,二者看成分道扬镳、各别并立的东西,也就是否认艺术是现实的摹写,艺术的美不根源于现实,这不用说是荒谬的见解。因为艺术的内容都是自现实中摹写来的,是不容否认的事实。至于有些艺术如所谓纯粹音乐等看去好像和现实没有关系,而实际上依然是和现实存在有关系的,只是其间的关系是不太明显而已。因此认为现实美和艺术美同样是意识的所产,以美感为美的存在及美的创造的基础,不用说也是错误的。

那么美学领域各方面的相互关系究竟怎样呢?

我们在最先便曾说过,美的存在是美学领域的其他二者的基础。因为美的存在也和其他的存在一样,虽是离开我们的意识而独立的客观存在,然而是可以为我们的意识所把握的。因为对于美的存在的能够认识,而发生美感，所以美感是由客观的美的存在所引起的。这就是说，美感的基础是美的存在。至于艺术则是通过主观的认识而对于客观现实的摹写。它是客观现实的摹写，可是得通过作者的意识作用。正因为通过作者的意识作用，现实的美得以加强而更美，所以艺术的美正如我们平时所了解的一样，是较之现实的美而更美（参看第四章第二节）。

总之，美学全领域的三方面，美的存在、美的认识和美的创造，三者的相互关系，第一是美的存在——客观的美，第二是美的认识——美感，第三是美的创造——艺术。美的存在是美学全领域中最基础的东西，唯有先理解美的存在然后才能理解美的认识，然后才能理解美的创造。第一节里所说要把握美的本质须从现实的美入手，原因也在这里。

只有正确地设定了说美学全领域及其相互关系，然后才能建立正确的美学。

美学的途径领域及其性格[①]

一门学问有它独自的性格，美学也应当是这样，但美学的性格究竟如何呢？这是我们现在要考察的。

所谓学问的性格，就是这门学问的所以独立自存而和其他的学问不同的特点。学问的性格也可以说是决定于方法和对象的，然而学问性格

---

① 【编注】本文系《新美学》第一章第三节"美学的性格"第一部分，标题系原有，全文选自蔡仪：《美学论著初编》上册，上海文艺出版社1982年版，第205—207页。原书第一章第三节共五个部分，所选第一部分之后的三个部分分别是"艺术学与美学的关系""心理学与美学的关系""一般哲学和美学的关系"。这三部分的结论性要点转录如下："艺术学和美学的关系，好像内切的两个圆，艺术学是内切于美学的。"（《美学论著初编》上册，第208页）"总之心理学和美学的关系则在于美感。美学虽在美感上和心理学相关，但美学尚是美学，心理学尚是心理学，美学和心理学是同等并列的，好像两个圆在美感上相交。"（同上，第209页）"哲学和美学的关系，若用上面的譬喻来说，也好像两个内切圆，可是这次是美学内切于哲学的。"（同上，第212页）

的构成,又不能不说是学问方法中的一个要点。一门学问若没有它独立自存的特性,不是这学问不能成立,便是它方法的错误。

关于美学的性格,过去许多人曾论及过。大致说来,旧美学中的形而上学的美学派,主张美学是规范之学。若是根据莫伊曼(Meumann)的话来说,美学原是研究事物怎样才是美和怎样才是丑。我们对于事物的美丑决不能一视同等,毫无轩轾,而是要予以评价,分别高低。说到事物的美丑的评价,便须有一个究极的规范。即以美的规范为标准,乃能实行评价,所以美学是一种规范之学。于是形而上学的美学者确曾设定许多美的规范,如均衡、调和、变化的统一等。

相反的,在旧美学中的所谓客观的美学派,则主张美学只是说明之学,我们在上面所引泰纳的话便是一个好例。他说:"我自己的唯一的任务,便是把事实提供给大家,把那事实如何产生提示给大家。我努力于所追求的真理,一切精神科学所采用的近代方法,不外是把人类的作品,特别是艺术的作品,有究明其性质,探求其原因的必要。把它当做事实及产物去考察,毫无超乎这以上的东西。"也就是说,美学是仅仅说明事实,不需要评价,也不需要规范。

这是旧美学的两种主要倾向,心理学的美学之中,纯粹心理学的美学则接近于前者,而实验美学约同于后者。

关于学问的分为说明之学和规范之学,这种分法本身便成问题。事实上没有一种学问可以说是单纯的说明之学,也没有一种学问是单纯的规范之学。因为一切学问都应当是由事实以去把握法则,所谓规范又应当是根据这事实的法则而设定的,离开事实的法则便无所谓规范。唯事实的法则,在把它当作纯粹的客观存在来说明,或把它当作和人类的关系来说明,其间虽稍有不同之处,但人们的学问,无论如何也不能不把事实的法则联系到它和人类的关系来说明。即以自然科学来说,也不能单是说明之学。植物学不能不说到各种植物和人的关系,动物学也不能不说到各种动物和人的关系,它们是如何有益有害,如何培植饲养,都是利用事物的法则来作各种植物和动物的评价。而这些法则就是一些规范。

《美学及一般艺术学》的著者窦梭(Desoir)便曾说,在美学上,一切的说明,同时都可以为一种规范。这意见是非常之对的。人们要把握着事物的法则,同时也要由这事物的法则来改造事物。正如我们在上面所引用的名言:"人则能够按照各种种的尺度而生产,而且能够利用任何对象内在的尺度;因之,人按照美的法则,也同样形成了美。"因此所谓美学是说明之学或规范之学的说法,简直是无意义的,美学是说明之学,同时也是规范之学。

但是美学的性格应如何去考察呢?

要理解美学的性格,最好是将它和其他相关的学问来比较一下。和美学相关非常密切的学问,根据上面所述的来看,很显然是有三种:第一是艺术学,第二是心理学,第三是一般哲学。

美、美感和艺术的关系及其发展法则之学[1]

因此我们知道,美学的性格,其第一特点,我们在这里虽未特别说明,但是很显然的,它是以美的领域为对象,而和一般自然科学或社会科学不同的。第二个特点,即它是以美的全领域为对象,也和艺术学和心理学是不同的。第三个特点,即它是关于美的存在和美的认识的关系及其发展的法则之学,故其本质是哲学的,是以哲学为基础的,但仅是哲学的一部分,或者说是哲学的一分枝,是次于哲学的。

---

[1]【编注】本文系《新美学》第一章第三节"美学的性格"第五部分,是对第三节的总结。标题系原有。全文选自蔡仪:《美学论著初编》上册,上海文艺出版社1982年版,第212页。

美的本质①

美的本质是什么呢?

我们认为美是客观的,不是主观的;美的事物之所以美,是在于这事物本身,不在于我们的意识作用。但是客观的美是可以为我们的意识所反映,是可以引起我们的美感。而正确的美感的根源正是在于客观事物的美。没有客观的美为根据而发生的美感是不正确的,是虚伪的,乃至是病态的。

然而究竟怎样的客观事物才是美的客观事物呢?美的客观事物须具备着怎样的本质的属性条件呢?或者说美的本质是什么呢?

我们认为美的东西就是典型的东西,就是个别之中显现着一般的东西;美的本质就是事物的典型性,就是个别之中显现着种类的一般。于是美不能如过去许多美学家所说的那样是主观的东西,而是客观的东西,便很显然可以明白了。

孟德斯鸠(Montesquieu)有一段话说:"毕非尔神父说,美就是最普遍的东西集合在一块所成的。这个定义如果解释起来,实是至理名言。他举例说,美的眼睛就是大多数眼睛都像它那副模样的,口鼻等也是如此。这

---

① 【编注】本标题下文字系蔡仪《新美学》(群益出版社1947年版)第二章"美论"之节选。原书第二章前有引言,主体部分共四节,即"旧美学'主观的美'论的矛盾""旧美学的美论的错误""美的本质""美与事物的个别及种类"。这里全文选录其中的第三节"美的本质",选自蔡仪:《美学论著初编》上册,上海文艺出版社1982年版,第237—247页。前两节通过对"主观的美论"美学和"客观观念论"的美学的考察,指出这些旧美学的美论的错误在于,要么是"多为美感论",要么是偏于形式主义(即从事物的统一和秩序、比例和调和、均衡和对称等并非美的事物所特有的属性特征考察美)。

并非说丑的鼻子不比美的鼻子更普遍,但是丑的种类繁多,每种丑的鼻子却比美的鼻子为数较少。这正像一百人之中,如果有十人穿绿衣,其余九十人的衣服颜色都彼此不同,则绿衣终于最占势力一样。"在他这一段话里,说美就是最普遍的东西集合在一块所成的。并举实例说,美的眼睛就是大多数眼睛都像它那副模样的,叫我们更能明了所谓美的就是典型的,典型就是美。

再引宋玉《登徒子好色赋》来说:"天下之佳人莫若楚国,楚国之丽者莫若臣里,臣里之美者莫若臣东家之子。东家之子,增之一分则太长,减之一分则太短,着粉则太白,施朱则太赤。"在这里很显然的,这位美人的形态颜色,一切都是最标准的,也就是概括了"臣里""楚国",天下的女人的最普遍的东西了。由此可知她的美就是在于她是典型的。

这样的美是典型的意见,其实也并不是过去的美学家、哲学家完全没有触到过。还是因为他们的整个的思想系统陷于观念论,及他们的对于美和美感的混同不分,以致他们的正确的解答,都是片断地或弯曲地提出来了。

亚里士多德《诗学》的暗示

首先我们还是不得不说及亚里士多德。他虽然曾说美是调和、对称或变化的统一,但是他在所著《诗学》一书里论诗时,认为诗固然摹写自然,但不是徒事抄袭自然。而是从自然的特殊的现象之中,概括其普遍的东西。他认为诗和历史的不同,不在于用韵不用韵,而在于历史只是记载已有的个别的事实,诗则描写可能有的普遍的事实。他说:"诗较之历史是更为哲学的,品格亦较高。盖诗发扬普遍,而历史记载特殊。所谓普遍,意思是说,某种人,处某种情况之下,则依或然律或必然律,当如是言,或如是行;而此种普遍性,即诗之目的所在,特借其所附丽于人物之名以表出之而已。"这种思想,无论怎样朴素或不充分,但是最先也最正确地突入了美学上的中心问题,即所谓美的本质的问题。

因为一切的艺术——当然诗也包括在内,都是创造美的,这是不用怀疑的。而亚里士多德在这里认为诗发扬普遍,或者换句话说,是概括客观的个别事物之中的普遍的东西,那么他的所谓普遍的东西便和美有密切的联系。试看他的所谓普遍,并不是单纯的空洞的普遍;比之历史的事实来说,还得通过某种人,还得通过这种人在某种情况之下的某种言行,也就是得通过具体的个别的东西,不过这些具体的个别的东西,不是当作单纯个别的东西而存在,而是为着发扬普遍,也就是为着显现一般的东西而存在,而获得它的意义。所以亚里士多德的意思就是说,诗是通过特殊的个别的东西以具现普遍的一般的东西的。在这时候,个别的特殊的东西是为着具现普遍的一般的东西的,所以个别的特殊的东西是次要的、从属的,而普遍的一般的东西是根本的、决定的。于是全体说来,诗所要描写的就是我们的所谓典型,所以他的意思,简言之就是,诗是描写典型,或者创造典型。我们可以知道,典型的东西就是美的东西,典型便是美,事物的典型性便是美的本质。

我们对于亚里士多德的诗的理论这样地解释,不会是牵强附会的吧!当然他在《诗学》中的讨论原是片断的,而今所存的《诗学》又是残本,我们很难究其整个体系,但这里所述的无论如何是《诗学》里的第一个要点。

康德的美论的一面

其次,我们便要就康德的美学思想来看。康德的美学思想固然和他的整个哲学思想一致,全体说来是偏于观念论的。他的批判哲学原是从主观的认识出发,而又不能通过主观的认识达到客观的存在,所以称为"懦怯的不可知论"。因此客观的美,在他也是不可知的。不过在他的美学思想中也有非常珍贵的对于客观事物的美的本质的暗示,犹如他的观念论的哲学体系中有唯物论的要素一样。

他认为美不是由悟性去把握,而是"想象力和悟性是自由的""心意状态"之下,引起的愉快的感情。他认为这是纯粹的美,称之为自由美。但是他又曾认为在对象被观察时,要以种类的概念为前提,要以种类的概念来补足,然后才能作美的判断,引起愉快的感情。这也是一种美,这种美是从属于种类的概念的,不是自由美,他称之为从属美。

在这里我们可以看出康德的美学思想,一方面因为他哲学思想的陷于观念论,和他美学思想的从美感考察出发,所以他的美学思想体系是混乱而错误的;另一方面是他还没有完全抹杀美的事实,虽然是由美感去规定美,却还透露着关于美的本质的暗示。关于前者和他对于美感的考察,我们在这里不必详及;而关于后者,正是我们现在要讨论的。

要讨论康德的关于美的本质的暗示,我们还须从康德的所谓概念入手。原来他的所谓概念在本质上是纯粹主观的东西。但是在我们看来,概念是客观事物的普遍性在意识上的反映,是有客观基础的。所以种类的概念,也就是有客观的基础的,是客观的种类的事物之普遍的属性条件的综合的反映。于是康德的所谓从属美,即对象被观察时要以种类的概念为前提而引起愉快的感情的那种美,若是不和康德一样只是从主观的美感方面来考察,而从客观的对象方面来考察,就是客观的事物显著地具备着种类的属性条件。也就是说,客观的个别的事物明显地表现着它的种类的属性条件,这个别的事物便是美的。

梅林(Mehring)在所著《美学概论》中曾介绍康德的美学思想说:"美有美的效果是从属于种类的概念。种族愈多地表现于个人之中,个人便愈美。"这便是说,种族的属性条件,愈丰富地表现于某一个人身上,这样的人愈是美的。这几句话正和我们所说的一样。个人的美是由于这个人丰富地具备了种族的普遍性。同样,其他的个别的事物的美也可以说,就是由于它丰富地具备了它种类的普遍性。

个别之中丰富地显著地具现着一般,就是典型,因此也就是说,典型的东西是美的东西,美的本质就是典型的典型性。

然而我们不能疏忽,这里所说的美,却是康德的所谓不纯粹的美,所谓从属美。除此之外,康德认为还有一种纯粹的美,即所谓自由美。那种自由美是"没有概念"的,也就是不由悟性把握的。在这里正包含着康德的认识论上的一个罅隙,也表现着他的由美感去考察美的一点混乱。因为美感并不就是快感,没有只通过感性而不通过悟性的。在美的鉴赏时,虽有因为不自觉的美的观念突然的满足而获得愉快,但决不会有不通过悟性而获得的美感。也就是说,如康德所谓没有概念而给予普遍的愉快的美,实际上是没有的,不丰富地具备着种类的普遍性的美,实际上是没有的。

我们也不能疏忽,这里说没有康德的所谓自由美,而康德却以为自然美就是自由美。可是关于这点,上面所引的例子便能为我们答复。人原是一方面和自然对立,一方面又是自然的一部分。当作社会的人虽不是自然的,而当作种族成员的人却是自然的。上面所说"种族愈多地表现于个人之中,个人便愈美",这里所说的个人的美,就正是一种自然美。自然美原来就是种属的普遍性所决定的,这个人的美也就是在于愈多地表现了种族的普遍性。所以自然美也不是如康德所说,是"没有概念"的。

康德认为"各种艺术作品,是按我们观察上现有的一个概念而创作的,否则我们对于那艺术作品不能作美的判断",故艺术美是从属美,不是自由美。自由美不存于艺术之中,只存于自然之中。同时他又认为自由美较从属美是纯粹的,也就是自然美较之艺术美是高级的。这里不正是显然暴露了康德的所论和事实的不符吗?因为事实是艺术美高于自然美,不是自然美高于艺术美呢!

总之康德的美学思想体系是错误的,但是在他的美学思想中也包含着美的本质的宝贵的意见。即他认为对象被观察时要以种类的概念为前提而引起愉快的感情的是美。从他的这种意见之中,我们可以知道他的这种美,就是我们所说的典型。

黑格尔美论的背面

同样,在黑格尔的美学思想中,也包含着关于美的天才的卓见。

黑格尔的美学是被称为"具象理念论"的。他的美学思想,不用说也是和他的整个哲学思想是一致的，是以其所谓理念为基础的。他说："理念从感官所接触的事物中照耀出来于是有美"，"无限的理念显现于有限的感觉境界里便有美"。他的哲学思想正如前人所说是头脚倒竖的，他的所谓理念其实并不是如他所说的一样是渊源于绝对理念、绝对精神，而是和一般所谓概念一样是渊源于客观事物的。也就是说，这是客观事物的普遍性在意识上的反映。于是他的所谓美就是有限的感觉境界中显现着理念，照我们的话说就是个别中具现着普遍，也就是说，美就是典型。

他又曾说："理念本身虽属平等，而所显现的事物则常有差别，事物个性的差别愈著，则所表现的理念愈显明。"在这里他的话看来似乎和上面所说的矛盾，但是他的所谓个性的差别愈著，原不是说和种类的一般的属性条件不同的个别的属性条件非常显著，而是说，因属性条件不同或属性条件构成形态不同而生的个体性，和其他的事物的差别愈著。这样的个性和其他事物的差别愈著，也就是表现着种类的一般的东西愈著，也就是他的所谓"表现的理念愈显明"。当然这样的东西是典型的东西，也就是美的东西。

因此从黑格尔的美学思想中也可以看出，美就是个别之中显现着一般的典型。

而且黑格尔的美学思想中尚有一个宝贵的意见，就是他的所谓理念原是辩证地发展的，所以他的所谓以理念为基础的美也是辩证地发展的，这看他的艺术史论很可以明白。只是关于这点，我们这里只能这样简单地提及，待以后的机会再详说。

美的本质与美的条件

如上所述，美的事物就是典型的事物，就是显现着种类普遍性的个别事物。美的本质就是事物的典型性，就是这个别事物中所显现的种类的普遍性。但是种类的普遍性显现于个别事物之中，必得通过这个别事物的特殊性，而不能在个别事物之中显现着单纯的种类的普遍性。只是显现着单纯的普遍性，事实上便不能是客观存在的个别事物，而是一个空洞的抽象的架子，或者如现在一般人所说的类型。这样类型的东西，只能是经过我们意识的抽象作用而得的一个抽象概念，如几何学上的无长短宽窄厚薄的点一样。也就是说，在客观事物之中单纯的种类的普遍性本身也是没有的。

因此所谓普遍性和特殊性之间原没有什么不可超越的鸿沟，如一般形而上学的哲学家所想的那样。也就是说，普遍性和特殊性原是互相渗透的，互相推移的。也就是说，所谓普遍之中有最普遍的和次普遍的，所谓特殊之中也有次特殊的和最特殊的，对最普遍的普遍性来说，次普遍的普遍性已有相对的特殊性的要素，而对最特殊的特殊性来说，次特殊的特殊性也有相对的普遍性的要素。于是所谓普遍性通过特殊性而显现出来，详细地说，就是最普遍的通过次普遍的，次普遍的通过次特殊的，次特殊的通过最特殊的，这样普遍性才能通过特殊性而显现出来，其间的过程是无限的，也就是其间通过的条件是无限的。

由此我们说，美的本质就是个别事物中显现着的种类的普遍性，美的事物就是种类的普遍性显现于其中的个别事物。也就是说，美就是美的本质表现于事物的特殊的现象之中。于是美的本质表现于事物的特殊的现象，也就得通过许多美的条件。那么我们现在便得考察，我们曾说的那些为形而上学的美学者所提出的美的条件，和这里所说的美的本质，两者的关系究竟是怎样。

首先还是说到变化的统一和秩序。关于这两者，我们认为不是美的条件，只是一般事物的属性条件。

既是一般事物的属性条件，当然也就是美的事物的一般的属性条件。既是美的事物的一般的属性条件也就和美的本质不能没有关系。

变化的统一和秩序对于美的本质是有关系的，但其间的关系是和一般的美的条件对于美的本质的关系不同。因为它们是对于一切事物的规定，也就是对于美的事物的规定，于是就全体事物来说，它们是本质的，而事物的典型性却是条件的。于是它们是规定美的本质的，而不是美的本质规定它们的。不过形而上学的美学思想往往是偏于形式的，所以它们对于美的本质——典型性的规定，并不是全体的规定，而是形式方面的规定。这就是说，单从形式方面来看，我们所谓个别中显现着一般，已是包含有变化的统一。但是所谓个别中显现着一般，是以一般为优势的、主要的，而所谓变化的统一，却没有明白指出变化与统一的对比关系。同样，我们所谓个别中显现一般，是有秩序的；但只是说秩序，也不能明白个别性和一般性的关系。所以变化的统一和秩序，不是美的本质所规定的，所以它们不是美的条件。

其次我想说到比例和调和。关于这两点，我们认为是单纯现象的美的条件，而不是个体事物的美的条件。也就是说它们主要的是对于形式的规定，不是美的实体和关联的规定。但是他们的所以能成为单纯现象的美的条件，却正是因为在它们之中显现着单纯现象的普遍性，大自宇宙构造，小至原子电子，只从形式上当作单纯现象来看，都是有比例或调和的。

譬如黄金分割率的线段是美的，为什么是美的呢？因为包含有比例；为什么包含有这种比例是美的呢？我们借采辛自己的话来说罢，"天地间茫茫星海里各大行星的距离，小至人身百体，以至一草一木，几乎全是照着这样的比例构成其大然的美观"。但是我认为不是这些事物照着这样的比例构成天然的美观，而是这些事物之间都有这样的比例；这样的比例是它们的普遍性，于是包含有这样的比例的是美的，表示这样比例的线段，即黄金分割率的线段也是美的。同样霍嘉兹的波状线的所以是美的线条，原因也在于它是宇宙中许多事物的形式的最一般的东西。英国艺术批评家罗斯金（Ruskin）曾说："凡是美的线形，都是从自然中最常见的线形抄袭来的。"这句话也正可以作我们一个最好的注脚。至于调和的音响，调和的颜色，也正是因为这些音响的配合，颜色的配合，是宇宙间最常有的，是宇宙现象中普遍的东西。所以比例和调和，是单纯现象的美的条件，正是因为它们之中包含着美的本质——即单纯现象的普遍性。

最后我们说到均衡和对称。我们认为均衡和对称，对于事物的形体的美是有相当的规定性,是事物形体美的一个条件。而它们的所以成为事物形体美的条件,则又是因为它们是最大多数事物的形体的普遍性。我们在上节曾说,一切生物的常态几乎都是均衡的,其中尤以一切动物的常态几乎都是对称的。而且天体、地球、行星等都是均衡乃至对称的。因此均衡和对称原是事物形体的普遍性,形体是均衡或对称的,单就其形体说是美的。至于画家的以偃卧的古松、欹斜的弱柳入画,虽然不能表现生物形体上的普遍性,却能表现着它们枝叶向荣的不屈不挠的欣欣生意,就是表现了生物的最主要的普遍性了。动物的最主要的属性可以说是表现它生命的活泼的活动,但从正面决不容易表现这一点,所以画家多是画侧面,这样才容易表现这动物的动态。因此形体上的普遍性的均衡和对称,是可以被忽视的。

总之,比例和调和、均衡和对称,它们的成为单纯现象的美的条件,或事物形式上的美的条件,正是因为它们表现着种类的普遍性,表现着美的本质。

美是客观事物显现其本质真理的典型

任何客观的个别事物,一方面是当作个别的事物而存在,另一方面又是当作种类的具现者而存在。因为离开了个别便没有种类,而不属于任何种类的个别事物也是没有的。也就是说任何客观的个别事物之中,固然有它个别的东西,同时又有它所属的种类的东西,换句话说,任何个别事物是个别的东西和种类的东西的统一。而美的事物则不仅是个别的东西和种类的东西的统一,而是个别的东西显现着种类的东西。所谓显现不用说是显著地表现,这句话是站在我们鉴赏者的立场来说的,而站在客观事物本身来说,便是个别的东西之中完全地丰富地具备着种类的属性条件。它的个别的属性条件,是以种类的属性条件为基础的,是决定于种类的属性条件的,于是个别的属性条件和种类的属性条件一致而毫无矛盾。而就这事物的属性条件全体来说,也就是纯粹而不杂驳的。这时候个别的属性条件是为种类的属性条件而有的,是从属于种类的属性条件的;这时候种类的属性条件才不是空洞的抽象的,是渗透于个别的属性条件而表现的;这时候个别事物才丰富地完全地而且纯粹地具备着种类的普遍性于个别性之中。就这一点来说,孟子所谓"充实之谓美",是非常正确的,而荀子所谓"不全不粹之不足以谓美",也是很有道理。

总之美的事物就是典型的事物,就是种类的普遍性、必然性的显现者。在典型的事物中更显著地表现着客观现实的本质、真理,因此我们说美是客观事物的本质、真理的一种形态,对原理原则那样抽象的东西来说,它是具体的。

美的种类论(节选)[①]

引言[②]

我们认为美是客观的,但可以为我们的意识所反映。所谓美的事物,就是种类的属性条件较之个别的属性条件是优势的事物,也就是"个别里显现一般"的典型,这是我们对于美的基本的规定。现在便要根据这个规定,来考察美的种类。

只是我们这个美的规定,和过去观念论的美学家,无论形而上学的或心理学的美学家,都是不同的。因此我们这里要讨论的美的种类的问题,也就和他们是不同的。他们几乎都是将美的种类分为崇高、滑稽或悲、喜等等,我认为那是完全错误的,因为这些不是客观的事物所具备的,也就是和美的本质根本不同的。

要根据上面的对于美的规定来考察美的种类,即是要从客观事物本身获得美的分类的标准,要从客观事物本身获得各种类的美的特征。然而美的分类的标准却并不是客观事物的一般分类标准,因为有些客观事物的分类标准,并不能成为美的分类标准,即依那种标准分类时,不能获得各种类的美的特征。如有种客观事物的分类标准,依据它可以分客观事物为矿物、植物和动物;又有种客观事物的分类标准,依据它可以分客观事物为气体的、液体的和固体的。这些客观事物的分类标准,便不能成

---

① 【编注】本标题下文字系蔡仪《新美学》(群益出版社1947年版)第四章"美的种类论"中的五个部分之节选。原书第四章前有引言,主体部分共两节,即"单象美、个体美和综合美""自然美、社会美与艺术美"。

② 【编注】本文系《新美学》第四章"美的种类论"引言,标题为编者所加,全文选自蔡仪:《美学论著初编》上册,上海文艺出版社1982年版,第321—322页。

为客观事物的美的分类标准,因为依据它来分类,我们不能得到动物的美与植物的美各有什么特征,固体与液体的美又各有什么特征。即算说美的动物与美的植物,或美的固体与美的液体是有不同之点;但是这不同之点是客观事物本身的生物的物理的特征,而不是它们的美的特征。不过不用说,客观事物的美的分类标准也存于客观事物本身,而不在于客观事物之外,这是不成问题的。

那么我们要考察美的种类的问题,首先还是要考察客观事物本身。即由客观事物的构成状态及由客观事物的产生条件来考察,我们可以获得两种美的分类的标准,兹分节述之如下。

个别事物及属性条件的关系和美[①]

上面我们对于美的规定里所谓客观事物和属性条件,是相对而言的。即所谓客观事物的属性条件也是客观事物,而属性条件所依存的客观事物又是另一种客观事物的属性条件。

例如说,叶脉是树叶的属性条件,树叶是树木的属性条件,同时,网状或羽状又是叶脉的属性条件。也就是说,就叶脉来看,它虽是树木的属性条件之一,但它本身又是许多属性条件的统一,而叶脉不过是它许多属性条件之一。因此客观事物和属性条件的关系是能辗转推移,过程是无限的。于是我们说,美是客观事物的种类的属性条件较之个别的属性条件是优势的;在这里也不是确指怎样的"事物"或怎样的"属性条件"。而所谓事物和所谓属性条件的相互关系既是辗转推移,其过程是无限的,那么美也是随着那个过程而无限的。即就叶脉来说,它的种类的属性

---

① 【编注】本文系《新美学》第四章第一节"单象美、个体美和综合美"之第一部分,标题系原有,全文选自蔡仪《美学论著初编》上册,上海文艺出版社1982年版,第322—324页。原书第四章第一节共有九个部分,第二部分至第八部分分别是"个体部分的美即是个体美的部分""单象的种类与单象的美""单象美的特征""个体美与单象美""个体美的特征""综合体的种类和美""综合美的特征"。

条件可能是优势的，也就是它可能是美的；树叶呢？它的种类的属性条件可能是优势的，也就是它可能是美的；树木也同样可能是美的。

不过一株树木或一片树叶可能是美的，而它的美是很显然的；反之叶脉虽也可能是美的，而它的美则不显然。这是不是有客观的原因呢？这客观的原因就是树木原是一个完整的个体，它的美是完全由它的种类的一般性决定的。树叶虽是树木的属性条件，但它和树木的其他属性条件的关系不是密切不可分的。也就是它一方面是树木的属性条件，是从属于树木的，它的美也是从属于树木的，即由树木的种类的一般性所决定；另一方面它还是相当完整的个体，有相当的独立性，它的美也相对地由它自身的种类的一般性所决定。

叶脉则不然，它是树叶的属性条件，而且它的当作树叶的属性条件是和其他树叶的属性条件密切不可分的。于是它不是完整的个体，不是有独立性的个体，所以叶脉是完全从属于树叶的，它的美也是完全从属于树叶全体的美的，也就是叶脉的美不过是树叶的美的一个条件而已。

可是用药水把叶身的其他部分腐蚀，只余下叶脉，这时候我们却能看出有些叶脉是美的，有些叶脉是不美的；这时除叶脉之外没有所谓树叶了，而叶脉不是尚有美不美之分吗？这是不是有什么客观的原因呢？这原因就在于叶脉之外无所谓树叶了。因为没有所谓树叶，这时候的叶脉也便不是叶脉了，只是一些错杂的线条构成的形体。所以所谓叶脉的美，不在于它原是叶脉，而在于它原是线条构成的形体，也就是单纯的现象；那么它的美也就无关于树叶，只是由形体的种类的一般性所决定。

更进一步来看，树木又可以是山林的属性条件，山林呢，也可能是美的，而且山林的美是很显然的。不过山林原是多数树木和其他的东西所综合构成的，它的美，在于它是许多个体相互关联的综合体。这样的综合体也有它的种类，它的美便由这种类的一般性所决定。不过先得在这里说明一句，山林这种综合体的构成诸个体间相互关联的必然性少，也就是综合美低。

因此虽说客观事物的美，随事物和属性条件的关系之辗转推移的过程，而是无限的；可是依事物的构成状态不同，而有三种不同的美：一是单纯现象的美，可以简称为单象美；二是完整个体的美，可以简称为个体美；三是个体综合的美，可以简称为综合美。这三种美各有其特征，即所显的客观事物本质各有不同。

单象美、个体美、综合美三者的比较[①]

根据我们以上的考察，可以知道，单象美虽是由于单象的种类一般的东西，也就是本质的东西，可是它究竟是密接于现象范畴的，是偏于形式的美，引起的快感很强，而相对地美感则较弱。过去的形式主义的美学家主要的是注意到这种单象美，并以为单象美便是美的一切。所以康德认为真正的美——即他的所谓自由美，是不通过概念而能给予愉快的；至于须以种类概念为前提才能成为美感对象东西，只是附庸美，不是真正的美。

个体美虽由单象美所构成，但是构成个体美的单象美，都是适当地显现着个体种类的一般性，显现着实际存在的客观事物的本质。个体美不是偏于形式的，也不是偏于内容的，而是形式和内容恰好配合的。它引起的美感颇强，同时也不是超快感的，现实主义的艺术家相当地注意到这种个体美。但是一般的美学家，因为要接触到他们认为非智性不能把握的一般所谓客观事物的本质，这是他们的美学思想所不能达到的地方，于是遭了他们的白眼。

综合美虽由个体美所构成，但是主要的是显现着客观现实的规律、真理，和现象范畴有相当大的距离，换句话说，是许多非常错杂的现象的根柢里的本质的东西，也就是偏于内容的美，因此引起的美感非常之

[①]【编注】本文系《新美学》第四章第一节"单象美、个体美和综合美"之最后一部分，标题原为"三者的比较"，现改为"单象美、个体美、综合美三者的比较"，全文选自蔡仪：《美学论著初编》上册，上海文艺出版社1982年版，第338—339页。

强,可能是超快感的。过去的理想主义的美学家主要的是注意到这种综合美,并以为综合美便是美的一切。所以黑格尔认为美是理念显现于感官所接触的事物之中。

显然的,客观事物的美,依其构成状态的不同,是有单象美、个体美和综合美的区别。它们的美的性质既不同,美的等级也相异,个体美大致高于单象美,美感也较强。不过这并不是说单象美没有高级的,没有给予强烈的美感的,不是的,单象美也有高级的,给予强烈的美感的,如音乐便是。也并不是说个体美一定低于综合美,不能给予综合美那样强烈的美感,不是的,个体美也有非常之高的,如人体美便是。单象美之中既有低级的,也有高级的;个体美之中也有高级的,也有低级的;综合美之中既有高级的,也有低级的。虽然如此,一般的说,三者尚有等级之分。所以以个体为对象的艺术如绘画、雕刻,不能为追求单象美而破坏个体美,如未来派、表现派等的作品那样,这是舍本逐末,轻重倒置。以综合体为对象的艺术如文学,也不能于个体美之外追求综合美,如形式主义等的作品那样,不能创造典型,这是缘木求鱼,徒劳无益。

第二种美的分类法[①]

按照客观事物的构成状态来分别客观事物的美的种类,只是美的分类法之一;关于客观的美还有第二种分类法,即是按照事物的产生条件来分类,也可以将美分为三种,那便是这里要说的自然美、社会美和艺术美。这三种美,大致说来,不仅程度上有不同,而且性质上也有各别的特点。

所谓客观事物的产生条件是指什么呢?在这里即是指是否由于人力的参与,及参与着怎样的人力。换句话说,所谓自然美是不参与人力的纯

[①]【编注】本文系《新美学》第四章第二节"自然美、社会美与艺术美"之第一部分,标题系原有,全文选自蔡仪:《美学论著初编》上册,上海文艺出版社1982年版,第339—341页。

自然产生的事物的美,所谓社会美是参与人力而不为美的目的之一般社会事物的美,所谓艺术美是为着美的目的而由人力创造的事物的美。也就是说,自然美是(一)非人为的,(二)和人的美的认识无关系的;社会美是(一)人为的,(二)和人的美的认识无关系的;艺术美是(一)人为的,(二)根据人的美的认识而产生的。所以三者的产生条件是各不相同的。

我们这里所提出的这三种美之中,自然美和艺术美二者,从来的美学家和艺术理论家早已论到过,而且也承认它们之间的区别。不过那些观念论的美学家和艺术理论家,一则并不能正确地理解什么是自然美,什么是艺术美;二则只能独断地说自然美高于艺术美,或者艺术美异于自然美。

因为一般观念论的美学家及艺术理论家,或者是根本否认客观事物的存在,或者认为客观事物是不可知的,于是对于离开我们的意识而独立存在的自然美,怎么能够说是有的、是可知的呢?既没有自然美,艺术美又是怎样呢?艺术美当作附丽于离开我们的意识而独立存在的艺术品来说,在他们也应当是不能有,或不可知的。只是创作家在创作时他主观的美,而鉴赏者在鉴赏时又创造他主观的美。当作客观存在的艺术品本身的美便落了空。而他们的承认有自然美和艺术美根本是矛盾的。

我们对于自然美和艺术美的理解不是这样的。我们认为自然产生的事物中有美;不仅如此,我们又不是自然主义的思想家和艺术家一样认为只有自然产生的事物中才有美,而认为人为的事物之中也有美,人和人的关系之中也有美,即社会的事物中也有美;不仅如此,我们又认为客观事物的美和美的法则是可以认识的,而且可以根据这种认识以创造美的事物,也就是可以根据自然美和社会美或其法则以创造艺术美。

第八章

徐复观的中国艺术精神美学选读

本章导读

【作者简介】

徐复观(1903—1982),原名秉常,字佛观,后由熊十力据《老子》"万物并作,吾以观复"改为现名。中国现代新儒家重要代表人物之一,台港最具社会影响力的政论家,颇有影响的文学批评家和美学家。1903年1月31日出生于湖北浠水县一个农家,1982年4月1日病逝于台湾大学医院。徐复观的生命历程与学术思想颇有独特之处,可能是中国20世纪以来唯一有少将军衔的美学家。徐复观8岁始从父发蒙,曾先后在浠水县高等小学、湖北省立第一师范学校、湖北省立国学馆学习中国传统经典。1926年参加国民革命军,出任湖北省商协宣传部长、汉口民众会议主席。1928年赴日留学,先后就读于明治大学经济系和陆军士官学校步兵科。1931年"九一八事变"后中断学业提前返国,在国民党军队任职,投身抗战,参加过娘子关战役、武汉保卫战。1942年奉命到延安任军令部联络参谋,抗战胜利后,以陆军少将退役。1943年在重庆北碚勉仁书院拜熊十力为师,1947年在南京创办学术刊物《学原》月刊,1949年毅然脱离国民党高层政界,开始了在台港地区的学术生涯。同年6月在香港创办《民主评论》月刊,成为台港地区新儒学的主要舆论阵地。自1952年起,先后任台湾省立农学院、私立东海大学教授。1958年元旦,徐复观与唐君毅、牟宗三、张君劢联名发表《为中国文化敬告世界人士宣言》,被视为新儒学思潮在台港地区崛起的重要标志。1969年赴香港,在香港中文大学新亚书院任教。

徐复观在30年的教学生涯中,以极大的精力投入学术研究与写作,却无意营构形而上学体系,只是以思想史论和时政杂文孜孜探索儒家思想等中国文化的人文精神,形成了自己独具一格的文化哲学和中国文化观。徐复观的主要著作有《学术与政治之间》(台湾中央书局,甲集1956年版,乙集1957年版;甲乙合集,台湾学生书局1980年版)、《中国思想史论集》(台湾中央书局1959年初版,台湾学生书局1967年新版)、《中国人性论史·先秦篇》(台湾中央书局1963年初版,台湾商务印书馆1969年新版)、《中国艺术精神》(台湾中央书局1966年初版,台湾学生书局1966年新版,春风文艺出版社1987年版)、《两汉思想史》(卷一原名《周秦汉政治社会结构之研究》,香港新亚研究所1972年初版,后转由台湾学生书局出版,改用现名;卷二、卷三,台湾学生书局1976、1979年版)、《中国文学论集》(台湾学生书局1974年版)和《徐复观杂文》(共4种,台湾时报文化出版事业公司1980年版)等。徐复观著述结集目前有《徐复观全集》(九州出版社2014年版),收各类著述共25种26册,近800万字。

【阅读提示】

无论就个人旨趣还是代表作而论,弃军政而从学术的徐复观并非典型意义上的美学家。但坦言"并没有什么预定的美学系统"的徐复观,却凭一部"自自然然地形成为中国地美学系统"的《中国艺术精神》跻身于20世纪中国美学家行列。本书关注徐复观美学,首先是因为其《中国艺术精神》在20世纪60年代对中国美学尤其是儒家孔子和道家庄子美学的权威阐述及其重要影响,其次是由于他海外现代新儒家的特殊身份。海外现代新儒家中关注美学者还有方东美(1899—1977)、唐君毅(1909—1978)、牟宗三(1909—1995)、成中英(1935—)等,但较早从源头关注中国美学且产生重要影响的则非徐复观莫属。徐复观在中国艺术精神名下的中国美学史研究,毫无疑问是对王国维、宗白华、朱光潜等美学家在中西美学比较会通方面的研究的继续,特别是其"艺术精神"概念同王国维的"《红楼梦》之精神""《红楼梦》之美学上之精神"之间存在着显而易见的继承关系,且不限于学术术语方面。

《中国艺术精神》由主体十章和六个附录构成。主体部分,前两章论孔子和庄子对中国艺术精神的重要贡献;其余八章则专门论画,分别是"释气韵生动""魏晋玄学与山水画的兴起""唐代山水画的发展及其画论""荆浩《笔法记》的再发现""逸格地位的奠定——《益州名画录》的研究""山水画创作体验的总结——郭熙的《林泉高致》""宋代的文人画论"和"环绕南北宗的诸问题"。六个附录除了"中国画与诗的融合"外,其余基本都是有关具体书画问题的。

书前的"自叙"则主要交代了《中国艺术精神》的写作背景与意图。徐复观指出,人类文化有道德、艺术、科学三大支柱,而具有"人间""现世"性格的中国文化,由于征服自然的意识不强,科学方面不够发达,实以道德与艺术为两大"擎天支柱",且不仅有其历史意义,也有其现代和未来的意义。因此继其《中国人性论史·先秦篇》阐扬中国文化之道德精神之后,他要在《中国艺术精神》中接着阐扬中国文化之艺术精神。徐复观首先在"自叙"中概括地指出:"中国文化中的艺术精神,穷究到底,只有由孔子和庄子所显出的两个典型。由孔子所显出的仁与音乐合一的典型,这是道德与艺术在穷极之地的统一,……由庄子所显出的典型,彻底是纯艺术精神的性格。"这意味着《中国艺术精神》第一、二章是全书精华所在,而第二章又可谓精华中的精华。限于篇幅,本书对《中国艺术精神》第一章"由音乐探索孔子的艺术精神"的十节内容完全未顾及,仅选择了全书最精彩、最重要的第二章的小部分内容。《中国艺术精神》第二章共十八节,通过对庄子的道、美、乐、巧、游、无用、和、心斋及其人生观、宇宙观、生死观、政治观、艺术创造、艺术欣赏等多维度的具体阐释来揭示庄子所显现的中国艺术精神的内涵、特质与意义。本书选取了其中的四节,借此可以了解第二章乃至全书的主要内容。

先后问世的《中国人性论史·先秦篇》与《中国艺术精神》是徐复观影响最大的两部思想史论著,前者通过探究先秦人性论的发生发展而阐发中国道德精神,后者通过对儒道两家艺术精神及历代绘画和画论的考察而阐发中国艺术精神。《中国艺术精神》第二章对"庄子的再发现"之"再发现",应该有呼应《中国人性论史·先秦篇》第十二章"庄子的'心'"对庄子思想"初发现"的意味——对庄子的"初发现"着眼于庄子的人性论伦理思想史研究,"再发现"则着眼于庄子的艺术论审美思想史研究。徐复观思想史与美学双重视角下的中国艺术精神研究也是中国审美精神研究,代表着20世纪中国美学对自身传统美学思想的现代性认识,且表现出总体性的古今中西会通特征,因而具有不可轻视的美学史与学术史价值。

【思考问题】

1. 徐复观为什么要从道家特别是庄子的思想来阐发中国艺术精神?

2. 在徐复观看来,庄子所追求的"道"在何种意义上与一个艺术家所追求的"艺术精神"是相同的,又在何种意义上是不同的?

3. 第十二节中,徐复观是怎样分析、揭示"庄子的艺术精神发而为美地观照"的?

4. 徐复观在第十八节中说"庄子与孔子一样,依然是为人生而艺术",又说"对儒家而言,或可称庄子所成就为纯艺术精神",这两种说法是否矛盾?

5. 整体而言,徐复观是从哪几个方面通过对庄子思想的再发现来阐述中国艺术精神的?徐复观所谓的中国艺术精神在何种意义上可以理解为中国审美精神?

6. 徐复观在阐发庄子所突出的中国艺术精神时运用了哪些非中国的思想资源?你觉得徐复观的运用是否恰当?就此如何从内容与方法两方面评估徐复观的中国艺术精神研究?

【扩展阅读】

徐复观:《中国艺术精神》,春风文艺出版社,1987年;华东师范大学出版社,2001年。

徐复观:《中国人性论史·先秦篇》,上海三联书店,2001年。

黄克剑、林少敏编:《徐复观集》,群言出版社,1993年。

李维武编:《中国人文精神之阐扬——徐复观新儒学论著辑要》,李维武编,中国广播电视出版社,1996年。

宛小平、伏爱华:《港台现代新儒家美学思想研究》,安徽大学出版社,2014年。

中国艺术精神主体之呈现

——庄子的再发现（节选）[①]

第一节　问题的导出

道家的有老子、庄子，也像儒家的有孔子、孟子。孔子死后，儒分为八[②]；但将孔子的精神发展到高峰，以形成儒家正统的，还是孟子。老子以后的道家，有杨朱、慎到等互不相同的别派[③]；但将老子的精神发展到高峰，以形成道家正统的，还是庄子。孟、庄出生的时代，约略相同；在中国历史中所发生的影响，虽有积极与消极之殊，但其深入人心，浸透到现实生活部面的广大，亦几乎没有二致。所以我所写的《中国人性论史·先秦篇》，亦以儒道两家的思想为骨干而展开的。

儒道两家的人性论，虽内容不同；但在把群体涵融于个体之内，因而成己即要求成物的这一点上，却有其相同的性格。以仁义为内容的儒家人性论，极其量于治国平天下，从正面担负了中国历史中的伦理、政治的责任。虽然在秦后的大一统的长期专制政治之下，儒家思想，受到了歪曲、利用，因而在规模上也不免于萎缩；但我们只要肯深入到历史的内层中去，即可了解：凡受到儒家思想一分影响的人与事，总会在某种程度上为民族保持一线生机，维系民族一分理想与希望。即使是在受歪曲最多

---

① 【编注】本文节选自徐复观:《中国艺术精神》第二章"中国艺术精神主体之呈现——庄子的再发现"，台湾学生书局1966年初版、2013年再版，第45—56页、第96—100页、第131—136页。《中国艺术精神》第二章共18节，本章完整选录了其中的4节。

② 《韩非子·显学篇》。

③ 见《中国人性论史·先秦篇》第十三章四一七——四一八页。

的政治思想的这一部面而言,虽然孔、孟"为人民而政治"的理想,受到了夭阏;但勤政、爱民、受言、纳谏、尊贤、使能、廉明、公正这一连贯的观念,毕竟在中国以流氓、盗贼、夷狄为首的统治层中,多少争到一点开明专制的意味。换言之,儒家思想,在长期专制压迫之下,毕竟还没有完全变质。但以虚静为内容的道家的人性论,在成己方面,后世受老子影响较深的,多为操阴柔之术的巧宦。受庄子影响较深的,多为甘于放逸之行的隐士。从这一点说,庄子的影响,实较老子所发生的影响,犹较近于本色,而且亦远有意义。但在成物方面,却于先秦时代,已通过慎到而逐渐与法家相结合;致使此一追求政治自由最力的思想,一转手而成为扼杀自由最力的理论根据。这种不合理的发展,固然已经有许多人指陈过,是来自他们反人文建设的结果;但对老、庄思想的本质而言,却不能不算是一种逸脱了常轨的发展。至于通过方技以发展成为东汉所开始的道教,则只算是一种民族宗教的借尸还魂,与老、庄的原有面目,距离更远了。

在我国传统思想中,虽然老、庄较之儒家,是富于思辨地形上学的性格;但其出发点及其归宿点,依然是落实于现实人生之上。西方纯思辨性的哲学,除了观念上的推演以外,对现实人生,可以不必有所"成"①。中国的道家思想,既依然是落实于现实人生之上,假定此种思想,含有真实的价值,则在人生上亦必应有所成。不错,我已经指出过:老子是想在政治、社会剧烈转变之中,能找到一个不变的"常",以作为人生的立足点,因而得到个人及社会的安全长久②。庄子也是顺著此一念愿发展下去的。但这毕竟只是一种"念愿";对现实的人生来讲,不能说真正是"成"了什么。不像儒家样,一念一行,当下即成就人生中某程度的道德价值。固然,庄子是反对有所成的③。但我已经指出过,老、庄是"上升地虚无主义"④,所以他们在否定人生价值的另一面,同时又肯定了人生的价值。既肯定了人

---

① "成"的观念,系由《庄子·齐物论》中转用而来;这是与"用"相关连的观念。
② 见《中国人性论史·先秦篇》第十一章三二五页。
③ 《庄子·齐物论》:"凡物无成与毁。"
④ 请参阅《中国人性论史·先秦篇》第十三章四一五页。

生的价值,则在人生上必须有所成。或许可以说,他们所成的是虚静的人生。但虚静的人生,依然不易为我们所把握;站在一般的立场来看,依然是消极性的,多少是近于挂空的意味。我们能不能更进一步把握老、庄的思想,并用现代的语言观念,以探索这一伟大思想,归根到底,还是对人生只是一种虚无而一无所成?还是实际上是有所成,而为一般人所不曾了解?这是我在《中国人性论史·先秦篇》中尽力把庄子的思想,疏导为比较有系统的理论架构后,内心依然觉得庄子可能还有重要的内容,而未被我发掘出,因而常感到忐忑不安的。

这几年来,因授课的关系,使我除了思想史的问题以外,不能不分一部分时间留心文学上的问题;因文学而牵涉到一般的艺术理论;因一般的艺术理论而注意到中国的绘画;于是我恍然大悟,老、庄思想当下所成就的人生,实际是艺术的人生;而中国的纯艺术精神,实际系由此一思想系统所导出。中国历史上伟大的画家及画论家,常常在若有意若无意之中,在不同的程度上,契会到这一点;但在理论上尚缺乏彻底的反省、自觉。今人则喜欢在写实与抽象之间,为傅会迷离之说。这不仅辜负了此一伟大思想所应担当的历史使命;且对中国艺术的了解及发展,可能成为一种障碍。明人董其昌好以禅论画[1];日人受其影响,从而加以张皇[2]。夷考其实,则因庄子有与禅相通的地方,故有此近似而实非之论。本文之作,意欲补此缺憾,以开中国艺术发展的坦途。

第二节 道家的所谓道与艺术精神

首先我应指出的是:老庄所建立的最高概念是"道";他们的目的,是要在精神上与道为一体,亦即是所谓"体道"[3],因而形成"道的人生观",

---

[1] 董其昌以"画禅"名室,以见其微尚。

[2] 如日人铃木大拙在所著《禅与日本文化》中,特强调此点,即其一例。

[3]《庄子·知北游》:"夫体道者,天下之君子所系焉。"(五五页。本章《庄子》页数,皆指中华书局版《庄子集释》而言。)

抱著道的生活态度，以安顿现实的生活。说到道，我们便会立刻想到他们所说的一套形上性质的描述。但是究极地说，他们所说的道，若通过思辨去加以展开，以建立由宇宙落向人生的系统，它固然是理论的、形上学的意义；此在老子，即偏重在这一方面。但若通过工夫在现实人生中加以体认，则将发现他们之所谓道，实际是一种最高的艺术精神；这一直要到庄子而始为显著。他们不曾用艺术这一名词，是因为当时之所谓"艺"，如《论语》"游于艺"、"求也艺"之"艺"，及《庄子》"说圣人耶，是相于艺也"（《在宥》三六七页）的"艺"字，主要指的是生活实用中的某些技巧能力。称礼、乐、射、御、书、数为六艺，乃是艺的观念的扩大。西汉初年，则以六经为六艺，故《汉书·艺文志》称刘歆"奏其《七略》，有《六艺略》"。《世说新语》卷下之上，列有《巧艺》一目，其性质与今日之所谓艺术相当。及魏收作《魏书》，将占候、医卜、堪舆诸人，列为《艺术列传》，唐初所修各史因之；虽其中也列有篆书音律，但大体上无异于陈寿《三国志》所创立之《方伎列传》。惟《新唐书·艺文志》中之《杂艺术类》，《通志》之《艺文略》，《通考·经籍考》之《艺术类》，其内容可谓系《世说新语·巧艺》篇内容的发展。而清初所修《图书集成》，却仍视方伎为艺术而将其与书画等列在一起，这反而将上一发展的意义混淆了。近数十年来，因日本人用艺术一词，对译英文、法文的Art，而近代之所谓Art，已从技术、技能的观念中净化了出来，于是我们使用此一名词时，也才有近代的意义。在这以前，只有个别的名称，如绘画、雕刻、文学等等，而没有纯净的统一的名称。在现时看来，老、庄之所谓"道"，深一层去了解，正适应于近代的所谓艺术精神。这在老子还不十分显著；到了庄子，便可以说是发展得相当显著了。

不过在这里应当预先说明的是：儒道两家，虽都是为人生而艺术，但孔子是一开始便是意识地以音乐艺术为人生修养之资，并作为人格完成的境界。因此，他不仅就音乐的自身以言音乐，并且也就音乐的自身以提出对音乐的要求，体认到音乐最高的意境。因而关于先秦儒家艺术精神的把握，便比较显明而容易。庄子则不仅不像近代美学的建立者，一开始即以美为目的，以艺术为对象，去加以思考、体认，并且也不像儒家一样，把握住某一特定的艺术对象，抱定某一目的去加以追求。老子乃至庄子，在他们思想起步的地方，根本没有艺术的意欲，更不曾以某种具体艺术作为他们追求的对象。因此，他们追求所达到的最高境界的"道"，假使起老、庄于九原，骤然听到我说的"即是今日之所谓艺术精神"，必笑我把他们的"活句"当作"死句"去理会。不错，他们只是扫荡现实人生，以求达到理想人生的状态。他们只把道当作创造宇宙的基本动力；人是道所创造，所以道便成为人的根源的本质；克就人自身说，他们先称之为"德"，后称之为"性"。从此一理论的间架和内容说，可以说"道"之与艺术，是风马牛不相及的。但是，若不顺着他们思辨的形上学的路数去看，而只从他们由修养的工夫所到达的人生境界去看，则他们所用的工夫，乃是一个伟大艺术家的修养工夫；他们由工夫所达到的人生境界，本无心于艺术，却不期然而然地会归于今日之所谓艺术精神之上。也可以这样的说，当庄子从观念上去描述他之所谓道，而我们也只从观念上去加以把握时，这道便是思辨的形而上的性格。但当庄子把它当作人生的体验而加以陈述，我们应对于这种人生体验而得到了悟时，这便是彻头彻尾的艺术精神。并且对中国艺术的发展，于不识不知之中，曾经发生了某程度的影响。但因为他们本无心于艺术，所以当我说他们之所谓道的本质，实系最真实的艺术精神时，应先加两种界定：一是在概念上只可以他们之所谓道来范围艺术精神，不可以艺术精神去范围他们之所谓道。因为道还有思辨（哲学）的一面，所以仅从名言上说，是远较艺术的范围为广的。而他们是面对人生以言道，不是面对艺术作品以言道；所以他们对人生现实上的批判，有时好像是与艺术无关的。另一是说道的本质是艺术精神，乃就艺术精神最高的意境上说。人人皆有艺术精神；但艺术精神的自觉，既有各种层次之不同；也可以只成为人生中的享受，而不必一定落实为艺术品的创造；因为"表出"与"表现"，本是两个阶段的事。所以老、庄的道，只是他们现实的、完整的人生，并不一定要落实而成为艺术品的创造。但此最高的艺术精神，实是艺术得以成立的最后根据。并且就庄子来说，他对于道的体认，也非仅靠名言的思辨，甚至也非仅靠对现实人生的体认，而实际也通过了对当时的具体艺术活动,乃至有艺术意味的活动,而得到深的启发。例如《齐物论》:"地籁,则众窍是已。人籁,则比竹是已。"而所谓道的直接显露的天籁,实际即是"自己""自取"的地籁、人籁。并非另有一物,可称为天籁。所以天籁实际只是一种精神状态。但我们不妨设想,庄子必先有作为人籁的音乐(比竹,即箫管等乐器)的体会,才有地籁的体会,才有天籁的体会。因此,便也可以说,庄子之所谓道,有时也是就具体的艺术活动中升华上去的。《庄子》一书,这种例子到处都是。正因为如此,所以如本文后面所述,庄子对艺术,实有最深刻的了解;而这种了解,实与其所谓"道",有不可分的关系。现在先看庄子下面的一段文章:

> 庖丁为文惠君解牛,手之所触,肩之所倚,足之所履,膝之所踦,砉然向然,奏刀騞然,莫不中音;合于桑林之舞(《成疏》:殷汤乐名),乃中经首之会(《成疏》:经首,咸池乐章名,则尧乐也)。文惠君曰:嘻,善哉,技盖至此乎?庖丁释刀对曰:臣之所好者道也,进乎技矣。始臣之解牛之时,所见无非牛者。三年之后,未尝见全牛也。方今之时,臣以神遇而不以目视,官知止而神欲行。依乎天理……动刀甚微,謋然已解,如土委地。提刀而立,为之四顾,为之踌躇满志。善刀而藏之。(《养生主》一一七——一一九页,中华书局《庄子集释》本。后同。)

在上面的一段文章中,首先应注意道与技的关系。技是技能。庖丁说他所好的是道,而道较之于技是更进了一层;由此可知道与技是密切地关连著。庖丁并不是在技外见道,而是在技之中见道。如前所述,古代西方之所谓艺术,本亦兼技术而言。即在今日,艺术创作,还离不开技术、技巧。不过,同样的技术,到底是艺术性的?抑是纯技术性的?在其精神与效用上,实有其区别;而庄子,则非常深刻而明白地意识到了此一区别。就纯技术的意味而言,解牛的动作,只须计较其实用上的效果。所谓"莫不中音,合于桑林之舞,乃中经首之会",可以说是无用的长物。而一个人从纯技术上所得的享受，乃是由技术所换来的物质性的享受，并不在技术的自身。庄子所想像出来的庖丁，他解牛的特色，乃在"莫不中音，合于桑林之舞，乃中经首之会"，这不是技术自身所须要的效用，而是由技术所成就的艺术性的效用。他由解牛所得的享受，乃是"提刀而立，为之四顾，为之踌躇满志"，这是在他的技术自身所得到的精神上的享受，是艺术性的享受。而上面所说的艺术性的效用与享受，正是庖丁"所好者道也"的具体内容。至于"始臣之解牛之时"以下的一大段文章，乃庖丁说明他何以能由技而进乎道的工夫过程，实际是由技术进乎艺术创造的过程。这在后面还要提到。并且《庄子》一书，还有其他的由技进乎道的故事，这也会在后面提到。

然则庖丁解牛，究竟与庄子所追求的道，在什么地方有相合之处呢？第一，由于他"未尝见全牛"，而他与牛的对立解消了。即是心与物的对立解消了。第二，由于他的"以神遇而不以目视，官知止而神欲行"，而他的手与心的距离解消了，技术对心的制约性解消了。于是他的解牛，成为他的无所系缚的精神游戏。他的精神由此而得到了由技术的解放而来的自由感与充实感；这正是庄子把道落实于精神之上的逍遥游的一个实例。因此，庖丁的技而进乎道，不是比拟性的说法，而是具有真实内容的说法。但上述的情境，是道在人生中实现的情境，也正是艺术精神在人生中呈现时的情境。

这里应另提出的问题是：像上面所说的由技进乎道的道，如何可以被庄子看作是人生、宇宙的根源，而赋予以"无""一""玄"等的性格呢？关于这，先不作分解性的陈述，而只先指出近代的美学，探索到底时，也有人在人生宇宙根源之地来找美何以能成立的根据。并且由此所把握到的，也只是"无""一""玄"。最显著的例子是薛林（Schelling, 1775—1854）的《艺术哲学》（Philosophie der Kunst），他是想在宇宙论的存在论上，设定美和艺术。他把存在所以有差别相的原因，归之于展相（Potenz）。展相有三：第一展相是"实在地形成的冲动"；第二展相是"观念的内面化的冲动"（见 Lotze: Geschichte der Ästhetik in Deutschlad, I Bd S 122），二者都是差别化的展相。第三展相则是无差别的,是将世界、万有归入于"一",归入于"绝对者"的展相。而可以给美及艺术以基础的,正是此第三展相①。

在第三展相,是一,也可以说是"无"。而左尔格(Solger,1780—1819)便以为"理念是由艺术家的悟性持向特殊之中,理念由此而成为现在的东西。此时的理念,即成为'无';当理念推移向'无'的瞬间,正是艺术的真正根据之所在"②。不过,在这里我得先声明一点,上面我引薛林和左尔格乃至以后还引到其他许多人的艺术思想时,不是说他们的思想与庄子的思想完全相同,也不表示我是完全赞成每一个人的思想,而只是想指出,西方若干思想家,在穷究美得以成立的历程和根源时,常出现了约略与庄子在某一部分相似相合之点,则庄子之所谓道,其本质是艺术性的,可由此而得到强有力的旁证。

在进入具体分析以前,我再引两段庄子的文章在下面。由庄子所说的学道的工夫,与一个艺术家在创作中所用的工夫的相同,以证明学道的内容,与一个艺术家所达到的精神状态,全无二致。

> 南伯子葵问乎女偊曰:子之年长矣,而色若孺子,何也?曰:吾闻道矣。南伯子葵曰:道可学邪?曰:恶,恶可。夫卜梁倚有圣人之才,而无圣人之道。我有圣人之道,而无圣人之才。吾欲以教之,庶几其果为圣人乎?不然,以圣人之道告圣人之才,亦易矣。吾犹守而告之,参日而后能外(忘)天下;已外天下矣,吾又守之,七日而后能外物。已外物矣,吾又守之,九日而后能外生。已外生矣,而后能朝彻。(《成疏》:朝,旦也。彻,明也。……慧照豁然,如朝阳初启,故谓之朝彻也。)朝彻而后能见独。(《郭注》:忘先后之所接,斯见独者也。)(《大宗师》二五一——二五三页)
>
> 梓庆削木为鐻(《成疏》:乐器,似夹钟。),鐻成,见者惊犹鬼神。鲁侯见而问焉,曰:子何术(按,当时术与道通)以为焉?对曰:臣工

---

① 请参阅圆赖三著《美的探求》二五七——二七〇页。
② 同上二七一页。

人,何术之有。虽然,有一焉。臣将为镰,未尝敢以耗气也,必齐以静心。齐三日,而不敢怀庆赏爵禄。齐五日,不敢怀非誉巧拙。齐七日,辄然忘吾有四肢形骸也。当是时也,无(忘)公朝,其巧专而外滑消(《成疏》:消除外乱之事)。然后入山林,观天性。形躯至矣,然后成见镰(按,即胸有成镰之意),然后加手焉;不然则已。则以天合天。器之所以疑神者其是已!(《达生》六五八——六五九页)

上面两个故事,前者是以人的自身为主题,后者是以一个乐器的创造为主题。前者是庄子思想的中心、目的;后者只不过是作为前者的比喻、比拟而提出来的。同时,人的自身是无限定的,而一个艺术品,是被限定的;因此,在其起点与最后的到达点上,好像有广狭不同的意味。但从工夫的过程上讲,所说的"圣人之道",其内容不外于《人间世》所说的"心斋";实同于梓庆所说的"必齐以静心"。女偊所说的"外天下"、"外物",实同于梓庆所说的"不敢怀庆赏爵禄"、"不敢怀非誉巧拙"。女偊所说的"外生",实同于梓庆所说的"忘吾有四肢形骸"。女偊所说的"朝彻",实同于梓庆所说的"以天合天"。修养的过程及其功效,可以说是完全相同;梓庆由此所成就的是一个"惊犹鬼神"的乐器;而女偊由此所成就的是一个"闻道"的圣人、至人、真人乃至神人。而且上面所引的两段文章的内容,决非偶然地出现,而是在全书中不断地以不同的文句出现。因此,我可以这样的指出,庄子所追求的道,与一个艺术家所呈现出的最高艺术精神,在本质上是完全相同。所不同的是:艺术家由此而成就艺术的作品;而庄子则由此而成就艺术的人生。庄子所要求、所待望的圣人、至人、神人、真人,如实地说,只是人生自身的艺术化罢了。费夏(F. T. Vischer, 1807—1887)认为,观念愈高,便含的美愈多。观念的最高形式是人格。所以最高的艺术,是以最高的人格为对象的东西[①]。费夏所说,在庄子身上止得到了实际的证明。

[①] 见日译托尔斯泰(L. N. Tolstoy, 1828—1910)著《艺术是什么?》,《河出文库》本二七——二八页。

第十二节　庄子的美地观照

因为庄子所追求的道，实际是最高地艺术精神，所以庄子的观物，自然是美地观照。

前面也约略提到过：哈曼在其 Aesthetik 中特别提出其"知觉的固有意义性"的说法。不把知觉利用向客观的认识方面，也不利用向行为的指导方面，而只满足于知觉之自身，以为知觉之自身，有其固有的价值，而专一于知觉，此之谓知觉的固有意义；这是美地观照必须具备的条件。此时的知觉，因离开理论与实践的关连，而达成其孤立[①]。同时，自然物与美的关连也"是采取孤立化、集中化"的方法而始达到[②]。而柏卡（Osker Becker 1889—）为了使人不要误解了康德所说的"无关心的满足"，特重新加以解释。他以为康德这句话的真意是：在美地体验中，关心是被唤起（erregen），同时又被切断（brechen）。这即是在美地体验中的"关心的切断与唤起的同时性"[③]。

把上面的话稍加综合，柏卡之所谓切断，即哈曼之所谓知觉的孤立。所谓唤起，即知觉的专一、集中，及由专一、集中而来的透视。因知觉的孤立、集中，所以被知觉的对象也孤立化、集中化。因对象的孤立化、集中化，于是观照者全部的精神，皆被吸入于一个对象之中，而感到此一个对象即是存在的一切。较这更深一层的便是庄子的物化。当一个人因忘己而随物而化时，物化之物，也即是存在的一切。更深切的说，物化后的知觉，便自然是孤立化的知觉。把这弄明白了，我们再看下面的两个故事：

昔者庄周梦为胡蝶，栩栩然胡蝶也，自喻适志与，不知周也。俄然觉，则蘧蘧然周也。不知周之梦为胡蝶与？胡蝶之梦为周与？周与胡蝶，则必有分矣。此之谓物化。（《齐物论》一一二页）

[①]《美的探求》一五二——一五三页。
[②] 同上二一九页。
[③] 同上二七三页。

庄周梦为胡蝶而自己觉得很快意的关键,实际是在"不知周也"一语之上。若庄周梦为胡蝶而仍然知道自己本来是庄周,则必生计较、计议之心,便很难"自喻适志"。因为"不知周",所以当下的胡蝶,即是他的一切,别无可资计较计议的前境后境,自亦无所用其计较计议之心,这便会使他"自喻适志与"。这是佛家的真境现前,前后际断的意境。前引的《郭注》"忘先后之所接",正是此义。若梦胡蝶而仍记得自己是庄周,这是由认识作用而来的时间上的连续。一般地认识作用,常是把认识的对象镶入于时间连续之中,及空间关系之内,去加以考察。惟有物化后的孤立地知觉,把自己与对象,都从时间与空间中切断了,自己与对象,自然会冥合而成为主客合一的。既然是一,则此外再无所有,所以一即是一切。一即是一切,则一即是圆满具足,便会"自喻适志"。主客冥合为一而自喻适志,此时与环境、与世界,得到大融合,得到大自由,此即庄子之所谓"和",所谓"游"。而在体验中最有关键的,是此一故事中由忘知而来的两"不知"。此两不知,实际是在"忘我""丧我""物化"的精神状态中,解消了理论及实践的关连,因而当下的知觉活动(梦也可以说是知觉活动之一种),成为前后际断地孤立。此一故事,是庄周把自己整个生命因物化而来的全盘美化、艺术化的历程、实境,借此一梦而呈现于世人之前;这是他艺术性的现身说法的实例。另一故事是:

  庄子与惠子游于濠梁之上。庄子曰:鯈鱼出游从容,是鱼之乐也。惠子曰:子非鱼,安知鱼之乐?庄子曰:子非我,安知我不知鱼之乐?惠子曰:我非子,固不知子矣。子固非鱼也,子之不知鱼之乐,全矣。庄子曰:请循其本。子曰:汝安知鱼乐云者,既已知吾知之而问我?我知之濠上也。(《秋水篇》六〇六——六〇七页)

在这一故事中,实把认识之知的情形,与美地观照的知觉的情形,作了一个显明的对比。庄子所代表的是以无用为用,忘我物化的艺术精神。而惠子所代表的是"遍为万物说""以善辩为名"(《天下篇》)的理智精神。两人的辩难,悉由此不同的典型性格而来。在此一故事中,他两人对于同一的濠梁之鱼,实采取两种不同的态度。庄子是以恬适地感情与知觉,对鱼作美地观照,因而使鱼成为美的对象。"鯈鱼出游从容,是鱼之乐",正是对于美地对象的描述,也是对于美的对象,作了康德所说的趣味判断①。这种从认识之知解放出来的美地观照,为惠子所不能了解,便立刻把此一对象,拿进理智地解析中去;在理智地解析中,追问庄子判断与被判断之间的因果关系。惠施是以认识判断来看庄子的趣味判断,要把趣味判断转移到认识判断中去找根据,因而怀疑庄子"鱼乐"的判断不能成立,这是不了解两种判断性质的根本不同。②庄子经此一问,立刻从美地观照的精神状态中冷却下来,也对惠子作理智地反问。但庄子顺著理智之路,并不能解答惠子所提出的问题,也不能反而难倒惠子。所以当惠子再进一步"子非鱼"的追问时,庄子便从理智中回转头去,而"请循其本",清理此问题最初呈现时的情景。庄子接着说"子曰:汝安知鱼乐云者,既已知吾知之而问我",这是诡辩,不是"循其本"的"本"。"循其本"的"本",乃在"我知之濠上也"一语。"安知鱼之乐"的知,是认识之知,理智之知。而"我知之濠上"之"知",是孤立地知觉之知,即是美地观照中的直观、洞察。因为是知觉、是直观、是孤立而集中的活动,所以对于对象是当下全面而具象地观照;在观照的同时,即成立趣味判断。观照时不是通过论理、分析之路;由此所得的判断,只是当下"即物"的印证,而没有其他的原因、法则可说。这是忘知以后,虚静之心与物的直接照射,因而使物成为美地对象;这才是"请循其本"的本。"我知之濠上也",是说明鱼之乐,是在濠上的美地观照中,当下呈现的;这里安设不下理智、思辩的活动。所以也不能作因果性的追问。庄子的艺术精神发而为美地观照,得此一故事中的对比,而愈为明显。

---

① 见日译康德《判断力批判》第一篇第一章第一节、第二节。六四——六七页。

② 同上。康德在此处,以趣味判断为"直感地判断";其规定的根据是纯主观的。认识判断,是逻辑地(Logisch)判断;其表象是仅关系于客体的。

第十八节 结论

儒家发展到孟子，指出四端之心；而人的道德精神的主体，乃昭澈于人类"尽有生之际"，无可得而磨灭。在这种地方所发生的一切争论，都是自觉不自觉的争论，或自觉的程度上的争论。道家发展到庄子，指出虚静之心；而人的艺术精神的主体，亦昭澈于人类尽有生之际，无可得而磨灭。但过去的艺术家，只是偶然而片断地"撞着"到这里；这主要是因时代语言使用上的拘限，所以有待于我这篇文章的阐发。

庄子所体认出的艺术精神，与西方美学家最大不同之点，不仅在庄子所得的是全，而一般美学家所得的是偏；而主要是这种全与偏之所由来，乃是庄子系由人生的修养工夫而得；在一般美学家，则多系由特定艺术对象、作品的体认，加以推演、扩大而来。因为所得到的都是艺术精神，所以在若干方面，有不期然而然地会归。但西方的美学家，因为不是从人格根源之地所涌现、所转化出来的，则其体认所到，对其整个人生而言，必有为其所不能到达之地；于是其所得者不能不偏。虽然他们常常把自己体认所到的一部分，组织成为包天盖地的系统。此一情势，到了现象学派，好像已大大地探进了一步。但他们毕竟不曾把握到心的虚静的本性，而只是"骑驴求驴"的在精神"作用"上去把捉。这若用我们传统的观念来说明，即是他们尚未能"见体"，未能见到艺术精神的主体。正因为如此，所以他们不仅在观念、理论上表现而为多歧，而为奇特；并且现在更堕入于"无意识"的幽暗、孤绝之中。这与庄子所呈现出的主体，恰成为一两极的对照。

其次，儒道两家人性论的特点是：其工夫的进路，都是由生理作用的消解，而主体始得以呈现；此即所谓"克己"、"无我"、"无己"、"丧我"。而在主体呈现时，是个人人格的完成，同时即是主体与万有客体的融合。所以中国文化与西方文化最不同的基调之一，乃在中国文化根源之地，无主客的对立，无个性与群性的对立。"成己"与"成物"，在中国文化中认为是一而非二。但儒道两家的基本动机,虽然同是出于忧患意识[1];不过儒家是面对忧患而要求加以救济;道家则是面对忧患而要求得到解脱。因此,进入到儒家精神内的客观世界,乃是"医门多疾"[2]的客观世界,当然是"吾非斯人之徒与而谁与"(《论语·微子》)的人间世界;而儒家由道德所要求、人格所要求的艺术,其重点也不期然而然地会落到带有实践性的文学方面——此即所谓"文以载道"之文,所以在中国文学史中,文学的古文运动,多少会随伴着儒家精神自觉的因素在内。而进入到道家精神内的客观世界,固然他们决无意排除"人间世",庄子并特设《人间世》、《应帝王》两篇。但人间世毕竟是罪恶的成分多,此即《天下篇》之所谓"沉浊"。面对此一世界而要"和之以天倪,因之以曼衍"(《齐物论》一〇八页),在观念中容易,在与现实相接中困难。多苦多难的人间世界,在道家求自由解放的精神中,毕竟安放不稳,所以《齐物论》说到"忘年忘义"时,总带有苍凉感喟的气息;而《人间世》也只能归结之于"不材避世"[3]。因此,涵融在道家精神中的客观世界,实在只合是自然世界。所以在中国艺术活动中,人与自然的融合,常有意无意地,实以庄子的思想作其媒介。而形成中国艺术骨干的山水画,只要达到某一境界时,便于不知不觉之中,常与庄子的精神相凑泊。甚至可以说,中国的山水画,是庄子精神的不期然而然的产品。但这并不是说他的精神,不会在文学上发生影响。艺术精神之对于各种艺术的创造,可以说是一个共同的管钥。所以刘彦和的《文心雕龙·神思篇》便说:"是以陶钧文思,贵在虚静。疏瀹五藏,澡雪精神。"虚静的心灵,是庄子的心灵。而疏瀹澡雪的工夫,正出于庄子的《知北游》。苏东坡《送参寥师》诗谓:"欲令诗语妙,无厌空且静。静故了群动,空故纳万境。"其意与彦和不谋而合。所以在庄子以后的文学家,其思

---

[1] 请参阅《中国人性论史·先秦篇》第二章。

[2]《庄子·人间世》一三二页,此处系作为颜回引孔子平日之言,或系寓言;但实与孔子之精神相合。

[3] 按,《人间世》之前半段的三个故事,虽皆托于人世,而自"匠石之齐"以下的四个故事(一七〇——一八六页),其主旨则皆在以"不材避世"。

想、情调,能不沾溉于庄子的,可以说是少之又少;尤其是在属陶渊明这一系统的诗人中,更为明显。但庄子精神之影响于文学方面者,总没有在绘画方面的表现得纯粹。

还要特加说明的是,进入到道家精神之内的客观世界,常是自然世界,这是受到道家精神起步处的求解脱的精神趋向的限制。若就虚静之心的本身而论,并不必有此种限制。虚静之心,是社会、自然、大往大来之地;也是仁义道德可以自由出入之地。所以宋明的理学家,几乎都在虚静之心中转向"天理";而"天理"一词,也即在《庄子》一书中首先出现。二者间的微妙关系,这里不深入讨论,而只指出进入到虚静之心的千疮百孔的社会,也可以由自由出入的仁义加以承当。不仅由此可以开出道德的实践,更可由此以开出与现实、与大众融合为一体的艺术。

庄子不是以追求某种美为目的,而是以追求人生的解放为目的。但他的精神,既是艺术性的,则在其人生中,实会含有某种性质的美。因而反映在艺术作品方面,也一定会表现为某种性格的美。而这种美,大概可以用"纯素"或"朴素"两字加以概括。

> 同乎无欲,是谓素朴。(《马蹄》三三六页)
> 机心存于胸中,则纯白不备。(《天地》四二三页)
> 夫明白入素,无为复朴……汝将固惊耶?(《天地》四三八页)
> 朴素而天下莫能与之争美。(《天道》四五八页)
> 纯素之道,唯神是守。守而勿失,与神为一。……故素也者,谓其无所与杂也。纯也者,谓其不亏其神也。能体纯素,谓之真人。(《刻意》五四六页)

上面的材料当然说的是人生的修养工夫、境界。而纯素的观念,同时即可以作为由"恬惔(淡)寂寞"(《刻意》五三八页)的人生所流露出的纯素之美。"纯素"的另一语言表现,即是后来画家、画论家所常说的"逸格"或"平淡天真"。逸格或平淡天真之美,始终成为中国绘画中最高的向往,其渊源正在于此。

说到这里,我原来想用"为人生而艺术"的流行名词以概括由孔子所奠定的儒家系统的艺术精神;用"为艺术而艺术"的流行名词,以概括由庄子所奠定的道家系统的艺术精神。但是,西方所谓为艺术而艺术,常指的是带有贵族气味,特别注重形式之美的这一系列,与庄子的纯素的人生,纯素的美,不相吻合。庄子思想流行于魏晋、于宋梁;但六朝的骈文,其为艺术而艺术的气味很重;实系由汉赋所演变而出的一派文学,与庄子的精神,反甚少关系。由此即可知庄子的艺术精神,与西方之所谓"为艺术而艺术"的趋向,并不相符合。尤其是庄子的本意只着眼到人生,而根本无心于艺术。他对艺术精神主体的把握及其在这方面的了解、成就,乃直接由人格中所流出。吸此一精神之流的大文学家、大绘画家,其作品也是直接由其人格中所流出,并即以之陶冶其人生。所以,庄子与孔子一样,依然是为人生而艺术。因为开辟出的是两种人生,故在为人生而艺术上,也表现为两种形态。因此,可以说,为人生而艺术,才是中国艺术的正统。不过儒家所开出的艺术精神,常须要在仁义道德根源之地,有某种意味的转换。没有此种转换,便可以忽视艺术,不成就艺术。程明道与程伊川对艺术态度之不同,实可由此而得到了解。由道家所开出的艺术精神,则是直上直下的;因此,对儒家而言,或可称庄子所成就为纯艺术精神。

第九章

李泽厚的主体性实践美学选读

本章导读

【作者简介】

李泽厚(1930—2021),中国当代著名思想家,在思想史、美学、伦理学、哲学等多个学科领域均有重大建树,被称为中国实践论美学的创始人。原籍湖南长沙宁乡,1930年6月13日生于汉口,2021年11月2日逝世于美国科罗拉多州。3岁随家到长沙,12岁时父亲病逝,李泽厚后来自述此年他遭遇了生命中第一次"精神危机",选择哲学可能跟这有关。上小学高年级时因作文好被称为"鲁迅";读宁乡靳江中学(今宁乡四中)(1942—1945)时写过新诗和小说,办过小报《乳燕》。初中毕业考取湖南省立一中,因学费太贵而上了有公费补助的湖南省立第一师范(1945—1948),其间接触、阅读了马克思主义书籍。1950年考入北京大学哲学系,自修历史、文学、美学。1955年到中国科学院哲学研究所工作,曾参与《哲学研究》创刊工作。两年间发表中国思想史和美学论文16篇,奠定了他在这两个领域的学术基础。因参与20世纪五六十年代的美学大讨论,主张美的客观性和社会性,一举成为同主客统一派朱光潜、客观派蔡仪并列的美学名家之一。1961—1964年曾参与由王朝闻主编的《美学概论》的编写工作。1977年开始主编《美学》辑刊,1979年1月出版第1辑,一般被视为第二次"美学热"的开端。尤其是《批判哲学的批判——康德述评》《中国近代思想史论》《美学论集》《美的历程》的出版,开启了李泽厚学术研究的黄金时期。1981年起着手主编"美学译丛"和"美学丛书"。1992年起直到去世,李泽厚旅居美国近30年,曾任教于科罗拉多州立大学(1992—1999),其间不定期回国访友讲学。李泽厚生前一直是中国社会科学院哲学研究所研究员,另被授予巴黎国际哲学院院士(1988)、美国科罗拉多学院人文学荣誉博士学位(1998),还担任德国图宾根大学、美国密西根大学和威斯康星大学等多所大学的客座教授。

　　李泽厚的学术活动大致可划分为三个阶段:20世纪五六十年代(1955—1965)为第一阶段,共写作和发表论文30余篇(其中美学、文艺理论论文16篇),出版美学与文学理论文集《门外集》(长江文艺出版社1957年版)和思想史文集《康有为谭嗣同思想研究》(上海人民出版社1958年版)两部。20世纪七八十年代(1979—1989)为第二阶段,从马克思主义立场强调实践哲学与实践美学的《批判哲学的批判——康德述评》(人民出版社1979年初版,1984年修订本)影响深远,另有中国思想史重要著作《中国近代思想史论》(人民出版社1979年版)、《中国古代思想史论》(人民出版社1985年版)、《中国现代思想史论》(东方出版社1987年版)等,重要美学著作《美学论集》(上海文艺出版社1980年版)、《美的历程》(文物出版社1981年初版,中国社会科学出版社1984年新版)、《李泽厚哲学美学文选》(湖南人民出版社1985年版)、《华夏美学》(新加坡东亚哲学研究所1988年初版,中外文化出版公司1989年新版)、《美学四讲》(香港生活·读书·新知三联书店1989年3月初版,北京生活·读书·新知三联书店1989年6月新版)及与刘纲纪合编《中国美学史》(第1卷,中国社会科学出版社1984年版;第2卷,中国社会科学出版社1987年版)等,另有《走我自己的路》(生活·读书·新知三联书店1986年版)等。20世纪90年代以后(1990—2021)为第三阶段,主要著作有《世纪新梦》(安徽文艺出版社1998年版)、《论语今读》(安徽文艺出版社1998年版)、《己卯五说》(中国电影出版社1999年版)、《历史本体论》(生活·读书·新知三联书店2002年版)、《实用理性与乐感文化》(生活·读书·新知三联书店2005年版),另有《哲学纲要》(含《伦理学纲要》《认识论纲要》《存在论纲要》三部分,北京大学出版社2011年版;此后三小纲要被多家出版社先后反复印行,经作者生前编订的最终版本总名称是《人类学历史本体论》,分上中下三册,由人民文学出版社于2019年出版)、《回应桑德尔及其他》(生活·读书·新知三联书店2014年版)、《伦理学纲要续篇》(生活·读书·新知三联书店

2017年版)等。李泽厚主要著作的结集有《李泽厚十年集(1979—1989)》(包括美学、哲学、思想史论、论学治学4卷6册,安徽文艺出版社1994年版)、《李泽厚论著集》(包括哲学、思想史、美学、杂著4卷10册,三民书局1996年版)、《李泽厚集》(全10册,生活·读书·新知三联书店2008年版),另有收录1985—2012年对话集的《李泽厚对话集》(全6卷7册,中华书局2014年版)。李泽厚的学术思想主要包括哲学、思想史和美学三大领域。其美学著述中影响最大的是《美的历程》,最具代表性的作品则应该是《美学四讲》。

【阅读提示】

李泽厚反复强调其哲学是人类学历史本体论哲学或主体性实践哲学,而且始终凸显其美学研究的哲学性质,其美学自然是人类学历史本体论美学或主体性实践美学。李泽厚的美学产生于1956年,定型于1980年代。从发表美学论文《论美感、美和艺术(研究提纲)——兼论朱光潜的唯心主义美学思潮》(初载《哲学研究》1956年第5期)到论文集《美学论集》出版,再到"美学三书"即《美的历程》《华夏美学》《美学四讲》问世(安徽文艺出版社于1999年首次将三者合册出版为《美学三书》),均产生了一定的轰动效应,从而使李泽厚成为20世纪中期以后最有影响力的美学家。李泽厚美学大致经过了从客观性社会性统一美学到实践论美学再到情(感)本体论美学的历史演变,但可用"主体性实践美学"概括其总体特征。

李泽厚明确指出:"马克思主义的美学不把意识或艺术作为出发点,而从社会实践和'自然的人化'这个哲学问题出发。"(《批判哲学的批判——康德述评》,人民出版社1984年版,第414页。另参阅《美学四讲》"美"第二节。)因为立足于马克思主义哲学的实践观点,尤其是从撰写首篇论文起就把马克思的实践论尤其是《1844年经济学哲学手稿》中的"自然人化"思想作为其美学的核心理论资源,并提出了备受关注的"主体性""积淀""情本体"等颇具原创性的关键概念,李泽厚被视为中国实践美学的创始人与杰出代表。

被合称为"美学三书"的《美的历程》《美学四讲》《华夏美学》大致分别代表了李泽厚美学思想的三个方面,即关注具体文学和艺术的文艺美学、关注美学基本问题的哲学美学、关注思想文化史背景下的审美现象的文化美学。本书之所以节选《美学四讲》来品读李泽厚美学,是因为:第一,在李泽厚"美学三书"中,只有《美学四讲》是具有哲学性的美学原理著作——事实上此书之问世跟李泽厚兑现他"早年承诺"的《美学引论》一书密切相关,而其他两种总体是关于中国审美意识或美学史的著作。第二,李泽厚早期和定型期的主要美学观点在此书中都得到较为集中的体现。

《美学四讲》之所以被命名为"四讲",是因为它由美学、美、美感与艺术四部分构成,且脱胎了"美学的对象与范围""谈美""美感谈""艺术杂谈"四次演讲记录稿(《美学四讲》"序")。"美学"一讲共有四节:第一节"美学是什么"主要是对"美学"概念与学科的知识性梳理,既强调了美学"家族"的多元化与开放性,也表明作者对美学的学科性认识:"美学——是以美感经验为中心,研究美和艺术的学科";第二节"哲学美学"和第三节"马克思主义美学"主要是交代作者十分看重的美学的哲学研究性质与马克思主义美学思想背景;第四节则重点阐述自己独特的"人类学本体论的美学",而且是在其所谓人类学本体论哲学或主体性实践哲学(又称"人类学历史本体论""历史本体论")的前提与背景下。"美"一讲共有四节,借本章选入的前两节即可了解李泽厚对于"美是什么"这一问题的重要澄清,也可系统把握他对"美的本质"的独特回答。"美感"一讲共四节,分别为"美感是什么""建立新感性""审美过程和结构""审美形态"。"艺术"一讲共四节,即"艺术是什么""形式层与原始积淀""形象层与艺术积淀""意味层与生活积淀"。

通过阅读《美学四讲》,在了解其关于美学、美、美感、艺术具体观点的基础上,我们不难从总体上把握李泽厚实践论美学的精髓及其独特性,也可注意到他对朱光潜、蔡仪等论辩对手美学观点的某些回应。

【思考问题】

1. 李泽厚是如何从词源学与美学两个方面分析揭示"美"的复杂含义的?此分析对你有何启示?

2. 李泽厚说美的本质或根源来自实践和"自然的人化",又说美是自由的形式。他是如何解释上述观点的?两种说法有何联系?

3. 李泽厚是如何阐释"自然的人化"概念的?它与美学有何关系?

4. 李泽厚为什么强调美学研究要"从社会实践和'自然的人化'这个哲学问题出发"?

5. 试梳理李泽厚关于"自然的人化"本身及其与美学、美、美感关系的主要观点,并谈谈你对李泽厚美学的总体评价。

【扩展阅读】

李泽厚:《美学三书》,安徽文艺出版社,1999年。

李泽厚:《美学论集》,上海文艺出版社,1980年。

李泽厚:《李泽厚哲学美学文选》,湖南人民出版社,1985年。

李泽厚:《批判哲学的批判——康德述评》(修订本),人民出版社,1984年。

马克思:《1844年经济学哲学手稿》,中共中央马克思恩格斯列宁斯大林著作编译局编译,人民出版社,2000年、2018年。

《学术月刊》编辑部编:《实践美学与后实践美学:中国第三次美学论争论文集》(上下册),上海三联书店,2019年。

美(节选)[①]

第一节 美是什么

要问美是什么,首先得注意"美"这个词的含义是什么。

关于美学和谈美的文章和书籍已经太多了,可惜的是,却从未见有专文或专著对"美"这个词在日常汉语中使用的情况、次数、含义的调查、分析和说明。

"美"这个词首先可作词(字)源学的询究。中国汉代许慎的《说文解字》,宗旨就是"说其文,解其字也",研究汉字结构,追溯造字根源及其本义。现代海德格尔、伽达默尔(H.G.Gadamer)等哲学家也极讲究词的来源。

从字源学看,根据《说文解字》:羊大则美,认为羊长得很肥大就"美"。这说明,美与感性存在、与满足人的感性需要和享受(好吃)有直接关系。

我们的看法是羊人为美。从原始艺术、图腾舞蹈的材料看,人戴着羊头跳舞才是"美"字的起源,"美"字与"舞"字与"巫"字最早是同一个字。这说明,"美"与原始的巫术礼仪活动有关,具有某种社会含义在内。

如果把"羊大则美"和"羊人为美"统一起来,就可看出:一方面"美"是物质的感性存在,与人的感性需要、享受、感官直接相关;另方面"美"又有社会的意义和内容,与人的群体和理性相连。而这两种对"美"字来源的解释有个共同趋向,即都说明美的存在离不开人的存在。

[①]【编注】本部分系《美学四讲》中"美"之前两节,选自李泽厚:《美学四讲》,生活·读书·新知三联书店1999年第2版,第42—62页。后两节即"社会美"和"自然美"因篇幅原因未选入。

在古代,"美"和"善"是混在一起的,经常是一个意思。《论语》讲"里仁为美",又讲子张问"何谓五美",孔子回答说:"君子惠而不费,劳而不怨,欲而不贪,泰而不骄,威而不猛。"这里的"美"讲的都是"善"。据有人统计,《论语》中讲"美"字十四次,其中十次是"善"、"好"的意思。在古希腊,美、善也是一个字。所以,似乎可以说,这些正是沿着"羊人为美"这一偏重社会性含义下来的。但同时,"美"、"善"也在逐渐分化,《论语》里就有"尽美矣,未尽善也"等等。

上面是从字源学来讲,那么"美"字在今天日常的语言中,到底又是什么意思呢?它一般又用在什么地方呢?在我看来,它至少也可分为三种,具有三种相联系而又有区别的含义。

第一种,它是表示感官愉快的强形式。饿得要命,吃点东西觉得很"美"。热得要死,喝瓶冰镇汽水,感到好痛快,脱口而出:"真美。"在老北京,大萝卜爽甜可口,名叫"心里美"。"美"字在这里是感觉愉快的强形式的表达,即用强烈形式表示出来的感官愉快。实际也可说就是"羊大则美"的沿袭和引申。

第二种,它是伦理判断的弱形式。我们经常对某个人、某件事、某种行为赞赏时,也常用"美"这个字。把本来属于伦理学范围的高尚行为的仰慕、敬重、追求、学习,作为一种观赏、赞叹的对象时,常用"美"这个字以传达情感态度和赞同立场。所以,它实际上是一种伦理判断的弱形式,即把严重的伦理判断采取欣赏玩味的形式表现出来,这可说是上述"羊人为美"、美善不分的延续。

第三种,专指审美对象。

在日常生活中,"美"字更多是用来指使你产生审美愉快的事物、对象。我们到承德,参观避暑山庄和外八庙,感到名不虚传,果然"美"。看画展,听音乐,种种艺术欣赏,也常用"美"这个词。这当然就属于美学的范围了。这就不是伦理道德的判断,也不是感官愉快的判断,而是审美判断了。

但是,就在美学范围内,"美"字的用法也很复杂,也包含有好几层

(种)含义。对承德的园林、庙宇，我们用"美"这个词，但是对磐锤山，我们就并不一定用"美"，而是用"奇特"这个词来赞赏它。读抒情诗、听莫扎特，常用"美"来赞叹，但是我们读《阿Q正传》，听贝多芬，却不一定用"美"这个词。特别是欣赏现代西方艺术，例如看毕加索的画，便很少会用"美"来表达。几十年前，西方就有好些人主张取消"美"这个词，用"表现"来替代它。此外，又如西方从希腊起用的"崇高"，便是与"美"并列的美学范畴，其中包含丑的因素。在中国，大概与传统哲学思想有关系，习惯上却都用"美"这个词，例如阳刚之美、阴柔之美、壮美、优美，等等，把"崇高"等等也都算作"美"了。其实"古道西风瘦马"与"杏花春雨江南"，便是两种根本不同的美；悬崖峭壁与一望平川，也是不同的美。但由于中国传统经常把一切能作为欣赏对象的事物都叫"美"，这就使"美"这个词泛化了。它并不能完全等于英文的"beauty"，而经常可以等同于一切肯定性的审美对象。就是说，把凡是能够使人得到审美愉快的欣赏对象就都叫"美"。

从"美"等同于具有肯定性价值的审美对象来看，美总是具有一定的感性形式，从而与人们一定的审美感受相联系。讲到这里，我想提及一下日本的今道友信教授的观点。今道写的《美的相位与艺术》是从哲学上讨论美的，比较深入。他认为美与人的感受无关，主张从康德回到柏拉图。这我是不同意的，我认为美必须具有感性形式，从而诉诸人的感性。是柏拉图还是康德，这是一个很有意思的问题，当然也就涉及"美是什么"的问题了。

那么，美是什么呢？

"美是什么"如果是指"什么是美"即"什么东西是美的"，则是一个有关审美对象的问题，即什么样的具体对象（事物、风景、人体等等）会被认为是美的？或者说，具备了什么样的一些条件（主观的或/和客观的），对象就会是美的，就会成为"审美对象"或"美学客体"（在英文是同一个词，即aesthetic object）。

许多美学家经常把美看成就是审美对象，一处风景，一件彩陶，一块宝石,一幅名画……这些都是具体的审美对象。审美对象的出现是需要人在欣赏时的一定条件的。朱光潜讲:"美是客观方面某些事物、性质和形态适合主观方面意识形态,可以交融在一起而成为一个完整形象的那种性质。"就是说人的主观情感、意识与对象结合起来,达到主客观在"意识形态"(应为"意识状态")即情感思想上的统一,才能产生美。霞光、彩虹、景山、故宫、维纳斯、《清明上河图》……没有人欣赏,就失去了美的价值。西方近代美学家关于这方面讲的更多。在这里,他们一个共同特点,就是把美和审美对象看成一回事。而审美对象是由人们的审美感受、审美态度所创造出来的。

诚然,作为客体的审美对象和许多其他事物一样,是依赖于主体的作用才成为对象。椅子不被人坐,就不成其为椅子。再好看的画,若没有人观赏,也不成其为艺术。没有审美态度,再美的艺术、风景也不能给你以审美愉快,不成其为审美对象。情绪烦躁、心境不佳,再好的作品似乎一点也不美。美作为审美对象,确乎离不开人的主观的意识状态。但是,问题在于,光有主体的这些意识条件,没有对象所必须具有的客观性质行不行?为什么我们要坐在椅子上,不坐在一堆泥土上,因为泥土不具有椅子的可坐性。同样,为什么有的东西能成为审美对象,而有的就不能?我们欣赏自然美,为什么要去桂林?为什么都喜欢欣赏黄山的迎客松,画家都抢着画它?……这就是因为这些事物本身有某种客观的审美性质或素质。可见,一个事物能不能成为审美对象,光有主观条件或以主观条件为决定因素(充分条件和必要条件)还不行,总需要对象上的某些东西,即审美性质(或素材)。即使艺术家可以在一般人看不到美的地方发现美、创造美,甚至把现实丑变成艺术美,但是无论人的主观条件起多大作用,总还要有一定的客观根据或资料,而且其艺术作品又总和这种客观存在的某种审美素材相联系,即最终还是不能脱离客体一定的审美性质。所以,如果说,"美"这个词的第一种含义是指"审美对象",那么它的第二种含义就是指"审美性质"(或"审美素质")。把"美"主要作为审美对象来看待、论证,产生了各派主观论(美感产生美、决定美)的美学理论,把"美"主要作为审美性质来看待、论证,则产生出各派客观论的美学理论。首先是形式说,古希腊就讲美的各种比例、和谐、变化统一和数学规律性;古代中国讲究所谓五色、五色的协调和谐;荀子和《吕氏春秋》也讲到音乐中的数学;文艺复兴大讲黄金分割……凡此等等,都在说明"美"具有一定的客观性质和形式规律。这在美学上是很重要的,特别在造型艺术中。所谓"按照美的规律来造形",也确乎包含有这一层含义在内。

关于美的哲学理论,从古到今,种类多矣。但归纳起来,又仍可说是客观论与主观论两大派。这两大派其实也可说与上述对"美"这个词汇的这两种不同解释有关。客观论里又可分为两派,一派如上述认为美在物质对象的形式规律或自然属性,如事物的某种比例、秩序、有机统一以及典型等等,一派认为美在对象体现着某种客观的精神、理式、理念等等。如果戴顶哲学礼帽,前者可说是静观(机械)唯物论,后者则是客观唯心论。主观论里也有许多派,但都不外是说美在于对象表现了人的主观意识、意志、情感、快乐、愿欲等等,美是由人的美感、感情、意识、直觉所创造。这在哲学上可说是主观唯心论。当然,还有所谓主客观统一论,但归根到底主客观统一论又仍可划在上面两大派之内。因为"主客观统一"中的"主",如果指的是人的意识、情感、意志、愿欲等等,就仍可归入主观论。主观论里许多派别,也正是要求一个物质对象(客)来作为表现、体现、移入主观情感、精神的载体的。如果克罗齐(Croce)的表现说算作彻底的主观论,那么立普斯(Lipps)等人的移情说就可算主客观统一论,因为它也要求有一个物质对象作为感情移入的客体。就是崇奉克罗齐的鲍桑葵(B.Bosanquet),也强调必需有物质材料作为"直觉即表现"的工具。

本书认为,审美对象之所以能够出现或存在,亦即某些事物之所以能成为美学客体,它们之所以能使人感受到美,确乎需要一定的主观条件,包括具备一定的审美态度、人生经验、文化教养等等,在这里,审美对象(美学客体)与审美经验经常难以分割。因此在下讲美感中还要讲到。

现在的问题是,上面已讲过审美对象之所以能出现或存在,要有客观方面的条件和原因,即审美性质的存在或潜在。那么,这些客观方面的条件、因素、性质等等，又是如何可能成为审美性质或素质的呢？

这也就是说，为什么某些形式规律，为什么一定的比例、对称、和谐、秩序、多样统一、黄金分割等等，就会具有审美性质呢？为什么它们能普遍必然地给予人们以审美愉快呢？亦即这些形式成为美的规律是如何可能的？它们是如何来的呢？哲学的本性就是喜欢"打破沙锅问到底"，但这"底"却是一个相当棘手的问题，有的美学家对此根本不作回答，有的认为这是由于这种形式规律体现了自然界本身的某种"符合理性"的"内在本质"或过程，换句话说，它们体现了某种神秘的"天意"、"理性"等等。显然，这不能说明问题。真正对此作出了某些解释的，我以为要算格式塔心理学的"同构说"。

格式塔心理学派（gestalt psychology）从物理学和生理学出发，提出由于外在世界（物理）与内在世界（心理）的"力"在形式结构上有"同形同构"或者说"异质同构"关系，即它们之间有一种结构上的相互对应。由于事物的形式结构与人的生理——心理结构在大脑中引起相同的电脉冲，所以外在对象和内在情感合拍一致，主客协调，物我同一，从而，人在各种对称、比例、均衡、节奏、韵律、秩序、和谐……中，产生相互映对符合的知觉感受，便产生美感愉快。这派学说我在好些文章中都讲到，下面也常要提到，这里不再多说。总之，格式塔心理学派用主客体的同构说来解释审美性质的根源和来由，指出一定的形式结构，因为同构感应，引发人们特定的知觉情感，从而具有审美素质。应该说，这是有一定道理的。但其缺点是把人生物学化了，因为动物也可以有这种同构反应。牛听音乐能多出奶，孔雀听音乐能开屏，它们也感到"愉快"。但人听音乐感到愉快与牛听音乐多出奶的"愉快"，毕竟有根本的不同。人能区别莫扎特与贝多芬，能区别中国民歌和意大利歌剧，从中分别得到不同的美感，而牛大概就不行。

为什么不行？

这个问题相当复杂。真正科学地解决这个问题，需要心理学、语言学、文化人类学、发生认识论等各种学科的相互协作、长期研究才有可能。现在似乎只能从哲学上指出一点，即人的这种生物性的同构反应乃是人类生产劳动和其他生活实践的历史成果。人的审美感知的形成,就个体来说,有其生活经历、教育熏陶、文化传统的原由。就人类来说,它是通由长期的生活实践(首先是劳动生产的基本实践),在外在的自然人化的同时,内在自然也日渐人化的历史成果。亦即在双向进展的自然人化中产生了美的形式和审美的形式感。只有把格式塔心理学的同构说建立在自然人化说即主体性实践哲学(人类学本体论)的基础上,使"同构对应"具有社会历史的内容和性质,才能进一步解释美和审美诸问题。人与对象在形式上的相互对应以及对象上的审美素质,并不能纯从生理上来寻求解答。审美素质之成为美,某些形式成为"美的规律",实另有其根源和来由。

总括上面所讲,是认为,在美学范围内,"美"这个词也有好几种或几层含义。第一层(种)含义是审美对象,第二层(种)含义是审美性质(素质),第三层(种)含义则是美的本质、美的根源。所以要注意"美"这个词是在哪层(种)含义上使用的。你所谓的"美"到底是指对象的审美性质,还是指一个具体的审美对象?还是指美的本质和根源?从而,"美是什么"如果是问什么是美的事物、美的对象,那么,这基本是审美对象的问题。如果是问哪些客观性质、因素、条件构成了对象、事物的美,这是审美性质问题。但如果要问这些审美性质是为何来的,美从根源上是如何产生的,亦即美从根本上是如何可能的,这就是美的本质问题了。

可见,所谓"美的本质"是指从根本上、根源上、从其充分而必要的最后条件上来追究美。所以,美的本质并不就是审美性质,不能把它归结为对称、比例、节奏、韵律等等;美的本质也不是审美对象,不能把它归结为直觉、表现、移情、距离等等。

争论美是主观的还是客观的,就是在也只能在第三个层次上进行,而并不是在第一层次和第二层次的意义上。因为所谓美是主观的还是客观的,并不是指一个具体的审美对象,也不是指一般的审美性质,而是指一种哲学探讨,即研究"美"从根本上到底是如何来的,是心灵创造的?上帝给予的?生理发生的?还是别有来由?所以它研究的是美的根源、本质,而不是研究美的现象,不是研究某个审美对象为什么会使你感到美或审美性质到底有哪些,等等。只有从美的根源,而不是从审美对象或审美性质来规定或探究美的本质,才是"美是什么"作为哲学问题的真正提出。

从审美对象到美的本质,这里有问题的不同层次,不能混为一谈。其实,这个区别早在两千多年前柏拉图就已提出了。他说"美"不是漂亮的小姐,不是美的汤罐,也就是说美不是具体的审美对象和审美性质,而是美的理式,即"美本身"。黑格尔在《美学》中称赞说:"柏拉图是第一个对哲学研究提出更深刻的要求的人,他要求哲学对于现象(事物)应该认识的不是它们的特殊性,而是它们的普遍性。"①怀特海(A.N.Whitehead)说,一切哲学都只是柏拉图哲学的注脚,都只是在不断地回答柏拉图提出的哲学问题。在一定意义上,也可说,本书就是要用主体性实践哲学(人类学本体论)来回答柏拉图提出的美的哲学问题,研究美的普遍必然性的本质、根源所在。

下面这张表可看作上述内容概括:

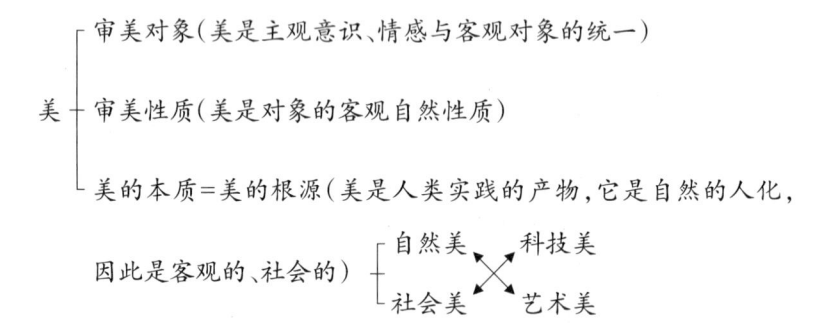

美 ┬ 审美对象(美是主观意识、情感与客观对象的统一)
　 ├ 审美性质(美是对象的客观自然性质)
　 └ 美的本质=美的根源(美是人类实践的产物,它是自然的人化,
　　　因此是客观的、社会的) ┬ 自然美 ⤨ 科技美
　　　　　　　　　　　　　　└ 社会美 ⤨ 艺术美

第二节　美的本质

那么,美的根源究竟何在呢?

这根源(或来由)就是我所主张的"自然的人化"。

---

① 黑格尔:《美学》第一卷,商务印书馆1979年版,第27页。

在我看来,自然的人化说是马克思主义实践哲学在美学上(实际也不只是在美学上)的一种具体的表达或落实。就是说,美的本质、根源来于实践,因此才使得一些客观事物的性能、形式具有审美性质,而最终成为审美对象。这就是主体论实践哲学(人类学本体论)的美学观。

那么,这种美学观是属于主观派、客观派还是"主客观统一"派呢?

如前所说,所谓"主客观统一"这概念并不很清楚,原因是所谓"主"指的是什么?如果"主"指情感、意识、精神、心理,那么这种"主客观统一"论便仍然属于主观派,如立普斯和朱光潜。但是,如果"主客观统一"中的"主"指的是人的实践活动,那情况就大不相同,人的实践是一种物质性的客观现实活动,即是说,这里的"主"实质上是一种人类整体作用于众多客观对象(如大自然)的物质性的客观活动,从而,它与客观世界的统一即这种主客观统一便不属于主观论,而属于客观论,它是客观论中的第三派,即一种现代意义的新的客观论,亦即主体性实践哲学的美的客观论。它既是"主客观统一"论,又是客观论。我在1962年《美学三题议》中曾指出:

> 美只有在主观实践与客观现实的交互作用的意义上,而不是在朱(光潜)先生那种主观意识与客观自然的相互作用上,才可说是一种主客观的统一。但这种主客观的统一,仍然是感性现实的物质存在,仍是社会的、客观的,不依存于人们主观意识、情趣的。它所以是社会的,是因为:如果没有人类主体的社会实践,光是由自然必然性所统治的客观存在,这存在便与人类无干,不具有价值,不能有美。它所以是客观的,是因为:如果没有对现实规律的把握,光是盲目的主体实践,那便永远只能是一种"主观的、应有的"的善,得不到实现或对象化,不能具有感性物质的存在,也不能有美。只有"实现了的善",才"不仅设定在行动着的主体中,而且也作为某种直接的现实而设定下来……设定为真实存在着的客观性"(列宁:《哲学笔记》)。马克思在《经济学—哲学手稿》中那段有关美的名言,曾为人们所再

三引用,但这样理解,才似比较准确。马克思也正是在讲了人类的本质特点——具有社会普遍性(即所谓"族类"普遍性)的生产活动之后,紧接着说:"……人类能够依照任何物种的尺度来生产,并且能够到处适用内在的尺度到对象上去,所以人类也依照美的规律来造形。"这个"所以",正是说明这个统一,说明因为具有内在目的尺度的人类主体实践能够依照自然客观规律来生产,于是,人类就能够依照客观世界本身的规律,来改造客观世界,以满足主观的需要,这个改造了世界的客观现实存在的形式便是美,所以,是按照美的规律来造形。马克思完全不是从审美、意识、情趣、艺术实践而是从人类的基本实践——人对自然的社会性的生产活动中来讲美的规律,这就深刻地点明了美的客观性的本质含义所在……①

这就是"自然的人化"的过程和成果。

1980年,我重复强调了这一基本观点:

> 关于美的本质,我还是1962年《美学三题议》中的看法,没有大变化。仍然认为美的本质和人的本质不可分割。离开人很难谈什么美。我仍然认为不能仅仅从精神、心理或仅仅从物的自然属性来找美的根源,而要用马克思主义的实践观点,从"自然的人化"中来探索美的本质或根源。如果用古典哲学的抽象语言来讲,我认为美是真与善的统一,也就是合规律性和合目的性的统一。所谓社会美,一般是从形式里能看到内容,显出社会的目的性。在合目的性和合规律性的统一中,更多表现出一种实现了的目的性,功利内容直接或间接地显现出来。其实也就是康德所讲的依存美。但还有大量看不出什么社会内容的形式美、自然美,也就是康德讲的纯粹美。这可说是在合规律性与合目的性的统一中,更多突出了掌握了的规律性。

---

① 拙著《美学论集》,上海文艺出版社1980年版,第162—163页。

但无论哪一种美,都必须有感性自然形式。一个没有形式(形象)的美那不是美。这种形式就正是人化的自然。这两种美都应该用马克思讲的"自然的人化"来解释。①

如果具体一点说,即可接着前述格式塔的同构说来谈。前面讲到,格式塔心理学的同构说认为,自然形式与人的身心结构发生同构反应,便产生审美感受,但是为什么动物就不能呢?其根本原因就在人类有悠久的生产劳动的社会实践活动作为中介。人类在漫长的几十万年的制造工具和使用工具的物质实践中,劳动生产作为运用规律的主体活动,日渐成为普遍具有合规律的性能和形式,对各种自然秩序、形式规律,人类逐渐熟悉了、掌握了、运用了,才使这些东西具有了审美性质。自然事物的性能(生长、运动、发展等)和形式(对称、和谐、秩序等)是由于同人类这种物质生产中主体活动的合规律的性能、形式产生同构同形,而不只是生物生理上产生的同形同构,才进入美的领域的。因此,外在自然事物的性能和形式,既不是在人类产生之前就已经是美的存在,就具有审美性质;也不是由于主体感知到它,或把情感外射给它,才成为美;也不只是它们与人的生物生理存在有同构对应关系而成为美;而是由于它们跟人类的客观物质性的社会实践合规律的性能、形式同构对应才成为美。因而,美的根源出自人类主体以使用、制造工具的现实物质活动作为中介的动力系统。它首先存在于、出现在改造自然的生产实践的过程之中。C.Geertz曾强调指出,人性甚至包括人的某些生理性能,也是文化历史的产物。②我们对从猿到人的研究,也说明从人手、人脑到人性生理—心理结构(包括如逻辑、数学观念、因果律观念等智力结构、意志力量之伦理结构和形式感受等审美结构)都源起于上述使用—制造工具的漫长的人类现实物质性的生产活动中。③从美学看,这个史前期的悠久行程,在主

---

① 《美学》杂志1980年第3期,上海文艺出版社。

② 参阅C.Geertz, *The Interpretation of Cultures*,第1—2章,New York,1973。

③ 参阅《李泽厚哲学美学文选·试论人类起源》,《批判哲学的批判》。

体方面萌发和形成审美心理结构的同时,在客体方面即成为美的根源。

拙著《批判哲学的批判》说:

> 通过漫长历史的社会实践,自然人化了,人的目的对象化了。自然为人类所控制、改造、征服和利用,成为顺从人的自然,成为人的"非有机的躯体",人成为掌握控制自然的主人。自然与人、真与善、感性与理性、规律与目的、必然与自由,在这里才具有真正的矛盾统一。真与善、合规律性与合目的性在这里才有了真正的渗透、交融与一致。理性才能积淀在感性中,内容才能积淀在形式中,自然的形式才能成为自由的形式,这也就是美。①

拙文《美学三题议》说:

> 自由的形式就是美的形式。就内容而言,美是现实以自由形式对实践的肯定,就形式言,美是现实肯定实践的自由形式。②

所以,美是自由的形式。

什么是自由?黑格尔《精神现象学》说:

> 任性和偏见就是自己个人主观意见和意向,是一种自由。但这种自由还停留在奴隶的处境上。对于这种意识,纯粹形式不可能成为它的本质,特别是就这种纯粹形式是被认作弥漫于一切个体的普遍的陶冶事物的力量和绝对理念而言,不可能成为它的本质。

这就是说,自由不是任性。你想干什么就干什么,恰恰是奴隶,是不自由的表现,是做了自己动物性的情绪、欲望以及社会性的偏见、习俗的

---

① 《批判哲学的批判》,第415页。
② 《美学论集》,第164页。

奴隶。那么，自由是什么？从主体性实践哲学看，自由是由于对必然的支配，使人具有普遍形式（规律）的力量。因此，主体面对任何个别对象，便是自由的。这里所谓"形式"，首先是种主动造形的力量，其次才是表现在对象外观上的形式规律或性能。所以所谓"自由的形式"，也首先指的是掌握或符合客观规律的物质现实性的活动过程和活动力量。美作为自由的形式，首先是指这种合目的性（善）与合规律性（真）相统一的实践活动和过程本身。它首先是能实现目的的客观物质性的现实活动，然后是这种现实的成果、产品或痕记。所以它不是什么"象征"。"象征"（symbol），主要是种精神性的、符号性的意识观念的标记或活动。从远古的巫师到今日的诗人，都在不断制造这种符号、象征，但它们并不就是美的本质或美的根源。可见，不但主观蛮干、为所欲为，结果四面碰壁，不是自由；而且，自由如果只是象征、愿望、想象，只是巫师的念咒、诗人的抒情，那便只是锁闭在心意内部的可怜的、虚幻的"自由"。真正的自由必须是具有客观有效性的伟大行动力量。这种力量之所以自由，正在于它符合或掌握了客观规律。只有这样，它才是一种"造形"——改造对象的普遍力量。孔子说"从心所欲不逾矩"，庄子有"庖丁解牛"的著名故事，艺术讲究"无法而法，是为至法"，实际都在说明无论在现实生活或艺术实践中，这种在客观行动上驾驭了普遍客观规律的主体实践所达到的自由形式，才是美的创造或美的境界。在这里，人的主观目的性和对象的客观规律性完全交融在一起，有法表现为无法，目的表现为无目的（似乎只是合规律性，即目的表现为规律），客观规律、形式从各个有限的具体事物中解放出来，表现为对主体的意味……于是再也看不出目的与规律、形式与内容、需要与感受的区别、对峙，形式成了有意味的形式，目的成了无目的的目的性，"上下与天地同流"，"大乐与天地同和"。要达到这一点，无论从人类说或从个体说，都需要经过一个漫长的实践奋斗的现实历程。艺术家要达到"无法而法"，就得下长期的苦功夫，那更何况其他更根本的实践？所以，自由（人的本质）与自由的形式（美的本质）并不是天赐的，也不是自然存在的，更不是某种主观象征，它是人类和个体通过长期实践所自己建立起来的客观力量和活动。就人类说,那是几十万年的积累;就个体说,那也不是一朝一夕的功夫。自由形式作为美的本质、根源,正是这种人类实践的历史成果。

总之,不是象征、符号、语言,而是实实在在的物质生产活动,才能使人(人类和个体)能自由地活在世上。这才是真正的"在"(Being),才是一切"意义"(meaning)的本根和家园。人首先也不是通过语言、符号、象征来拥有世界,也不是首先因为有语言才对世界产生关系,世界不是首先在语言中向我们展开和呈现,能领悟的"在"也并不首先是语言。人类光靠语言没法生存。世界是首先通过使用物质工具性的活动呈现和展开自己,人首先是通过这种现实物质性的活动和力量来拥有世界、理解世界、产生关系和建立自己。从这里也许可以了解,为什么美不能是自由的象征,而只能是自由的形式(自由的力量、自由的实在)。这就是我所强调并坚持的主体性实践哲学的美学观不同于其他哲学的美学观之所在。

在五六十年代,我曾用过"人的本质对象化"的提法,但我发现这个提法引起了好些滥用,后来我就只讲"自然的人化"和"自由的形式",不再讲"人的本质对象化"了。因为我讲的"人的本质对象化"本是指上述物质性的现实实践活动,主要是劳动生产,可是许多人却由之而把人的意志、情感、思想都说成是"人的本质力量"。难道人的情感、思想、意志不是人的本质力量吗?于是认为只要人们赋予对象以人的这种"本质力量",就是"人的本质对象化",就是美了。于是,这也就和朱光潜的说法没有区别了:即人的主观意识、愿望、想象、情感、意志("本质力量")一对象化,来作为象征、符号、艺术作品,亦即主(意识)客观统一,就产生美。这当然不是我所能同意的。这并不是说人的主观意志、情感、思想不重要,不起作用,而是说从哲学看,它们不能在美的最终根源和本质这个层次上起作用,只能在美的现象层即构成审美对象上起作用。因此,请注意,在美的探讨中,虽然好些人都讲实践,都讲"人的本质对象化",都讲"自然的人化",其实大不相同。有的是指意识化,讲的是精神活动、艺术实践;有的是指物质化,讲的是物质生产、劳动实践。我讲的"自然的人化"正是后一种，是人类制造和使用工具的劳动生产，即实实在在的改造客观世界的物质活动；我认为这才是美的真正根源。因为用"自然的人化"、"自由的形式"比用"人的本质力量对象化"更便于区别这种不同，所以我舍后者而用前者。后者的"人"更明确是指人类，而不是指个体、个人。不是个人的情感、意识、思想、意志等"本质力量"创造了美，而是人类总体的社会历史实践这种本质力量创造了美。这就是我的看法。

第十章

高尔泰的主体自由论人学美学选读

本章导读

【作者简介】

高尔泰（1935—），因发表首篇论文《论美》时"泰"字被误排为"太"，又有"高尔太"一名。当代著名美学家、艺术评论家、画家和作家。1935年10月生于江苏高淳。10岁时曾发表《我家的狗》。自1949年起先后就读于苏州美专、丹阳正则艺专和江苏师范学院美术系，学习绘画之外，对哲学和文学也很感兴趣。1955年夏天肄业于江苏师范学院，后到甘肃省兰州市第十中学任美术教师，油画《萌芽》曾获奖。1957年，22岁的高尔泰以《论美》（初载《新建设》1957年第2期）、《美感的绝对性》（初载《新建设》1957年第7期）两篇论文参与美学大讨论，成为著名的主观派美学家之一，但也为此付出高昂代价，被开除公职。1962年到敦煌文物研究所从事绘画研究，后被借调到兰州等地画画。自1978年春天起先后在兰州大学哲学系、中国社科院哲学所美学研究室、四川师范大学、南京大学从事美学教学与研究工作。1982年发表论文《美是自由的象征》[初载《西北师大学报》（社会科学版）1982年第1期]。在学术研究之外，高尔泰也有创作或临摹的画作及文学作品问世。

高尔泰从1956年开始研究美学，20世纪的美学及相关学科论文先后编入《论美》（署名"高尔太"，甘肃人民出版社1982年版）和《美是自由的象征》（人民文学出版社1986年版）两种论文集，所收篇目有同有异。高尔泰论文集的台湾版本有《美的抗争：高尔泰文选之一》（东大图书公司1995年版）和《美的觉醒：高尔泰文选之二》（东大图书公司1997年版）。另外，20世纪80年代高尔泰发表过《在山中》《运煤记》《庆端阳》等短篇小说，其中《在山中》被选入《当代中国小说选》在德国慕尼黑出版。21世纪以来，高尔泰不断有散文作品问世，如散文集《寻找家园》（花城出版社2004年版）和《草色连云》（中信出版社2014年版）等；其1956年之后的美学及相关学科旧论新作则被结集为《艺术的觉醒》《美是自由的象征》《回归，还是出发？》3册，由北京出版社于2021年出版，共收文37篇，合计40多万字，应该是目前收其各个时期论文最多的系列文集，所收文章文字有不同程度的修订。

【阅读提示】

在20世纪五六十年代的美学大讨论中，一般认为形成了美学四派，即朱光潜的主客统一派、蔡仪的客观派、吕荧与高尔泰的主观派、李泽厚的客观性与社会性统一派。当时在人民文学出版社任职的美学家吕荧率先明确表达了"美是物在人的主观中的反映，是一种观念"（《美学问题：兼评蔡仪教授的〈新美学〉》，初载《文艺报》1953年第16—17期）的观点，成为那次美学论争中主观派或主观论的最早代表。1957年以《论美》和《美感的绝对性》两篇论文进入美学论域的高尔泰虽非"美的主观说"的首位表达者，且相比于同期的朱光潜、蔡仪、李泽厚等，画家出身的高尔泰的美学著述并不算多，但他敢于坚持己见，以其坚定的理论勇气、尖锐的批判意识、浓厚的平民精神登上了美学的历史舞台，并且做出了特有的学术贡献。

高尔泰的美学研究关涉美、美感、艺术和美学这四个最常见的美学研究主题，但凭借其论文《美是自由的象征》中的"美是自由的象征""美感点燃了美"和《美学与哲学》（初载于1982年版《论美》）中的"美必然是负熵的"等个性特征鲜明的命题，将人对美的追求或审美活动的主体性上升到了人的本质、人的自由以及人的解放的高度。自觉地运用马克思主义尤其是《1844年经济学哲学手稿》的理论资源，从主体性上论美及审美的不止高尔泰一人，美学论争中的李泽厚、朱光潜也是如此。但高尔泰着重吸纳的是马克思的人道主义或人本主义思想，而非像李泽厚那样重点立足于马克思的主体实践论与人化自然观;他立足于人道主义(而非一些美学家说的浪漫主义)的主体或美感论,而非像朱光潜那样立足于以情趣意象为核心的主客统一论。

"美学是人学"是理解高尔泰美学的一把钥匙。他曾说"美学是哲学之树上的一个分枝",即"美的哲学","研究美,也就是研究人,美的哲学,也就是人的哲学;……假如一定要给美学下一个简短的定义的话,那么我们将说,美学是人学。……我们研究美学的最根本的目的是认识人,是揭示人的价值、意义与丰富性。"(《美学与哲学》)因而,从标举"离开了人,离开了人的主观,就没有美"到论证"美感的绝对性",再到宣称"美是自由的象征",高尔泰美学始终表现一种以人的本质、意向、目的、追求、评价为本体的主体性人学美学特征。高尔泰主体性人学美学体系的出发点是人,核心是人的美感,关键词则是人的"感性动力突破理性结构的框架"(参见查常平、高尔泰:《"美是自由的象征":思想与人文》,《艺术广角》2013年第1期)。

总体而论,被惯常称为主观派或美感论的高尔泰美学,其实是主体自由论美学,用其后来的专有术语也可称为感性动力论人学美学。在高尔泰的三篇具有代表性的论文中,《论美》是其主体性人学美学思想的初次展露,不仅鲜明地提出"美产生于美感""美和美感,实际上是一个东西",且五次使用后来的关键词"自由";《美感的绝对性》既是他对批评《论美》的声音的回应,也是对其从人出发的主体论美论观点的进一步论证;后来更为有名的《美是自由的象征》则成为其美学思想较为集中的表达,既有对其早期美学思想的进一步论证,又提出了"美是自由的象征"和"美感点燃了美"这两个知名命题,也能看到对其标志性关键词"感性动力"的论述。限于篇幅,本章仅选取高尔泰的首篇论文《论美》来关注其主体自由论人学美学。

高尔泰的重要美学论文除了上面提到的之外,还有《美的追求与人的解放》(初载《当代文艺思潮》1983年第5期)、《美感与快感》(初载《文艺研究》1988年第4期)、《美学可以应用熵定律吗?——对批评的答复》(初载《美学评论》1988年第1期)等。

【思考问题】

1. 高尔泰关于美和美感的主要观点是什么?你赞同他的观点吗?为什么?

2. 高尔泰是怎么阐述作为"美的原则"和"艺术的原则"的"善与爱的原则"的?他为什么要强调美同善、爱的关系?

3. 高尔泰是如何看待艺术美和诗歌美的?

4. 高尔泰如何看待美与真、善的关系?

5. 高尔泰同李泽厚一样认为美的本质是一种"自然人化",二人的具体阐述有何不同?同蔡仪、李泽厚美学一样,高尔泰美学也把马克思哲学美学思想作为自己的理论基础,三人的美学在对马克思理论资源的吸收与阐发上有何不同?

6. 高尔泰曾在一次讲演之后的答问中说:"如果客观性是指不以人为转移的客观存在和它的统一的合标准性的话,那么美肯定不是客观的。我们所说的主观性,就是能动性;就是因人因事因时因地而异,不能用统一的模式来固定和划一。"[《人道主义与艺术形式》,初载《西北民族大学学报》(哲学社会科学版)1983年第3期]透过当时被人判为主观派和唯心主义的美论、美感论、自由论,高尔泰美学研究的理论价值与思想史价值究竟何在?你认为高尔泰美学思想最重要的独特之处是什么?

【扩展阅读】

高尔太:《论美》,甘肃人民出版社,1982年。

高尔泰:《美是自由的象征》,人民文学出版社,1986年。

高尔泰:《寻找家园》,北京十月文艺出版社,2011年。

丁枫:《高尔泰美学思想研究》,辽宁人民出版社,1987年。

王向峰主编:《中国百年美学分例研究》,辽宁大学出版社,2004年。

吕荧:《吕荧文艺与美学论集》,上海文艺出版社,1984年。

论 美[①]

美学问题是哲学领域中最扑朔迷离的问题之一。这个问题可以从许多角度进行探讨,例如从认识论的角度,从本体论的角度,从历史唯物主义的角度,等等。从认识论或本体论的角度,我们要问美是主观的还是客观的;从历史唯物主义的角度,我们要问美是由什么决定的。而无论从什么角度,这个问题都似乎至今还没有令人满意的答案。这里,我想就这个问题,从认识论的角度,提出自己的一些看法。这些看法可能是不成熟的,但是如果不拿出来,要待它自行成熟,怕遥遥无期。本着追求真理的精神,我将虚心倾听各方面的意见。

一

有没有客观的美呢?如果所谓客观之物是指不依人的主观精神或主观努力而独立存在的物自体的话,那么我的回答是否定的:客观的美并不存在。

我们知道,生命是物质运动的形态,人类的生命是一切生命现象中最复杂、最高级的。生命发展到这一阶段,就不再满足于物质的满足,不愿自己继续仅仅是一种食宿起居中的、生物学上的现象了,于是随着自然进化的进入历史进化,人类首先是自发地、无意识地、然后是自觉地和

[①]【编注】本文初载《新建设》1957年第2期,署名高尔太。后收入作者第一部论文集《论美》(甘肃人民出版社1982年版,第1—20页),又作为"附录"收入作者第二部论文集《美是自由的象征》(人民文学出版社1986年版)。上述三个版本的文字有若干差异。比如开头的"引言"段,大致呈现出文字由少到多的变化。全文选自高尔太:《美是自由的象征》,人民文学出版社1986年版,第319—339页。

有意识地通过改造世界的实践，形成一个抽象的精神世界，即一个与外在的现实相对应的内在的文化心理结构。心理结构一方面表现为各个个人的思想情感活动，一方面通过实践历史性地外化为客观的对象世界。所谓人类的文明，也就是这种人所创造的内在世界和外在世界相统一而又充满矛盾的总和，它随着人类历史的延续和发展，补充着和扩大着。

这个在物质基础上建设起来的精神世界，是人类思维活动的总和，它包括了人类心理现象及其符号信号的各个方面。可是要明确，它是一个乘积、一个方程式，不能把它理解成一种可以分别盛装在各个具体的个人心灵里的抽象物。心灵不是盛装思想感情的死的容器，它就是思想、感情、需要、意志……及其行动表现的总和。这个总和自成体系，有自己的变化逻辑，有自己的方程式，所谓美，就是一定的方程式的得数。它直接就是心灵本身的表现。在研究美学的时候，如果把它从这个血肉相联的背景上分裂出来，就不可能构成关于美的正确概念。

人设立——不一定是意识地设立——一个美的标准，某客观现象符合于这个标准，人们便说，这是美的。任何尺度都有可能为自己找到相符合的对象，正因为如此，人才有可能把美附加给自然。这个标准是抽象的、主观的，因为它是人类情感活动和思维活动的产物。而这个"符合"却是具体的客观的，可以实践地加以验证的，这就容易造成一个错觉：把这符合于人的要求的存在条件当做美自身，以致模糊了研究的对象。

人不可能凭空获得美。人和对象之间少了一方，便不可能产生美。美必须体现在一定物象上，这物象之所以成为所谓"美的"物象，必须要有一定的条件。也就是说，美感之发生，有赖于对象的一定条件（例如和谐）。但是，这条件不是美。正如不平引起愤怒，但不平不等于愤怒；不幸引起同情，但不幸不等于同情。人们不明白这一点，把引起美的条件称为美，这是错误的。这一错误，构成了现代美学的主要矛盾。

如果没有欣赏者，条件只是条件，无法转化为物之属性，亦即无法转化为美。条件不能自成条件，它之所以成为条件，是因为它符合于人（人往往以为是人符合于它），因而能引起人的美感。

当物的某一方面引起了人的美感,这一方面就被称为条件,如果没有人,何谓"能引起美感"呢?而没有了这一点,它又成什么条件呢?

条件是冷漠的、客观的、原始的存在,只有对人来说,它才成了条件,它自身没有什么条件不条件,它自身是原来就存在的。正因为它自身原来就存在,它才不成其为条件。物质是恒一,它不依赖人而独立地存在着,当它的某一方面和人无意地相符合的时候,人便把它派作了条件。这条件不是它自身的意义。

譬如说,泥土是泥土,不是烧罐子的材料,但是,当地球上出现了人,而人拿它来烧罐子的时候,它就成了烧罐子的材料了。我们可以把事物的某些方面派作条件,就如同我们可以把泥土派作烧罐子的材料一样。但是如果要把这条件在人心中所完成的事物——在这里即引起美感——反过来作为物之属性,便是荒谬的。当我们解释泥土是什么的时候,我们不能说:这是烧罐子的材料。因为泥土成为烧罐子的材料这件事,是因为有了人才发生的,在有人类以前它并不是烧罐子的材料。同样,事物之成为美的,是因为欣赏它的人心里产生了美感。没有人就没有美感,也就没有美。所以,美和美感,实际上是一个东西。

美产生于美感,产生以后,就立刻溶解在美感之中,扩大和丰富了美感。(我在思考和说明这一点的时候,是按顺序来进行的,实际上,这过程不包含时间的因素在内,或者,它只包含着最小限度的时间因素。)由此可见,美与美感虽然体现在人物双方,但是绝不可能把它们割裂开来。美,只要人感受到它,它就存在,不被人感受到,它就不存在,要想超美感地去研究美,事实上完全不可能。超美感的美是不存在的,任何想要给美以一种客观性的企图都是与科学相违背的。

如果一定要把美说成是物的属性,得加上一段解释:这属性是欣赏者暂时附加给对象的。有人会驳道,一个农民有可能不懂得最美的戏剧,难道这戏剧就不美吗?既然美是一种感受,那么对于那个农民来说,那戏剧确实是不美的。你觉得农民错了,是你觉得农民错了,在农民那一方面,感觉不到就是感觉不到,有什么错不错呢?请注意,这里暂时达个什在什么是非问题,这里的问题是有没有感觉到,即有没有出现审美活动这一事实的问题。没有审美事实,哪来的美呢?你将裁判什么呢?你的裁判权有什么根据呢?

对于非音乐的耳,贝多芬的交响乐和一个简单的音阶练习曲没有什么区别。诚然,贝多芬的交响乐是美的,但是这美,是对于有"音乐的耳"的人来讲的,所谓音乐的耳,不仅是个人的生理器官,而且是历史地形成了的人类的社会器官。音乐的美,在这里是通过感觉器官表现出来的精神现象即心理结构。美的历史,也就是心理结构的历史,外在事物的感性形式不过是心理结构借以表现出来的媒介物。

由此可见,引起美感的条件,是一种人化了的东西,这种东西,应该只把它看成一种可能性。这可能性的形成,是人类漫长的历史性实践的结果。但它是否向现实性转移,却取决于许多偶然的机缘,例如审美者过去的经验、知识和现在的心境等。不论它作为可能性而存在,还是作为现实性而存在,它存在的根据都是人。

二

当我们觉得某事物是美的,就把这感觉的内容派作物的属性,实际上就是用主观代替客观,把主观当作客观。这种观点使美学问题扑朔迷离,就像灰尘使油画显得模糊一样。

我们说"牵牛花是美的",这是人的意识在发表意见,是感觉在表示自己,而不是对牵牛花的本体论的说明。生物学家在研究牵牛花的时候,决不会在它的化学成分中分析出"美"这一元素来的。

色彩的和谐与鲜明可以引起美感。但是色彩自身只是光的吸拒作用,它不依赖人而独立存在,也无所谓美不美。按照作用于视网膜的功能量,当光波的长度是零点七——零点六时,我们便名之曰红,假如我们不名之曰红,这种情形依旧存在。我们创造了红这一个名词,就是为了代表这种情形。甲虫也看见山茶花的颜色,只是它们不能名之曰红罢了。既然我们名之曰红,那么"红"这个词及概念所代表的那种物质事实,就是一种客观存在,这存在不论是否被人感觉到都是不变的。

有人把美看作也和色彩同样是物的属性,这是唯心主义的或者二元论的看法,因为这种看法承认有一种观念,和物质一样绝对,一样永恒。

光有波动和微粒的二重特性,许多生物根据这种特性给自己创造了视觉,以反映周围的色彩、明暗和形象。声音有波动的特性,许多生物根据这种特性给自己创造了听觉以反映周围的声音。美如果和声音、色彩同样是客观物质,或客观物质的客观现象,那么它也必定会具有一个具体存在的物所具有的这种或那种具体的特性,我们不是也可以根据它创造一种美觉器官,来感受所谓"美"么?假如真是这样的话,那么凡是对一个人说来是美的事物,不是对一切人都是美的,像草对一切人说来都是绿的一样了吗?那还有什么美的阶级性,美的历史性呢?

有人说,美的东西虽然不是对于所有的人都是美的,至少对于大多数人是美的,假如没有客观的美,为什么会这样呢?这一事实,不能用美的客观性来解释。这个问题的正确答案,仍旧只有到人的内心去找。人,作为同一个世纪的同一种生物,在对事物的态度上即使有很大的出入,都是出入在同一发展水平的范围内。美学观当然也不能例外。人创造了世界,世界也创造了人。"五官感觉的形成是世界历史的产物",文化心理结构作为一个整体性有机结构不能从各个个人抽象出来,当它通过一个具体个人的思想情感表现为对象的形式时,它就不但带着个性,而且也带着共性,这没有什么可奇怪的。

大自然给予蛤蟆的,比之给予黄莺和蝴蝶的,并不缺少什么,但是蛤蟆没有黄莺和蝴蝶所具有的那种所谓"美"。原因只有一个:人觉得它是不美的。对于另一只蛤蟆来说(如果它有意识的话),蛤蟆自然比黄莺或者蝴蝶更美。正如对于公鸡来说,一粒麦子比一颗珍珠更有价值。人所把握的美和价值如果离开了人,还有什么根据可言呢?

有一种看法以为美存在于人和物的关系中,这种看法似是而非,因为在这种场合下,把人和物联系起来的还是人脑。

当然感觉有其主观方面和客观方面,但美不等于感觉。感觉是一种反映,而美,是一种创造。就感觉的内容来说,是客观事物,而美的内容,是人对客观事物的评价。没有了感觉,物体和它的现象属性依旧存在,但是没有了美感,美就失去了自己。

美发生在人脑中,我们无法把它移植到物那一方面去。所谓"移情",不过是心灵内部的一种活动方式罢了。美感不是一个简单的反射过程,它更深刻,更复杂,永远和理智与情感密切联系着。美之所以不同于其他感觉(如香、柔软等)也就在于这一点。

太阳的光和热是谁都可以感觉得到的,但是太阳的美不是对所有的人都存在。夏天的太阳,对于诗人来说,是激情和力量的象征,是美的,但是对于路上的商贩来说,则是"黄尘行客汗如浆",晒得很难受。而这美与难受,同样是由于它的光和热。

不论人们如何反映它,太阳是一个,各式各样的人们都由于它的同一种光热而感受到它的存在。它自身只是一个化学原素的巨大集团,按照质光定律放射着同一种光和热,人们对它的感觉尽管千差万别,它自身却永远如一。诗人把它作为激情和力量的象征,说它是美的,并没有给它增加什么。商贩对它的厌恶憎恨也没有减少它丝毫的分量。何况无论是诗人还是商贩,他们的感觉都不是固定不变的,可能换一个时候,换一种情况,他们又会有相反的感觉了。而不论感觉怎么变,太阳并不会随之改变。

"美"是人对事物自发的评价,离开了人,离开了人的主观,就没有美。因为没有了人,就没有了价值观念。价值,是人的东西,只有对人来说,它才存在。价值尺度,只能是人的尺度。

所谓主观地,只是人们自觉地或不自觉地运用自己的意识,去认识世界,去感受围绕在我们周围的真实。真实是"一"。当意识达到这个"一"并使之成为人的一个表现的时候,就达到主观的充分发挥。

主观力求向客观去!并通过对客观的改造进入客观。而当它达到这一点的时候,便完成了自己。在这中间,人一面认识着和改造着自然,一面自发地或自觉地评价着自然。在这评价中,人们创造了美的观念。

由此可见,美底本质,就是自然之人化。自然人化的过程不仅是一个实践的过程,而且是一个感觉的过程。在感觉过程中人化的对象是美的对象。

我们凝望着星星。星星是无言的、冷漠的,按照大自然的律令运动着,然而我们觉得星星美丽,因为它纯洁、冷静、深远。一只山鹰在天空盘旋,无非是想寻找一些吃食罢了,但是我们觉得它高傲、自由、"背负苍天而莫之夭阏,搏扶摇而上者九万里"……

实际上,纯洁,冷静,深远,高傲,自由,等等,与星星、与老鹰无关,因为这是人的概念。星星和老鹰自身原始地存在着,无所谓冷静、纯洁、深远、高傲、自由。它们是无情的,因为它们没有意识,它们是自然。

对于那些远离家园的人们,杜鹃的啼血往往带着特别的魅力。"一叫回肠断","闻叹沾衣"。因为这种悲哀的声音,带着浓厚的人的色调。其所以带着浓厚的人的色调,是因为它通过主体的心理感受(例如移情,或者自由联想……)被人化了。如果不被人化,它不会感动听者。农民不知道关于蜀帝的悲惨故事,他们称杜鹃为"布谷鸟",因为杜鹃在春播的时候啼叫,声音好像是"布谷,布谷"。而我,直到现在,还对杜鹃的鸣声保持着一种亲切的回忆,因为当我想起这种叫声,我在这风炎土灼的北国——脑海中就浮现出一片无垠的水田,泛滥着初春的气息,潮湿的泥土的气息。

在明月之夜,静听着低沉的、仿佛被露水打湿了的秋虫的合唱,我们同样会回忆起逝去的童年,觉得这鸣声真个"如怨,如慕,如泣,如诉"的。其实秋虫夜鸣,无非是因为夜底凉爽给它们带来了活动的方便罢了。当它在草叶的庇荫下兴奋地磨擦着自己的翅膀的时候,是万万想不到自己的声音,会被涂上一层悲愁的色彩的。

白居易写琵琶:"小弦切切如私语。"弦和私语毫无因果关系,声音的产生是由于物体的震动,音色决定于震动的形式,这是自然现象,和人的私语无关。但因为它和私语外形上近似,感觉便把它私语化,亦即人化了。于是觉得它是美的。所谓"风在哀号","黄河在咆哮",都与此类似。

这一原理贯穿在一切之中,所有的事实可以拿来做例子,不过这一切都必须有主观条件为基础。

作为心理过程,主观要人化客观,不仅要有客观条件,而且要有主观条件,前一点我们已经分析过了。主观条件的基本范畴,根据事实来看,是善与爱的范畴。

爱与善是审美心理的基础。美永远与爱、与人的理想关联着。黑夜的星,黑夜的灯,黑夜的萤火,在我们看来是美的,因为我们爱黑暗中的光明,因为它们装饰了温柔的夜。但是,当我们知道了那是对于狼的眼睛的错觉的时候,我们就不再爱它,同时,它也就因此消失了一切的美。同是一个现象,黑暗中幽微的亮光,从形式上、直觉上来说,它们是相同的,但是,人凭自己的知识和主观爱憎,修改了它的美学意义。

在人和物的关系中人们很难设想出一种东西:当它在和人没有利害关系的情形下,我们觉得它是丑陋的,同时又爱它,或者反过来,觉得它是美的,却憎恶它。我们热爱大自然,就是因为我们觉得大自然是美的。我们爱某人,如果不是因为我们觉得那人的外貌是美的,便是因为我们觉得那人的灵魂是美的。反过来,如果我们觉得某人的外貌或者灵魂是美的时候,我们便会爱某人。这些例子是平凡的,浅显的,简单的,但是它的内部逻辑,却有着很重要的价值。

人,永远是社会的成员,是生活中的人,他所感受的不仅是大自然,也有社会生活。因此,当美感的对象是社会生活或类似社会生活的现象的时候,它便不能不染上伦理学的色彩。因为社会的东西同时也必然是伦理的东西,作为伦理的东西,美是与善相联系的。恶的东西总是丑的。

任何东西,只有在不和至善相违背的时候,才有可能成为美的东西。在艺术中,恶的形象总是否定着自己,也只有在自己的否定中,它才能获得美学上的地位。美的东西总是体现着人的理想,善与爱作为一种积极的评价,概括着一切人所要追求的东西,也就是概括着人的理想,因此,美如果离开了善与爱,便无法获得自己的意义。

许多人把美看做客观的东西，因此当他们在研究美底规律的时候，到对象上去寻找答案，尽在一些毫不相干的事物上转来转去，看不见真理。有人说，美的东西，是在个别中显现着一般的东西；有人说，美的东西是"最完满地体现了那在生活中支配它的规律的东西"……这些理论都是经不起分析的。要驳倒前一点，只要指出一个事实就够了，有许多丑恶的东西，都是典型中的典型，在个别中显现着一般。

宇宙间并没有一种自然存在的东西，不体现着自然的规律，不体现着自然规律的东西就不会存在到这个大地上来。假如按照季莫菲叶夫的说法，不是凡普天下的东西，没有不美的了吗？显然，事实并不是这样。如果说这是专指社会现象而言，那也是不周延的。没有一种社会存在，不体现着社会规律，阶级压迫和阶级剥削也体现着社会规律，正如狼和蛇也体现着自然规律，难道它们是美的吗？

这种研究的结果，出现了一系列似是而非的规范，如对称均衡、多样统一、和谐鲜明……构图学上更出现了一种叫做黄金律的东西，说是物体按照一比一点六一八的比例安排，就会是美的，诸如此类。事实上，这些都不是美的依据。有些毒蛇身上的图案是组织得很好的，既和谐，又鲜明，不仅对称均衡，而且多样统一（多样统一中有着黄金律所追求的东西）。但是，我们不可能对蛇发生美感。因为人是不爱蛇的，蛇的行为使人想起杀害，和善相矛盾。违背了这两个基本的美学原则，虽然在外部形式上无可指责，蛇却不可能因此获得美。

西方有人把艺术看作客观现实的模仿和反映，他们所持的理论叫"典型论"。我国也有一种"典型论"，主张典型就是平均数，美就是这种平均数，所以美是客观的。他们所使用的最"典型"的例子是宋玉《登徒子好色赋》中对"东家之子"的描述，所谓"增之一分则太长，减之一分则太短，施朱则太赤，傅粉则太白……"，如此等等。他们认为苟能如此，就是美的。既然这样，我们要问，为什么非洲的黑男人就喜欢黑女人，而且认为越黑越美呢？为什么一朵朝开夕谢的野花可以同万古长存的雄伟的雪山具有一样的审美价值呢？这些问题都是客观论、"典型"论者不能够回答的。

正确的答案永远包涵在问题中,美既然是主观的东西,美的规律也只有到主观中去寻找。也就是说,到心理结构的变化逻辑中去寻找,到人类的理智、情感、自由联想等多种心理过程的组合法则中去寻找。只有善与爱是一切组合法则的共同原则,所以只有它适用一切场合。在这些场合,客观事物的形式(真)通过主体的心理感受(理想、信念——善)表现为美。美是真与善的统一,但它更多地是与善相联系而不是与真相联系。

人们会问,难道在忘情时人也倾向着善或爱吗?难道欣赏不就是忘情吗?是的,在很多情形下,美的感受可以使人忘记其他的一切,忘记生活,在美感的最紧张的高度(这紧张往往最不易被觉察),一切别的东西都会消失得无影无踪。这种情形,通常被称为忘情。但是,在事实上,人永远不会完全忘情。如果真的竟完全忘情,美就不再存在了,所谓被美所陶醉,或所谓忘情,实际上就是美的感受压倒了其他一切心理活动。这时候,我们往往并不使用任何词汇,只是惊讶地叹赏着。这是一种无辞的赞美,这无辞之词渗透着爱的真义。

这赞美,永远是人的赞美。因为在这种赞美之中,人达到了自己最理想的境界——这种最高的理想就是最高的善。

三

雄伟的概念就是美的概念。

这里特别提到它,是因为有人把这两个概念分开。车尔尼雪夫斯基说,雄伟和美是两回事,这是不对的。

雄伟是美的外部形式之一,把雄伟和美分开,就取消了雄伟。太阳,大雷雨,风暴的海,狮子,金字塔,喜马拉雅山,迎风招展的大旗,斯芬克斯,悲剧,正义的愤怒……都是美的,正如同秋星、夜雨、落叶等等都是美的。前者使我们振奋,后者使我们感动。前者使我们凌驾于世界之上,后者使我们和世界合而为一。但无论前者,抑或后者,我们都是使用同一个尺度去衡量的。前者有可能大于我们的尺度,后者则能够与尺度相符合。它们之间的区别是量的区别,而不是质的区别。

所以,雄伟的概念,仍然是一个审美范畴。既如此,雄伟也必然体现着善与爱。

传说中的恶煞有时往往比巨人更加声势汹汹,但是人们不可能在恶煞身上获得雄伟的印象,因为人们对恶煞憎恨、恐惧的观念,驱逐了雄伟的观念。就数量而言,丑恶也可能是巨大的。仅仅巨大并不能引起雄伟的感受。只有体现着善与爱,才有可能产生雄伟。

车尔尼雪夫斯基的美学,无疑包含着许多深刻的真理。但是,在这一问题上,他的看法是值得再推敲一下的。应当把雄伟的概念和美的概念统一起来,这样我们才能避免那种哲学上的含糊不清。

四

不被感受的美,就不成其为美。艺术以人的心理感受为中介,把掩盖在生活中的美之条件揭示出来和组织起来,这就给了这条件以美之生命。

所以,与其说艺术创造美,不如说艺术创造了美的条件。因为,如果艺术作品引起了美感,那么这美不是在艺术家的劳动过程中,而是在读者受到感动的时候产生出来的。所以艺术不等于艺术作品,后者不过是前者的物质媒介。

有谁站在高山上眺望着蓝灰色的大地而能无动于衷呢?"登泰山而小天下"者有之;"气吞万里如虎"者有之;"自非旷士怀,登兹翻百忧"者有之。在广阔的大地面前感到生命的渺小,或者被这古老、美丽的土地所感动而噙着满眶的热泪者有之。"昏昏水气浮山麓,泛泛春风弄麦苗,谁使爱官轻去国,此身无计老渔樵",因此而产生了复归自然的思想者亦有之。这些都是美,但是且让我们来分析一下我们的大地罢:它是田塍、道路、丛林、池沼、山岗、村庄、家丛……组成的一个广大的、赤裸的平面。在这平面上活动着的,是生活:人的生活,动物的生活,池沼中的生活与丛林中的生活……而无论是人,是动物,他们的生活都是乏味的、艰难的,甚至残酷的,欢乐的时刻是很少的。一切按照它不得不按照的规律完成着自己,一切真实沉没在真实中。这就是一切。可是,当薄雾无声地升起,一切披上蓝灰色的轻纱,显得朦胧而模糊的时候,诗人在自己所站立的高峰上就会被这平凡感动了。也许,灵感会像一只受惊的小鸟似的,在他的脑中突然出现罢,谁知道?如果真是这样,谁能说,这灵感原先就生活在这原野上,如今落到诗人的罗网里了呢?

与之相同,一件艺术作品,不过是一些油彩亚麻布、木框等等的组合,或者语言文字符号的组合……这一切都不是美。这一切的整体,作为一个活的有机整体,要等待欣赏者的心灵来激活。这种激活,也就是创造。所以同一件作品对于不同的欣赏者可以具有不同的美,所谓"诗无达诂",所谓"有一千个读者就有一千个哈姆雷特",都是说的这同一种情况。这么比喻并不是说艺术作品和自然景物没有区别,后者是自然形成的,前者则经过艺术家的劳动加工,是艺术家的心理结构的物态化,这里面有本质区别。但是,艺术家灵感的产生,同审美活动中美的产生,其过程具有相同的性质。艺术家把灵感孕育成诗,把它用文字、色彩、音响或泥土、石块翻译成具体可感的形象,就成了艺术作品。所以我们可以说艺术是艺术家灵感的再现,艺术作品则是再现的媒介。而艺术灵感的内容是美,因此,善与爱的原则,作为美的原则,也就是艺术的原则。

艺术教人去爱,教人从"美"的角度去看大自然,去看围绕在自己周围的真实世界。因而,艺术是人道主义的武器,它教人不懈地向善努力。它教人行动,勇敢地、热情地创造自己的生活。

艺术中的反面形象总是包涵着否定的意义,艺术中的乞乞科夫否定着现实中的乞乞科夫,艺术中的答尔丢夫否定着现实中的答尔丢夫。也只有在这种否定中,形象才能获得美学的意义。这种否定性,在现实中并不存在,现实中的乞乞科夫和答尔丢夫总是肯定着他自己,只有在艺术中他才遭到"自己的"否定。所以艺术中的人和事物往往具有生活中的人和事物所没有的美。

现实中的罗亭只会发议论,屠格涅夫的罗亭叫人去行动,而屠格涅夫的罗亭之所以能叫人去行动,就因为他自己是不行动的。我们赞美"罗亭",是把它作为号召人们积极行动的号角来赞美,而不是把它作为一个健谈者的真实的写照来赞美的。

所以艺术不是"现实的苍白的复制",艺术是灵感与激情的再现,它创造着美,创造着现实中所没有的东西。我们不能欣赏现实中的乞乞科夫,但是能欣赏艺术中的乞乞科夫,就因为艺术中的乞乞科夫包涵着自己的否定,这否定体现着作者至善的愿望,体现着美。

现实中的乞乞科夫是客观的,诗人对乞乞科夫的否定是主观的,当这种否定性通过艺术家的劳动被物态化了的时候,它获得了某种客观性,而当这客观的否定性被欣赏者感受到的时候,它就成了美。诗人为了把自己的灵感外化为具体可感的形象,需要进行一场艰苦的搏斗。

有人会说,把艺术看做灵感的再现,不是把创作活动变成一种翻译工作,取消了艺术家的劳动吗?不。艺术家的全部劳动(包括主题的孕育在内),在于努力完满地表现自己的灵感,亦即表现那激起他全部创作热情的东西。灵感不仅是在创造过程中"形成"的,而且往往是刺激创作动机的东西,往往是先有灵感,而后才有创作欲望,而后在这欲望中又产生新的灵感和激情。不是先有一种空洞的愿望,这愿望使人开始了工作,为这工作才产生了内容的。尽管这后一种情况也不是完全没有。

艺术和现实关系的全部复杂性,反映着人类心理结构及其变化逻辑的全部复杂性,说"艺术是现实苍白的复制",就否定了这种复杂性。所以这个说法显然是错误的。把这一错误加以发挥,车尔尼雪夫斯基说:生活的美高于艺术的美。虽然生活和艺术不是对立的,但毕竟还是性质不同的两回事。不应该互相放在之上或之下。

艺术的美和生活的美是一个内容,虽然它们体现在两种不同的东西上,当人感受着美的时候,他的心理活动永远是用同一方式来进行的。这

"同一方式",就是美感心理不同于其他心理过程的基本特征。所谓审美感受,其实也就是具有这样一些基本特征的经验过程。无论对于自然物,还是对于艺术作品,有了这样的感受,就是美。没有这样的感受,就没有美。不被感受的美,就不成其为美,而美,作为感受,作为内在心理结构的外在表现,它永远是真实的。谁也无法说明,什么感受是真的,什么感受是受了欺骗。因此,我们就无法把这一种感受和那一种感受拿来作比较。感受就是感受,无所谓"这一种"和"那一种"。我们黄昏到河边去散步,为自然所陶醉,与我们读一首诗,为诗情所陶醉,有什么区别、什么相干呢?同样是感受,同样是陶醉,如何比较呢?

五

哲学用概念来说话,而艺术是用形象来说话的。艺术作品的深度寓于形象的深度。而形象,作为美的材料,必然透露着善与爱的消息。

有体现着善与爱的形象,才有可能是美的形象,我们在评价艺术劳作的时候,不仅要看它是否督促人们向善努力,这种愿望是否表现出来,表现得充分不充分,而且要看它是否能启发人们去爱,爱自然,爱人类,是否能够使人们的激情燃烧起来。

善与爱,应当是艺术批评的原则。这原则不仅是从美感产生的规律中寻找出来的,不是人为的,而且是从人类进步的需要中引伸出来的,不是任意的。

过去,在许多场合,人们往往不能得到一致的结论,便说别人的感受是错误的,否定别人的感受,互相否定的结果,反而使问题更加成为问题了。

托尔斯泰在读了契诃夫的短篇《宝贝儿》以后,指出这个短篇收到了与作者的企图相反的效果。但是我看了这个短篇,却完全同意契诃夫的态度。我和托尔斯泰是谁错了呢?谁也不错。对于托尔斯泰来说,这个作品事实上收到了反面效果,就和对于我来说,它收到了正面效果一样。我们尽可以说,托尔斯泰错了,因为他的宗教观念压倒了人的情感,或者因为他带着宗法制农民思想的有色眼镜……如此等等,都可以有根有据,有充足理由。但这是我们在说。在托尔斯泰那一方面,他只是指出一个事实:这篇小说在他那里收到了反面的效果。事实就是这样,有什么错不错呢?如果我们要来否定事实,我们就错了。已经发生的事不可能被否定,我们可能凭我们的意志去修改客观存在,但是不可能凭我们的意志修改既成的历史事实。这里,各人指出各人的感受,谁也不错,谁都是说的事实。谁也不能否定别人的感受。

唐·璜和吉诃德是作者鞭挞和讽刺的对象,但是,在鲁道夫·洛克尔的笔下,他们又获得了某种肯定的意义,这是事实。都是事实,离开了善与爱的原则,便无法解决它的矛盾。

事实上,奥莲卡,唐·璜,吉诃德,都是美的形象,因为无论人们如何理解他们,他们都教人行动,教人爱,教人向善努力。无论契诃夫还是托尔斯泰、塞万提斯还是鲁道夫·洛克尔,无论是我还是其他读者,都从奥莲卡、吉诃德的形象直接或间接(从反面和侧面)地获得一种鼓舞和推动力量。

聪明的读者也许会问:"如果不指方向,同时向一个修道士和一个革命家叫道:前进!他们就会向相反的方向走,这中间难道就没有一个人是在倒退吗?"我的美学是不是会像这没有方向的前进令一样呢?不,因为至善的方向只有一个:爱。爱就是生活,爱就是幸福,爱就是真、善、美的统一。至于用什么方式去爱,那是由各人自己决定的。形式无限丰富,所以美也无限丰富。

这个原则是否太抽象了呢?不,它适用于艺术,适用于审美,就像时钟适用于时间一样。钟是根据时间制造的,同样这原则是从美的规律中寻找出来的。算盘和尺固然具体,它不适用于时间。

艺术反映着人类内心生活的全部复杂性、丰富性和能动性,把这复杂性、丰富性和能动性简单化,物质化,规律化,就不可能了解美与艺术的全部涵义,就会歪曲了艺术,降低了艺术。虽然这种歪曲和降低不可能损害艺术家本人,就如同尺和算盘不能损害时间一样,但是却对人类文化的发展极其不利。

六

在美的领域中,诗占着一个非常特殊的地位。同美一样,诗也是一种感受,不过它比美更深微,更复杂,更辽远。诗是美的升华。

同美一样,诗也没有固定的物质形式。就像对事物之一般性的认识用概念的形式存在于人的脑中,诗也只是用诗意的形式在感受中产生出来。诗意是一种十分复杂的心理现象,它主要地是属于感情的范畴。在情感中,诗就是哲理,哲理就是诗,它们的表现就是诗作品。

但在人们的观念中,诗的概念往往被纳入一定的形式,在许多地方,甚至已经被特定的形式所代替。人们看到"诗"这一个名词,总是想起某种文体。渐渐地把这种文体和诗的概念结合在一起,终于模糊了对诗的认识。文学史上曾经出现过一种叫做"哲理诗"的东西,的确,也有人用这种形式表现过许多辉煌美丽的思想,像泰戈尔永垂不朽的诗篇就是一个例子。但是,绝大多数的所谓"哲理诗",只是穿着一件诗的外套,而肉体却是一些普通思想。诗即使比之于美较为理性化,毕竟和赤裸裸的思想有本质上的区别。如果那些实体也称做诗、称做艺术的话,就得修改诗、修改艺术的定义。

诗与它的外部形式的关系,就和人的思想与肉体的关系一样。许多东西虽然借用了诗的正常表现形式仍旧不等于诗,就像"悉如生人"的蜡人不等于真人一样。老是在形式的问题上兜圈子,便无法接触到诗的本质。形式主义在我国曾经发展到这种程度,甚至有人提出要求诗的建筑美,这种说法,即使作为一种技法理论也是不能接受的。

美感发展到最高阶段就成了诗。美是诗的基础。和美一样,诗永远体现着善与爱,不体现着善与爱的就不成其为诗。

果戈理的叙事诗,伊凡·伊凡尼奇和伊凡·伊凡佛罗维奇吵架的故事，从外表上看，只是一片灰色，可是，这灰色中跃动着多么强烈的生活的渴望啊！就是这渴望赋给了这个短篇以浓厚的诗的特质，如此真实，如此鲜明。

最朴素的语言，就是最美丽的语言，因为语言愈朴素，它就愈接近于真与善，从而也就愈接近于诗。真情未必都是诗情，但诗情却必然都是真情。抒情诗最珍贵的特点就是真挚，没有这一点，其他的都谈不上。民歌之所以可贵，原因就在这里。在诗里，词藻及其结构如果不是表达思想感情的必不可少的媒介，那么它们就同诗毫不相干。因此评价诗，词藻的华丽、音调的铿锵、对偶的工整都不是根据，首先要看其中有多少"诗"。

好罢，这篇论文就此结束了，这里全部美学理论，尤其是关于诗的理论，似乎太抽象了，但是对于本身是抽象的东西，我们只能抽象地说到它，否则就会损害它。对与不对，让时代评判吧。

【附录】

"美学"概念的六种内涵与用法[①]

杜学敏

摘 要：中文"美学"一词是产生于清末的一个外来词，相对妥帖的译词应是"审美学"。在运用该词的各种非学术与学术场合，(审)美学概念被赋予多层面的复杂含义。文章无意于给这个概念再增添一个定义，只是从(审)美学概念的术语产生、实际运用、学科存在方式、理论发展史、学科分类、价值意义等六方面分梳了该词的内涵与用法。

关键词：(审)美学；(审)美学概念；(审)美学学科

作为现代汉语词汇的"美学"是一个外来词，在清末西学东渐的历史进程中逐渐出现于中国人的语汇中。作为一门学问，美学也曾在20世纪的中国学术史上独领风骚，屡掀热潮。即使是在几次美学热已经沉寂有年的今天，人们依旧会在各种学术与非学术场合，每每遭遇"美学"一词。那么，人们究竟是怎么用这个词的？作为一个学科的名称，它有哪些方面的内涵？本文并不想给这个概念再增添一个定义，只是试图通过对"美学"概念的多层面分梳，来揭明人们自觉不自觉地赋予"美学"术语的诸多含义与用法。

首先，从概念的产生而言，"美学"术语源于哲学内部一门新学科的创立，其本义是感性学，汉译为"审美学"[②]更贴切些。创立这门新学科的

[①]【编注】本文原题《美学：概念与学科——"美学"面面观》，载《人文杂志》2007年第6期，中国人民大学报刊复印资料《美学》2008年第2期全文收录。除本条系"编注"之外，其余均为原注。

[②] 同许多研究者一样，笔者只能无可奈何地接受已经被习惯的"美学"译名，但有时也用"(审)美学"这种书面形式，既兼指两个完全同义的译名，更是为了提醒、强调"审美学"这个译名的合理性。详见正文。

是启蒙运动时期的德国哲学家鲍姆加登（Baumgarten，1714—1762）。对于西方学术史而言，人们以为各种科学或学问都是从所谓哲学中分化出来的，鲍氏发现当时的哲学研究有一个漏洞：既然人类心理活动有认知、意志、情感之分，已有逻辑学研究认知或理性认识，有伦理学研究意志，那么就应有一门学科来研究情感，但对这个被认为是混乱的感性认识的情感领域的研究却付诸阙如。于是在十多年倡导并在大学讲授这门新课程的基础上，他于1750年出版了书名为"Aesthetica"的拉丁文著作。此事件被认为标志着美学作为正式学科的诞生，鲍氏因此也被誉为"美学之父"。

鲍姆加登在希腊文 aisthésis 的基础上创造了 Aesthetica（一般音译作"埃斯特惕卡"）这个拉丁词，而 aisthésis 同时具有感情、感觉、感性和认识等意义。因此，"埃斯特惕卡"的本义可归结为"感性学"。这从鲍氏对"埃斯特惕卡"的定义中亦可看出："美学（Aesthetica）作为自由艺术的理论、低级认识论，美的思维的艺术和与理性类似的思维的艺术是感性认识的科学。"[①]在鲍氏，此"感性认识"与被逻辑学研究的高级的理性认识相对，指人的认识或意识结构中低级的部分，包括幻想、想象、一切混乱的感觉和情感等。此后，人们逐渐接受鲍氏创造的新概念，Ästhetik 或 Aesthetik（德文，一般音译作"埃斯特惕克"）、Aesthetics 或 Esthetics（英文）也就成了这门新学科的名称，且与逻辑学、伦理学三足鼎立而成为哲学的一个新分支学科。可见，顾名思义地认为"美学"是研究美的一门学问并不合乎其本义。

那么，上述西文"美学"诸词中并无"美"的含义，此门新学科为什么还要称"美学"？鲍氏之后的西方学者也普遍据此认为"埃斯特惕卡（克）"这个名称并不恰当。有人还建议应据希腊文 Kallos（美）将此门新学科称

[①] ［德］鲍姆加滕（登）：《美学》，简明、王旭晓译，文化艺术出版社，1987年，第13页。

为Kalistik①(德文,一般音译"卡力斯惕克",英文词是Calistics,但实际均未被正式使用)。不过,由鲍姆加登对"埃斯特惕卡"研究对象与目的的界定看,该词被称或译为"美学"也有其缘由,因为在他看来:"美学(Aesthetica)的目的是感性认识本身的完善。而这完善也就是美。"②但鲍氏对美学的定义与论述也有其暧昧之处:美学此学科既是科学,又是艺术;此学科关涉人的感性,属于哲学学科,但又与自古希腊以来的诗学、文艺理论关系甚密。这样,"埃斯特惕卡"虽然在哲学内争得了一席之地,但在后世又往往被等同于研究文学及艺术的诗学、文艺理论甚或文艺批评之类学科实在是事出有因。

一般认为,对应于西文Aesthetica、Ästhetik或Aesthetics的中文语汇"美学"于1883年由日本哲学家中江兆民(1847—1901)在翻译法国学者维论(Véron, 1825—1889)的著作L'ésthétique(《美学》)时最先采用③,并于20世纪初传入中国,其最早使用者是王国维等学者。但也有学者考证,德国来华传教士花之安(Ernst Faber)于1875年就使用了"美学"一词,其后还出现过"审美之理"(1866年)、"艳丽之学"(1889年)、"审美学"(1902年)等诸多译名④。或许我们可以说,"美学"一词,在同样经历着与西方文

---

① 参见[德]黑格尔:《美学》第一卷,朱光潜译,商务印书馆,1979年,第3页。蔡仪曾明确表示他所说的"美学"正是这个术语意义上的,且以为美学"只有用'Calistics'这个名称才是名正言顺的"[参见其《新美学》(改写本)第一卷,北京:中国社会科学出版社,1985年,"序"第3页、正文第188—189页]。
② [德]鲍姆加滕(登):《美学》,简明、王旭晓译,文化艺术出版社,1987年,第18页。
③ 参见徐水生:《从"佳趣论"到"美学"——"美学"译词在日本的形成简述》,载王杰主编《东方丛刊》第3辑,广西师范大学出版社,1998年,第146—150页。
④ 参见[日]今道友信:《东方美学》,蒋寅等译,生活·读书·新知三联书店,1991年,第1页;黄兴涛:《"美学"一词及西方美学在中国的最早传播——近代中国新名词源流漫考》,载《文史知识》2000年第1期。

化交流碰撞的历史进程中,并未相互影响地同时在中日学术界产生了①。

在当代以感性为核心旨意的审美现代性讨论中,学者们不断回溯到"埃斯特惕卡"的"感性学"本义,以至有学者认为当恢复其"感性学"原名。不过,鉴于西文该词本义突出的并非感性本身也非美,而是人感知、获得美的活动状态或过程即"审美",故1980年代以来,越来越多的汉语美学界学者纷纷表示用"审美学"这个译名更为妥切②,也以此出现了多部以《审美学》命名的美学原理教材③。另外,将"埃斯特惕卡(克)"译为"审美学"还有一个重要的方便之处:可以顺理成章地将其研究对象确定为"审美(活动)"④,从而避免许多不必要的误会与混乱(详后)。只是由于已经相沿成习,差不多妇孺皆知的中文译名仍然是"美学"。但对于该学科的研究者来说,毕竟是有诸多名不正则言不顺的麻烦与

---

① 参见刘悦笛:《美学的传入与本土创建的历史》,载《文艺研究》,2006年第2期,第13—19页。

② 如蔡仪早在其出版于1947年的《新美学》中就写道:"Aesthetics今人有译之为美学者,而其实源出于希腊文 Aisthetikos,意为'感性学'或'感性之学',意译为审美学尚说得过去,若译为美学则失其原义了。"(参见蔡仪:《美学论著初编》上册,上海文艺出版社,1982年,第184页)李泽厚则在1980年代更明确地写道:"如用更准确的中文翻译,'美学'一词应该是'审美学',指研究人们认识美、感知美的学科。"[参见李泽厚:《美学四讲》,生活·读书·新如三联书店,1999年第2版(1989年初版),第8页。]

③ 如王世德:《审美学》,山东文艺出版社,1987年;周长鼎、尤西林:《审美学》,陕西人民教育出版社,1991年;胡家祥:《审美学》,北京大学出版社,2000年。

④ 相较于"美","审美"概念对于(审)美学尤为重要:"既然不同的思想家对美学对象有不同的理解,那么对'审美'概念也自然有不同的理解。但是这一点应当认为是无疑的:'审美'这个词不只是作为'美'的同义词出现的,而且是作为新的范畴出现的"([苏]列·斯托洛维奇:《审美价值的本质》,凌继尧译,北京:中国社会科学出版社,1984年版第129页);"'审美'在美学中处于比'美'更为根本、更关乎全局的位置上"(周长鼎、尤西林:《审美学》,西安:陕西人民教育出版社,1991年,第4页注①)。当然,何谓"审美","审美"与"美"有何关系尚需进一步界定、阐明,它们也构成了作为基础学科的审美学的重要研究内容。限于问题与篇幅,此处不能详论。

尴尬。

由此可见，对应于Ästhetik、aesthetics等西语词汇，汉语"美学"或"审美学"概念的一个基本内涵是指一门学问、学科或科学——无论它以什么为研究对象，如何为它下定义。此词既可单用，也可被其它词语修饰，像文艺美学、电影美学、科技美学、医学美学等等，还可以修饰其它词语（此情形下一般用"审美"），如美学艺术学、审美心理学、审美文化学、审美教育学、审美旅游学等等，从而构成美学或审美学数不胜数的分支学科名称（详后）。

但对应于德语的Ästhetisch、英语的aesthetic，中文"美学"一词在实际运用中还被意指"审美(的)"或"有审美价值的"，甚至"艺术(的)"。例如"艺术与现实的美学关系"（俄国学者车尔尼雪夫斯基的美学著作名，后改译"艺术与现实的审美关系"）、"庄子的性格最富于美学的意味"（见于叶朗：《中国美学史大纲》，上海人民出版社，1985年，第107页）、"美学客体"（义同"审美客体"或"审美对象"，见于李泽厚：《美学四讲》，三联书店，1999年，第49、78、80诸页）、"朱自清散文的美学价值"（论文常用题目）、"去年英国《太阳报》再度誓言要将凯莉的美背和臀部曲线视为'人类美学遗产'"（《凯莉·米洛为玉臀投保300万英镑》，载《华商报》2003年5月31日第9版）、"××手机，科技美学化"（某手机电视广告）等等。很明显，上述例子中的所有"美学"均非指美学学科，而是就审美或审美的价值来说的，因而完全可以用"审美"来代替。应当说，此种用法在很多情况下是一种误用，至少可以说是一种不规范，也易引起误解与混乱的用法。

对此，朱光潜早在20世纪四五十年代就已经有所省察，惜乎并未引起有关研究者的普遍重视："Aesthetic也当作形容词用。这有两个意义：一是'美学的'，例如美学的原理，美学的观点，美学的学派之类；一是'审美的'，例如审美的经验，审美的态度，审美的活动之类。现在一般人常把'美学的'和'审美的'两个意义混淆起来，例如说音乐是'美学的对象'，所指的实是'审美的对象'。'美学的对象'应该指美学这门科学所研究的对象。"[①]之所以出现这种情况，大概是由于英文 aesthetics 的中文"美学"译名。既然名词 aesthetics 被译为"美学"，其形容词形态 aesthetic 不可译成"美的"，就自然只能译为"美学的"。由于汉语词汇缺乏明显的词性标志，作为学科名称的"美学"概念也就这样往往与作为美学研究对象的"审美"划上了等号。但如果把 aesthetics 译为"审美学"，aesthetic 自然就被译为"审美的"，从而就不会出现将（审）美学学科与作为其研究对象的审美及美混同为一的不正常状况。

至于在国内美学研究或其它场合中，"美学（的）"或"审美学（的）"之所以被等同于"艺术（的）"，除前述鲍姆加登建立美学时的含混及"（审）美学"与"审美"常常被混同这两个原因之外，也源于西方美学界对美学学科的艺术哲学甚至文艺学定位。按照西方的传统观念，尤其是自西方18世纪中叶起，随着与鲍姆加登同时代的法国学者巴托（Charles Batteux, 1713—1780）明确提出的"美的艺术"（包括音乐、诗歌、绘画、雕刻和舞蹈）观念的逐渐深入人心，艺术的本质与主要价值就被自觉不自觉地理解为是与美相关或属于审美的，审美或美的活动也主要体现为艺术活动，"艺术（的）"与"审美（的）"因此就往往被模棱两可地当作同义词互换使用。但从学科内涵的严格性讲，"审美（的）"（aesthetic）、（审）美学（aesthetics）与"艺术"（art）即使有多么密切的历史关联，它们毕竟是三个内涵明显不同的概念。艺术固然可以主要是出于审美的本质或目的，但司空见惯的事实是：艺术自其诞生之初起就与非审美的如巫术、经济、政治、外交、道德等诸多复杂用途结下了不解之缘，而且至今在实践层面上就从来没有严格分开过。如果说，在特定语境中将本质意义上的"艺术"概念与"审美"等同起来使用无可厚非的话，那么，在当用"艺术（的）"的地方却用"美学（的）"只能给上述词语的规范使用带来更多不必要的混乱。但由于陈陈相因，以上述例证为代表的不规范用法仍在美学与非美学范围内广泛流行。这样，从实际运用讲，美学概念有两种基本内涵，一是指

[①] ［意］克罗齐，《美学原理》，朱光潜译，北京：外国文学出版社，1983年，第167页注⑧。

学科名,另一是被用作"审美(的)""有审美价值的"乃至"艺术(的)"的替代词。

如上所述,作为独立学科的美学诞生于1750年,距今不过250多年的历史;如果从19与20世纪之交算起,现代意义上的美学对于中国则仅有百余年的历史,因此,人们常说美学是一门年轻的学科。但人们往往也说美学又是一门古老的学科,因而经常可以看到从古希腊与中国先秦写起的所谓西方美学史与中国美学史。人们甚至把美学的诞生时间追溯至距今约3万—1万年的旧石器时代中晚期。因为从史前时期流传至今的原始人用来装饰身体的贝壳、石珠、兽牙,史前雕塑、洞穴壁画和岩画上的造型图案,陶器上巧妙的线纹和图形等就可以断定:当时已经存在着审美活动的萌芽,也随之就会有对于美或审美活动的反思性认识或知识,而这也就确定无疑地标志着美学的存在。只不过这是未见诸语言文字的美学,或者从美学学科的存在角度可以称之为美学意识,即人们通过所从事的各种独立或非独立的审美活动本身或活动所涉及的客体所体现出来的关于美或审美的感觉、趣味、认识、观念和实用知识等[①]。

如我们通过研究原始陶器、青铜器就可了解原始和商周时代的美学意识,通过汉字"美"的字形与含义了解到的殷商时期"羊大(人)为美"的观念,而这可以理解为殷商人通过所造文字表达出来的美学。另外,就现时代而言,只要你爱美和从事审美活动(包括艺术审美与现实审美活动),任何人(艺术家或普通人)都可以说有自己对于审美的观念或美学意识,因而也都有自己的美学,不管有没有通过文字表达出来。如近年来在电影界出现的所谓"暴力美学"概念,就并非意指研究暴力情节及其画面的美学分支学科(因而并非一个规范的美学术语),它实际是某些电影

---

① 因而,美学意识虽然建基于审美意识,但不同于审美意识。简言之,审美意识即审美活动中的意识,或者说就是广义的美感,它主要是一种特殊的情感活动;而美学意识则是关于美或审美活动的意识,它主要是一种知识形态,且出现于人对审美或美予以反思之时。两者虽然相互影响,在作为非专门的美学理论家的普通人那里有时也很难区分,但也不能混为一谈。

编创者及其观众通过他们所欣赏、偏爱、迷恋的暴力情节或画面表达了他们追求的一种电影审美风格或审美观念，也间接地表达了他们特别的电影审美观，因而也可以说是他们的特定的"电影(审)美学"，虽然严格说来，他们并非美学家。同样，一个女性在衣着修饰方面积累起来并行之有效地指导着她的穿着打扮的关于服饰美不美的实用性知识，也可以称为她的"服饰(审)美学"。这可谓广义的(审)美学，它既是观念性的，也是经验性及偏重实用的，往往只通过特定的参与审美活动的客体事物证明着其存在，因而是不自觉的、模糊的和有待阐发的，但这确也可以说是一种最日常化的美学存在形态。现在题含"审美意识""审美风尚"或"审美文化"之类词语的著作如《华夏审美风尚史》(11卷，许明主编，河南人民出版社，2000)、《先秦审美意识发展史》(罗坚著，广西师范大学出版社，2003)就以此意义上的美学作为重点研究对象。

美学的另一种也是主流的存在形态是美学理论或美学思想，这是得到一定系统化并见诸文字的关于美与审美的理论，或者说是系统化、理论化了的美学意识。它大致又可分为以下三种情况：一是艺术家或作家在创作过程中所积累的艺术审美创作经验总结，如由罗丹口述、葛赛尔记录的《罗丹艺术论》；二是艺术批评家针对具体艺术文本的审美批评言论，如金圣叹对《离骚》、《庄子》、《史记》、杜诗、《水浒》、《西厢》等所谓"六才子书"的评点；三是哲学或美学的理论家们出于种种原因而用语言文字表达出来的成体系的关于美或审美的理论言说，如康德的《判断力批判》、刘勰的《文心雕龙》等。需要指出的是，为使美学与文艺学或艺术学相区别，这些著作只有在其涉及对审美问题的一般论述(而非对艺术具体问题的论述)意义上才称为美学著作。事实上，要判断一本著作是否美学理论著作，不是看它的标题(及文本中)有无艺术或美学字样，而是要看其中有没有自己集中要解决的美学问题，有没有从特定视角论及美或感性的审美活动的相关特征与规律。康德的《判断力批判》(上卷)虽然没有用"(审)美学"字样，但它被公认为绝对的美学经典著作，原因在于它从作者批判哲学的大背景对审美活动(康德称之为鉴赏或审美判断)与美做出了非常深入、精到的解释。可以说,尤其是以末一种为代表的理论美学具有相当的概括抽象性、思辨性乃至形而上色彩,它实乃广义美学存在形态的特殊形式,因而属于狭义的美学。美学史家或美学研究者一般在学术研究中或大学课堂上所谓的"(审)美学"当指此狭义形态上的(审)美学。所以,再次,从其存在方式来说,作为知识或学科的美学概念大致有广义的美学意识与狭义的美学理论两种表现形态。

另外,从美学理论发展史来看,由于不同的美学家往往赋予美学以不同的内容,从而美学概念的内涵具有极大的不确定性。"在这个意义上,我们可以说,美学是一门发展中的学科,是一门正走向成熟的学科。"[1]事实上,自从美学独立以来,围绕美学的研究对象问题,美学学科的概念内涵一直处于永无停息的变化之中。可以说,有多少个美学家,就有多少种关于美学的定义。如"美学是表现(表象、幻想)活动的科学"[2];"(美学)是在具有普遍性的范畴下,研究各种形式的学科,它是形式的科学('la science des formes')"[3];美学即文艺心理学,"'文艺心理学'是从心理学观点研究出来的'美学'"[4];"所谓美学,大部分一直是美的哲学、审美心理学、艺术社会学三者的某种形式的结合"[5]……换言之,一如美现在尚无公认的定义一样,(审)美学也无确切的定义。出现此情况当与该学科研究对象的复杂性有关。当然,也有一些有代表性的看法,如美的哲学或科学、艺术哲学、文艺或艺术心理学、感性学、美与艺术的科学、审美活动的科学等等。其中,以前三种或其不同组合最为流行,如一本当代国外的美学教材仍如此来定义美学:"哲学中专门研究艺术、美及其相关

---

[1] 叶朗主编:《现代美学体系》,北京大学出版社,1999年,第4页。

[2] [意]克罗齐:《作为表现的科学和一般语言学的美学的历史》,王天清译,中国社会科学出版社,1984年,第1页。

[3] [法]苏里奥:《美学的将来》,转引自[英]李斯托威尔:《近代美学史评述》,蒋孔阳译,上海译文出版社,1980年,第124页。

[4] 参见朱光潜:《文艺心理学》,《朱光潜美学文集》第一卷,上海文艺出版社,1982年,第3页。

[5] 李泽厚:《美学四讲》,生活·读书·新知三联书店,1999年,第9页。

的情感的一门学科。"①为区别于各种艺术学,笔者认为基础学科意义上的(审)美学应当是研究、理解审美活动的基本规律与特征的学科或科学。此审美活动既包括艺术审美创造与欣赏活动,也包括形形色色的各种现实的自然与社会审美活动。由此视角并兼顾美学的学科划分来看,上述诸多美学观念实际大多都是在用(审)美学的分支学科或非(审)美学学科观念来理解、取代(审)美学学科本身。

还有,从美学学科的发展与分类来看,美学有理论美学与应用美学、基础美学及其分支美学学科的分别。美学发展到今天,尽管远非成熟,但仅从汉语美学圈来看,"美学"或"审美"二词的造词功能异常强大,它们几乎可以和任何词语搭配,从而产生形形色色的以"美学"为词尾的"××美学"或以"审美"为词头的"审美××学"。如哲学美学、伦理美学、文艺美学、生态美学、环境美学、影视美学、宣传美学、医学美学、爱情美学、翻译美学、苦难美学、死亡美学、肮脏美学,审美心理学、审美教育学、审美文化学、审美应用学、审美欣赏学等等。这些不同的"(审)美学"学科或交叉"(审)美学"的出现,给人一种十分混乱的感觉:这些形形色色的"(审)美学"之间究竟是什么关系?也再一次提出了一个老问题:究竟什么是(审)美学?

一方面,乐观地讲,这表明美学在其发展过程出现了理论美学与应用美学、基础美学与部门美学(即前者的分支学科)的分别,——因为对审美现象除可以进行一般研究从而产生所谓"美学"或"美学概论""美学原理"等基础美学之外,人们既可以从理论视角研究审美现象,如哲学美学、文艺美学之类,也可以从众多的不同实际应用方面研究审美活动,从而产生所谓城市美学、服装美学、装潢美学之类应用美学的诸多部门或分支学科。在此情形下,尽管我们承认传统美学与艺术哲学、文艺学、文艺心理学、艺术学等非美学学科及哲学美学、文艺美学、审美心理学等所谓美学学科被等同的历史性,也不否认美学学科划分的相对性、暂时性,

---

① [美]汤森德(D. Townsend):《美学导论》,王柯平等译,高等教育出版社,2005年,第184页。

但从美学学科的现代发展与内在严格性讲,也不能将基础性的美学学科混同于美学的分支学科甚至非美学学科,也不能拿美学的分支学科甚至非美学学科冒充作为基础学科的(审)美学本身。

李泽厚在《美学四讲》中曾对美学学科的谱系进行过一个系统的分梳:美学首先从总体上被分为哲学美学、历史美学与科学美学三大类。其中,历史美学又分为审美意识史、艺术风格史、美学史三类。科学美学则又分为基础美学与实用美学两大类,其中,基础美学又被分为心理美学、艺术学(史)、分析美学(元批评学);实用美学又分文艺批评和欣赏的一般美学、文艺部类美学(如音乐、电影美学等)、建筑美学、装饰美学(包括园林、环境等等)、科技—生产美学、社会美学、教育美学等。[1]剔除掉将艺术学与艺术史混同于美学的显在问题外,李氏的划分虽然繁复,但也有其可采之处。或许我们可简明地将(审)美学分为两大类:理论美学与应用美学。它们当然还可逐层再细分下去,但只能算是美学的部门或分支学科;而美学概论、美学原理等可谓是对审美现象做总体和一般性研究的科学,可称之为基础美学,它可以一般简称为(审)美学。在大学学习的(审)美学或(审)美学概论如前面没有限定词,一般当指理论美学,也是基础美学。总之,在学科不断分化的现代社会,不论提到什么(审)美学,都不应该忽视此种概论、原理性"(审)美学"在整个(审)美学学科体系中的位置。

另一方面,消极地讲,当前形形色色"(审)美学"名词竞相出现以至泛滥成灾的局面也说明了人们在使用(审)美学或审美概念时的随意性,如前述"肮脏美学""死亡美学"之类。我们固然不能拘泥于传统美学学科的已有模式,因而相信美学是发展的,"美学研究什么"也"不可能有公式化或概念化的一成不变的结论"[2],但对于一个严肃的(审)美学研究者来说,下面这点当是一个并不算过分的要求:在运用或提出任何一种新的

---

[1] 李泽厚:《美学四讲》,生活·读书·新知三联书店,1999年,第11—12页。
[2] 朱光潜:《美学》,《朱光潜美学文集》第三卷,上海文艺出版社,1983年,第444页。

含有"(审)美学"字样的概念时都应该深入考虑、界定其明确而合理的内涵。或许以此出发,方可使原本已经驳杂因而意含暧昧的(审)美学真正逐渐走向成熟。

尽管差不多从诞生起,无论是作为概念还是作为学科,"美学"的内涵与研究对象就歧义丛生,莫衷一是,甚至混乱而含糊,以至其存在的合法性与地位不断遭到质疑与嘲弄。但这似乎并没有影响到人们对"美学"概念的使用与学科研究的热情。事实上,不管是从其近代产生的深层背景看,还是从其存在的价值意义看,(审)美学——尤其是作为基础理论学科的(审)美学概念连同其研究内容本质上不只是普通意义上的一门知识学问或科学,更是对近现代人的一种现代性反思意识的独特表达,是人看待自身、自然与社会的一种独特视角。正如有学者指出的:"作为感性生存论的审美问题实际定位于哲学家和诗人们面临现代型社会形态的困境时所思虑的种种难题。从这种意义上说,'美学'不是一门文艺学问(甚至不是一门哲学的分支学科),而是身临现代型社会困境时的一种生存态度。……审美(感性)形态涉及个体生存意义的救护。"①因而,人们研究或学习(审)美学的根本旨意不是创造或掌握一种关于审美与美的实用基础知识,而是要以人的感性的情感领域为独特视角来理解人的感性生存的可能性及其人文本体意义,并在现实生活活动中获得对审美活动及人生审美意义的深刻认识与自觉回应。或许也正是在此意义上,(审)美学才作为一门哲学性的学科或哲学分支学科在哲学内部获得了自己的独立地位,并像哲学、伦理学、宗教学一样成为一门不同于自然科学与社会科学的人文学科。

---

① 刘小枫主编:《现代性中的审美精神——经典美学文选》,学林出版社,1997年,"编者前言"第1—2页。

后 记

　　序言已提及拙编是应本人承担的"20世纪中国美学"本科课程教学之需而编写的。在7轮教学过程中，每轮都有不少本科生和研究生从中受益。时常有学习者在课后与我交流相关问题或感受，有的还不止一次给我发长篇邮件谈自己的重要收获；不少学习者对10位美学家中的某一位产生浓厚兴趣，从而进入相关研究，并因此而确定美学、文艺学等学科的学位论文选题。这使我意识到此书是有多方面参考价值的，如能公开出版印行，则可能发挥更大作用。另外，自2015年春夏开始，在连续近8年的"20世纪中国美学"教学实践过程中，单就方便教学而论，我深感师生拥有可共同阅读的原始文献十分重要。因此，我一直有将拙编付梓的想法。最近三年间，本书曾有过两三次出版机会，却由于诸多原因始终未能如愿。今年十月中旬，学院征集个人待出版书稿意向时，我便上报了此书稿，并获得资助，这才有了本书真正与读者见面的机会。当然，出于本课程教学时间有限和选文版权费用等方面之考虑，读者目前看到的这个选本比起最初的版本所选篇目已经有了很大缩减，字数因此减少了一半有余，导读文字也随之有不同程度的修订。

　　在此，我谨向促成此书出版的单位和亲友表示衷心感谢：感谢陕西师范大学文学院和学校学科建设与发展规划处为此书出版提供全额经费；感谢同门林定忠、孙国玲在联系出版过程中的倾心帮助；感谢陕西师范大学出版总社文史出版中心主任侯海英、曹联养及责编张爱林等诸位编辑的辛苦付出，他们为在8月底完成本书的出版工作以应秋季开学之用而付出了辛勤劳动；感谢我的妻子和孩子们一如既往的全力支持。

　　期待并提前感谢读者对本书的批评指正：duxuemin@snnu.edu.cn。

杜学敏

2022年11月底于长安

本书部分文字作品稿酬已向中国文字著作权协会提存，敬请相关著作权人联系领取。电话：010-65978917，传真：010-65978926，E-mail：wenzhuxie@126.com